KUHMINSA

한 발 앞서나가는 출판사, 구민사
독자분들도 구민사와 함께 한 발 앞서나가길 바랍니다.

구민사 출간도서 中 수험서 분야

- 용접
- 자동차
- 조경/산림
- 품질경영
- 산업안전
- 전기
- 건축토목
- 실내건축

- 기술사
- 기계
- 금속
- 환경
- 보일러
- 가스
- 공조냉동
- 위험물

전문가를 위한 첫걸음, 구민사는 그 이상을 봅니다!

전국 도서판매처

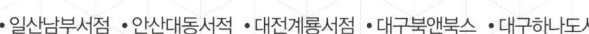

www.kuhminsa.co.kr

자격증 시험 접수부터 자격증 수령까지!

 # 머리말

　설비보전은 자동화 설비에서 가장 핵심적, 중추적인 기술이다. 2015년 이후 자동화 산업 분야가 다양해지면서 설비보전 기술 인력의 수요가 최근 급증하고 있다.
설비보전이란 필요한 것을 갖춘 시설이 고장으로 발생할 수 있는 손실을 줄이고, 생산 시스템의 신뢰도를 유지하는 활동을 말한다. 특히 기계설비법에 의거 설비보전 자격증은 선임 의무화 자격증으로, 필수적으로 요구되는 자격증으로 그 위상이 높아졌다.

　설비보전기사/산업기사란 한국산업인력공단(큐넷)에서 국가적으로 장치산업들의 설비를 안정적으로 관리하여야 하므로 기술적으로 설비관리를 담당하는 기술인을 양성하기 위한 첫 걸음을 뜻한다.
설비보전기사/산업기사를 통해 4차 산업혁명 관련 전기, 기계, 용접과 관련된 융합기술과 스마트 제조기술과 관련된 자동화 설계, 제작, 제어, 보전 등의 기술을 습득하고자 하는 확고한 마음가짐을 확인하여 훗날 산업설비의 설치, 운용 및 유지보수 능력을 갖춘 기술인이 될 수 있다. 그리고 기계정비 산업기사, 생산자동화 산업기사를 취득하는데 큰 도움이 된다.

　설비보전 기술은 자동화 설비의 꽃으로 최근 국내 공기업과 대기업에서는 자동화 설비를 구축하여 생산설비의 유지보수 및 관리기술이 으뜸임을 인식하고 있다. 최근 2년 동안 현장에서 설비보전 기술자를 우대하고, 필요함에 설비보전기사/산업기사 자격증을 응시하는 수험생들이 부쩍 늘었다. 그래서 이러한 수험생들에게 좋은 친구가 되고자 정성을 다해 이 책을 집필하게 되었다.

　본 도서는 기출문제를 정확하게 분석하여 합격을 위한 지름길을 제시하였다. 문제 위주의 책이 아닌 실기를 정확하게 알고 문제를 접근할 수 있도록 접근하였다. 다소 문제 위주의 책을 원하는 수험생들에게는 불편한 책이 될 수 있다. 하지만 첫 걸음을 하는 수험생들에게는 보다 정확한 공부를 함에 있어 기초를 튼튼히 하여 조금은 효과적으로 시험에 대비할 수 있다고 생각한다.

　아무쪼록 설비보전기사/산업기사를 준비하고 있는 모든 분들에게 최종 합격의 기쁨이 있기를 바라며 미래 자동화 산업의 책임자는 여러분임을 기억하기를 바란다.

　이 책이 출간되기까지 큰 도움을 주신 도서출판 구민사 조규백 대표님 이하 관계자 모두에게 감사드린다.

저자 일동

CONTENTS

PART 1 설비보전 일반

Chapter 01 공유압 개요 — 2
  1. 공유압 이론 — 2

Chapter 02 공유압 기기 — 8
  1. 유압 요소 — 8
  2. 공압 요소 — 22

Chapter 03 공유압 기호 및 회로 — 41
  1. 공유압 기호 — 41
  2. 공유압 회로 — 43

PART 2 설비보전기사 공개문제

Chapter 01 공기압시스템 설계 및 구성 풀이 — 58
  공기압시스템 문제 ① — 61
  공기압시스템 문제 ② — 65
  공기압시스템 문제 ③ — 69
  공기압시스템 문제 ④ — 73
  공기압시스템 문제 ⑤ — 77
  공기압시스템 문제 ⑥ — 81
  공기압시스템 문제 ⑦ — 85
  공기압시스템 문제 ⑧ — 89

Chapter 02 유압시스템 설계 및 구성 풀이 — 93
  유압시스템 문제 ① — 96
  유압시스템 문제 ② — 100
  유압시스템 문제 ③ — 104
  유압시스템 문제 ④ — 108
  유압시스템 문제 ⑤ — 112
  유압시스템 문제 ⑥ — 116
  유압시스템 문제 ⑦ — 120
  유압시스템 문제 ⑧ — 124

Chapter 03 보수용접 및 누수시험 — 128
  보수 용접 및 누수 시험 문제 ① — 131
  보수 용접 및 누수 시험 문제 ② — 132
  보수 용접 및 누수 시험 문제 ③ — 133
  보수 용접 및 누수 시험 문제 ④ — 134
  보수 용접 및 누수 시험 문제 ⑤ — 135
  보수 용접 및 누수 시험 문제 ⑥ — 136
  보수 용접 및 누수 시험 문제 ⑦ — 137
  보수 용접 및 누수 시험 문제 ⑧ — 138

CONTENTS

PART 3　설비보전산업기사 공개문제

Chapter 01　공기압시스템 설계 및 구성 풀이　140
　　공기압시스템 문제 ①　　143
　　공기압시스템 문제 ②　　146
　　공기압시스템 문제 ③　　149
　　공기압시스템 문제 ④　　152
　　공기압시스템 문제 ⑤　　155
　　공기압시스템 문제 ⑥　　158
　　공기압시스템 문제 ⑦　　161
　　공기압시스템 문제 ⑧　　164

Chapter 02　유압시스템 설계 및 구성 풀이　167
　　유압시스템 문제 ①　　170
　　유압시스템 문제 ②　　173
　　유압시스템 문제 ③　　176
　　유압시스템 문제 ④　　179
　　유압시스템 문제 ⑤　　182
　　유압시스템 문제 ⑥　　185
　　유압시스템 문제 ⑦　　188
　　유압시스템 문제 ⑧　　191

Chapter 03　가스절단 및 용접　194
　　가스절단 및 용접 문제 ①　　197
　　가스절단 및 용접 문제 ②　　199
　　가스절단 및 용접 문제 ③　　201
　　가스절단 및 용접 문제 ④　　203
　　가스절단 및 용접 문제 ⑤　　205
　　가스절단 및 용접 문제 ⑥　　207
　　가스절단 및 용접 문제 ⑦　　209
　　가스절단 및 용접 문제 ⑧　　211

출제기준 – 설비보전기사 실기

직무분야	기계	중직무분야	기계장비 설비·설치	자격종목	설비보전기사	적용기간	2025.1.1~ 2028.12.31
직무내용	생산시스템이나 설비(장치)의 설비보전에 관한 전문적인 지식을 가지고, 생산설비 등을 최적의 상태로 효율적으로 유지하기 위해 일상점검 및 정기점검을 통한 설비진단을 하고 고정부위를 정비하거나 유지, 보수, 관리 및 운용 등을 수행하는 직무이다.							
수행준거	1. 공기압 제어회로를 구성 및 수정하여 시험 운전할 수 있다. 2. 유압 제어회로를 구성 및 수정하여 시험 운전할 수 있다. 3. 센서를 선정하여 운용할 수 있다. 4. 용접절차사양서에 따라 용접 작업을 수행할 수 있다. 5. 본용접 작업 후 용접부의 결함과 보수기준을 확인하여, 용접결함에 대한 보수작업을 수행할 수 있다. 6. 측정 작업에 있어서 작업요구사항을 파악하기 위해 도면을 해독할 수 있다. 7. 기계가공에서 대상물의 가공결과를 기본측정기를 이용하여 정량적으로 나타낼 수 있다. 8. 기계장치의 정확한 동작과 동력전달 조건을 만족시키기 위하여 구동부품을 조립할 수 있다. 9. 제어대상인 기계장비 또는 시스템의 구조, 기능, 공정 등을 파악하고 모델링 할 수 있다. 10. 작업을 안전하게 수행하기 위하여 안전기준을 확인하고 안전수칙을 준수하며 안전예방 활동을 할 수 있다. 11. 보전관리계획을 수립하여 계획에 따라 기계의 생산성 및 정밀성을 유지할 수 있다. 12. 커플링, 구동체인, 감속장치 등을 정비하여 사양에 맞는 성능을 유지할 수 있다.							
실기검정방법	복합형				시험시간	4시간 정도 (작업형 : 3시간 정도, 필답형 : 1시간)		

실기과목명	주요항목
설비보전 심화 실무	1. 공기압 제어
	2. 유압제어
	3. 센서활용기술
	4. 피복아크용접 맞대기용접
	5. 피복아크용접 결함부 보수용접 작업
	6. 측정 도면해독
	7. 기본측정기 사용
	8. 기계구동장치조립
	9. 기계시스템 분석
	10. 조립안전관리
	11. 기계 보전관리
	12. 운반하역기계 구동장치 정비

출제기준 – 설비보전산업기사 실기

직무 분야	기계	중직무 분야	기계장비 설비·설치	자격 종목	설비보전산업기사	적용 기간	2025.1.1~ 2028.12.31
직무 내용	생산시스템이나 설비(장치)의 설비보전에 관한 복합적인 지식을 가지고, 설비의 장치 및 기계를 효율적으로 관리하기 위해 예측, 예방, 및 사후 정비 등을 통하여 정비작업 등을 수행하는 직무이다.							
수행 준거	1. 공기압장치를 설치 및 조립하여 작동시킬 수 있다. 2. 유압장치를 설치 및 조립하여 작동시킬 수 있다. 3. 기계장치 제어를 위한 전기전자장치의 요소별 특성을 이해하고 조립에 필요한 요소를 선정할 수 있다. 4. 강판을 절단하기 위해 절단기를 조작할 수 있다. 5. 용접절차사양서에 따라 용접조건을 설정하고 작업에 필요한 용접부 온도관리를 하며 필릿용접을 할 수 있다. 6. 본용접 작업 후 용접부의 결함과 보수기준을 확인하여, 용접결함에 대한 보수작업을 수행할 수 있다. 7. 제품의 형상, 특성에 따른 기준면을 선정하고 탭, 드릴, 보링 작업을 수행할 수 있다. 8. 기계장치의 정확한 동작과 규격 조건을 만족시키기 위하여 작업공정 순서에 따라 정확히 조립할 수 있다. 9. 작업을 안전하게 수행하기 위하여 안전기준을 확인하고 안전수칙을 준수하며 안전예방 활동을 할 수 있다.							
실기검정방법	작업형			시험시간	3시간 정도			

실기과목명	주요항목
설비보전 응용 실무	1. 공기압장치조립
	2. 유압 장치조립
	3. 전기전자장치조립
	4. 수동·반자동가스절단
	5. 피복아크용접필릿용접
	6. 피복아크용접결함부보수용접 작업
	7. 탭·드릴·보링 가공
	8. 기계부품조립
	9. 조립안전관리

PART 01

설비보전 일반

Chapter 01 공유압 개요

Chapter 02 공유압 기기

Chapter 03 공유압 기호 및 회로

Chapter 01 공유압 개요

1 공유압 이론

1 개요

(1) 공유압의 정의

공유압이란 컴프레셔 또는 유압 펌프로부터의 기계적 에너지를 압력 에너지로 변환시키고 각종 밸브를 이용하여 유체 에너지의 압력, 유량, 방향의 세 가지 기본적인 제어를 통하여 공유압 실린더나 공유압 모터 등의 액추에이터를 이용하여 다시 기계적인 에너지로 바꾸는 일련의 동작을 의미한다.

(2) 유체의 종류

① 압축성 유체 : 압력 변화에 따라 체적의 변화가 있는 유체
② 비압축성 유체 : 압력 변화에 따라 체적의 변화가 거의 없는 유체
③ 실제 유체 : 점성을 가지고 있는 유체
④ 비점성 유체 : 점성이 거의 없는 유체
⑤ 이상 유체 : 완전유체라고도 하며 비점성, 비압축성 유체

(3) 압력의 정의

① 대기압 : 지구를 감싸고 있는 대기에 의해 가해지는 압력이다.
  → 표준단위 [atm] : 1 [atm]=760 [mmHg] = 1.01 [bar] = 1.01325 [Pa]
② 게이지 압력 : 대기압을 기준으로 하며, 압력계로 측정한 압력이다.
  게이지 압력에서 대기압은 0이다.
③ 진공압 게이지 압력 : 대기압을 0으로 측정하여 대기압보다 높은 압력을 +게이지 압력, 반대인 압력을 -게이지 압력 또는 진공압이라 한다.
④ 절대압력 : 완전진공을 0으로 기준으로 하여 측정한 압력
  → **절대압력 = 대기압 ± 게이지 압력**

> **참고**
> 압력(Pressure) : 단위면적(A)당 작용하는 힘(F), 즉 P = F/A
> 단위는 kgf/cm^2, Pa, N/m^2, bar, psi 등이 있다.

2 공유압의 원리

(1) 파스칼의 원리

밀폐된 용기 속에 정지 유체의 일부에 가해지는 압력은 유체의 모든 부분에 동일한 힘으로 전달된다.

① 경계를 이루고 있는 어떤 표면 위에 정지하고 있는 유체의 압력은 그 표면에 수직으로 작용한다.

② 정지 유체 내의 점에 작용하는 압력의 크기는 모든 방향에서 동일하게 작용한다.

③ 정지하고 있는 유체 중의 압력은 그 무게가 무시될 수 있으면, 그 유체 내의 어디서나 같다.

비압축성 유체를 밀폐된 공간에 담아 유체의 일부에 힘을 가하여 압력을 증가시키면, 유체 내의 압력은 모든 부분에 똑같은 크기로 전달된다. 즉, 밀폐된 용기 속에 정지하고 있는 유체에 힘을 가하면 압력은 모든 방향에서 같은 크기로 발생한다.

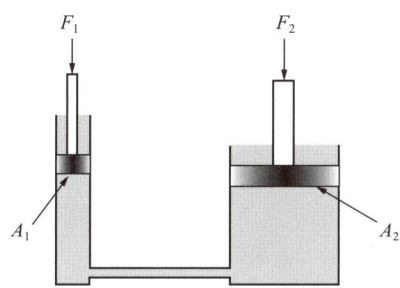

$$P_1 = P_2, \frac{F_1}{A_1} = \frac{F_2}{A_2}$$

(2) 보일의 법칙

기체의 온도를 일정하게 유지하면서 압력 및 체적이 변화 시, 체적과 압력은 반비례 관계를 갖는다.

$P_1 V_1 = P_2 V_2 =$ 일정

(3) 샤를의 법칙

기체는 압력을 일정하게 유지하면서 체적과 온도가 변화 시, 체적과 온도는 서로 비례한다.

$\dfrac{T_1}{T_2} = \dfrac{V_1}{V_2} =$ 일정

(4) 보일-샤를의 법칙

절대온도에서 기체가 체적이 V_1, 압력 P_1으로 존재할 때 온도가 T_2, 압력이 P_2로 변화 시, 체적도 V_2로 변하게 된다. 이들 사이의 관계를 식으로 정의한 것이 보일-샤를의 법칙이다.

$P_1 V_1 T_2 = P_2 V_2 T_1 =$ 일정

일정량의 기체가 차지하는 체적은 여기에 가해지는 압력에 반비례하며, 절대온도에는 비례한다. 이를 다음과 같이 식으로 나타내기도 한다.

$$\frac{P_1 V_1}{T_1} = \frac{P_2 V_2}{T_2}$$

(5) 연속의 정리

어떤 유체가 관 속을 통과할 때, 단위시간 동안 유입된 양과 유출량은 같아야 한다. 따라서, 유체의 밀도를 p라고 하였을 때, 단위시간 동안 유입된 유체의 양과 유출된 유체의 양은 다음과 같은 식으로 정의된다.

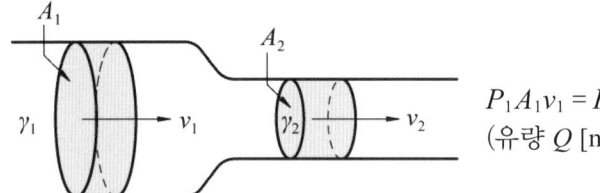

$P_1 A_1 v_1 = P_2 A_2 v_2$, $A_1 v_1 = A_2 v_2$
(유량 Q [m³/s] = 단면적 A [m²] × 속도 v [m/s])

(6) 베르누이 정리

점성이 없는 비압축성의 액체가 수평관을 흐를 때 속도 에너지, 위치 에너지, 압력 에너지의 합은 항상 일정하다. 즉, 압력수두+속도수두+위치수두=일정

$$\frac{P_1}{r} + \frac{V_1^2}{2g} + Z_1 = \frac{P_1}{r} + \frac{V_2^2}{2g} + Z_2$$

(P : 압력, V : 속도, Z : 위치, r : 액체 비중량, g : 중력가속도)

(7) 유체 흐름에 따른 분류

① 층류
  ㉠ 유속이 느리고 좁은 관을 흐를 때 발생한다.
  ㉡ 유체의 흐름과 평행한 방향으로 작용한다.
  ㉢ 레이놀즈수를 기준으로 작다.
  ㉣ 유속이 느리고, 유체의 동점도는 크다.

② 난류
  ㉠ 유속이 빠르고 넓은 관을 흐를 때 발생한다.
  ㉡ 유체의 흐름이 규칙적이 아니며 소용돌이 현상을 보이며 흐른다.
  ㉢ 레이놀즈수를 기준으로 크다.
  ㉣ 유체의 점도는 작다.

3 공유압의 구성

(1) 공압 장치의 구성

공압 장치란 공기 압축기에 의한 동력 에너지를 유체의 압력 에너지로 변환시키고 그 유체 에너지를 압력, 유량, 방향의 기본적인 제어를 통하여 실린더, 모터 등의 액추에이터로 다시 기계적 에너지로 바꾸는 동력의 변환 또는 운전을 행하는 일련의 장치를 의미한다. 크게 공압 발생부, 공기 청정화부, 제어부, 작동부 등으로 구성되어 있다.

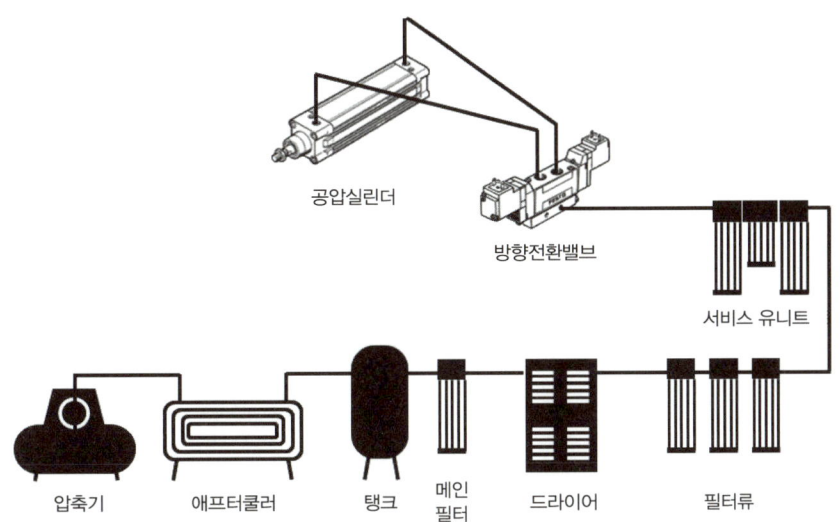

① 공압 발생부 : 압축기, 탱크, 애프터쿨러(냉각기)
② 공기 청정화부 : 필터, 드라이어(건조기), 윤활기(루브리케이터)
③ 제어부 : 압력 제어, 유량 제어, 방향 제어 밸브
④ 작동부 : 실린더, 공압 모터, 공압 요동 액추에이터 등

(2) 유압 장치의 구성

유압 에너지는 동력원에서 제어부, 작동부 순으로 동작을 하고 유압 에너지의 발생원으로는 유압 탱크와 유압 펌프가 있다. 제어부는 일의 출력을 제어하는 압력 제어부와 속도를 제어하는 유량 제어부와 방향을 제어하는 방향 제어부가 있다. 그리고 일의 조작부에 해당하는 작동부로는 유압 실린더와 유압 모터가 있다.

유압 장치란 크게 동력원, 제어부, 작동부 등으로 구성되어 있다.
① 동력원 : 유압 탱크, 유압 펌프
② 제어부 : 압력 제어, 유량 제어, 방향 제어 밸브
③ 작동부 : 실린더, 유압 모터, 유압 요동 액추에이터 등

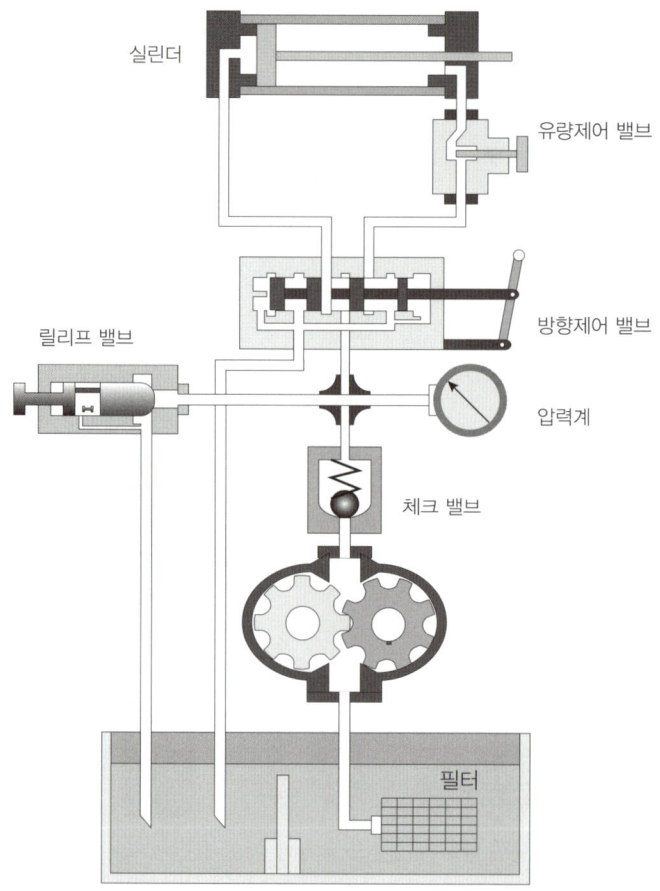

(3) 공유압의 특징(장·단점)

공압의 장점	공압의 단점
① 출력(힘) 조절이 용이하다. ② 폭 넓게 무단으로 속도 조절을 쉽게 할 수 있다. ③ 과부하에도 안전성을 확보할 수 있다. ④ 공기는 점성이 작고 압력 강하도 적으며 유속이 높아 고속 작동이 가능하다. ⑤ 공압 탱크를 이용하여 에너지 축적이 가능하다. ⑥ 에너지원인 공기를 쉽게 얻을 수 있다. ⑦ 기구가 간단하며 유지 보수가 쉽다. ⑧ 원격 조정이 가능하며 환경오염이 적다.	① 공기의 압축성 때문에 정밀한 속도 조절이 어렵다. ② 압축 공기가 대기로 방출 시 소음이 발생된다. ③ 전기나 유압에 비해서 큰 힘을 얻을 수 없다. ④ 전기나 유압에 비해 에너지 생성 비용이 크다.

유압의 장점	유압의 단점
① 크기가 작은 장치로 큰 힘을 낼 수 있다. ② 힘과 속도를 무단으로 조절할 수 있다. ③ 일의 방향의 전환을 쉽게 할 수 있다. ④ 유압유를 사용하므로 마찰, 마모, 윤활 및 방청성이 우수하다. ⑤ 진동이 적고 작동이 원활하며 응답성이 좋다. ⑥ 정확하고 정밀한 위치 제어가 가능하다. ⑦ 작동시 열 방출성이 좋다. ⑧ 전기의 조합으로 자동 제어가 가능하다. ⑨ 과부하 운전 시 안전 장치가 가능하다.	① 기계 장치마다 동력원이 필요하다. ② 유압유는 온도의 영향을 받기 쉽다. ③ 고압 작동 시 배관, 이음매 등에서 누유가 있을 수 있다. ④ 펌프의 작동 소음이 크다. ⑤ 동력원을 단독으로 사용하므로 비용이 많이 든다. ⑥ 작동유로 인한 화재의 위험이 있다. ⑦ 이물질에 민감하다. ⑧ 발생열로 인한 냉각 장치가 필요하다. ⑨ 폐유에 의한 환경오염이 있을 수 있다.

Chapter 02 공유압 기기

1 유압 요소

1 유압 펌프

(1) 펌프의 개요

유압 펌프는 전동기나 엔진 등에 의하여 얻어진 기계적 에너지를 받아서 작동유에 압력과 유량의 유체 에너지를 이용하여 유압 모터나 실린더를 작동시키는 유압 장치의 기본 동력이다.

유압 펌프 기호

① 양정과 송출량은 펌프의 성능을 나타낸다.
  ㉠ 양정 : 흡입 수면에서 송출 수면까지의 수직 거리이다.
  ㉡ 송출량 : 단위시간당 송출되는 유체의 체적이다.(단위 : m^3/min)
② 유체의 압력과 토출량은 유압 펌프의 용량을 나타낸다.

(2) 유압 펌프의 분류

작동 원리와 구조에 따라 용적형 펌프와 비용적형 펌프로 분류되며, 세부 분류는 다음과 같다.

유압 펌프의 분류	비용적형 (터보형)	• 원심식 : 벌류트 펌프, 터빈 펌프 • 사류식(혼유식) : 사류 펌프 • 축류식 : 축류 펌프
	용적형	• 왕복식 : 피스톤 펌프, 회전피스톤 펌프 • 회전식 : 기어 펌프, 베인 펌프, 나사 펌프

① 비용적형(터보형) 펌프
  ㉠ 원심 펌프 : 대표적인 비용적형 펌프이며, 임펠러를 회전하여 유체 수송 및 압력을 발생시켜 주며, 구조가 간단하고 맥동이 적어 효율이 좋으며 고속 회전이 가능하다.

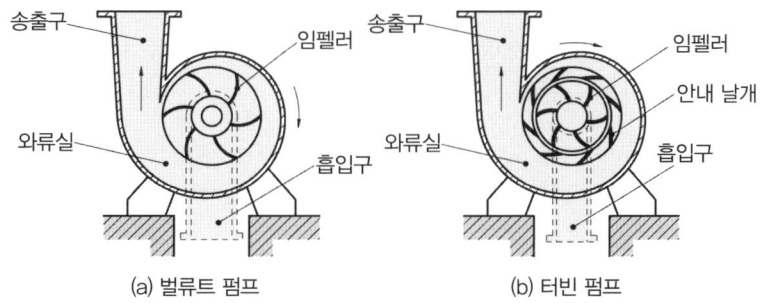

(a) 벌류트 펌프   (b) 터빈 펌프

- 벌류트 펌프 : 구조 간단, 소형 크기, 안내 날개 없으며 단단 펌프로 낮은 양정에 사용된다.
- 터빈 펌프 : 구조 복잡, 대형 크기, 안내 날개 있으며 다단 펌프로 높은 양정에 사용된다.
- 다단 펌프 : 임펠러를 1개만 가지고 있는 펌프를 단단 펌프라고 하며, 양정이 낮은 경우 사용되며, 2개 이상의 임펠러를 직렬로 장착한 다단 펌프는 비교적 높은 양정의 경우 사용한다.

ⓒ 사류(혼유) 펌프 : 유체가 축 방향에서 들어와 임펠러 통과 시 축 방향에 대하여 약간 경사진 방향으로 나오는 펌프이며, 긴 수명과 공동현상이 적게 발생된다.

ⓒ 축류 펌프 : 유체가 축 방향에서 들어와 임펠러 통과시 축 방향으로 나가는 펌프이며, 흡입 양정이 너무 높으면 공동현상이 발생된다. 배의 프로펠러나 선풍기 날개와 같은 임펠러에 의해 유체에 속도 및 압력을 생성한다.

② 용적형 펌프 : 비용적형 펌프와 비교하여 저유량, 고압력을 발생한다.

㉠ 왕복식

ⓐ 피스톤 펌프 : 운동체로 피스톤을 사용한 펌프로, 실린더 내에서 피스톤을 왕복 운동시켜 유체를 흡입 및 송출한다.

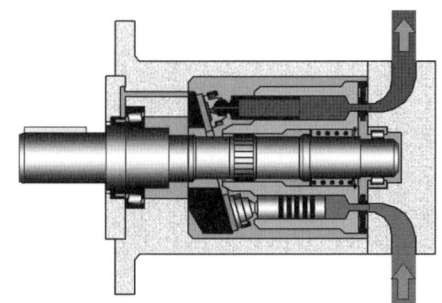

(장 · 단점)

- 고속, 고압의 유압 장치에 적합하다.
- 다른 유압 펌프에 비해 효율(80~90%)이 가장 좋다.
- 가변용량형 펌프로 많이 사용된다.
- 구조가 복잡하고 가격이 고가이다.
- 흡입 능력이 가장 낮다.

ⓑ 플런저 펌프 : 운동체로 플런저를 사용하는 펌프로, 피스톤 펌프보다 더 큰 압력을 생성한다.

ⓒ 다이어프램 펌프 : 운동체로 다이어프램을 사용하는 펌프로, 작동 부분과 유체가 분리 및 차단되어 유체의 누설 및 오염이 없다. 구조가 간단하고 맥동이 없으며 고양정, 저압력용 유압 펌프에서 사용된다.

ⓒ 회전식

ⓐ 나사 펌프 : 나사축의 회전에 의해 유체를 흡입 및 송출한다.

(장 · 단점)

- 맥동이 없고 소음이 적다.
- 소형 크기 및 고속 회전이 가능하다.

ⓑ 기어 펌프 : 일반적으로 값이 싸고 간단하므로 다양한 기계 장치에 많이 사용되며, 케이싱 내에서 한 쌍의 기어가 서로 맞물려 회전하는 펌프이다. 기어의 물림 운동으로 진공 부분이 생겨 유체를 흡입하여 토출구 쪽으로 유체를 토출하며, 흡입 양정이 크고 점도가 높은 유체의 송출이 가능하다.

(장 · 단점)

- 가격이 저렴하고 구조가 간단하여 유지 보수가 쉽다.
- 고속 운전이 가능하며 신뢰도가 높다.
- 내접기어 펌프 : 구조상 기어가 내부에 있어 크기가 소형이다.

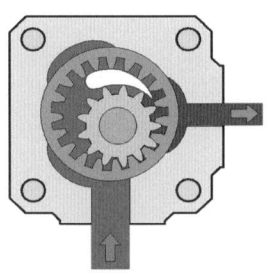

- 외접기어 펌프 : 저가격, 단순한 구조이나 소음과 진동이 크며 맥동 현상이 발생된다.

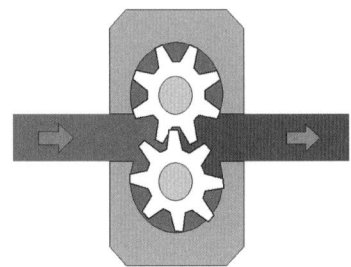

ⓒ 베인 펌프 : 공작기계, 프레스기계, 사출성형기 및 차량용으로 많이 쓰이고 있으며 정 토출량형과 가변 토출량형이 있다.

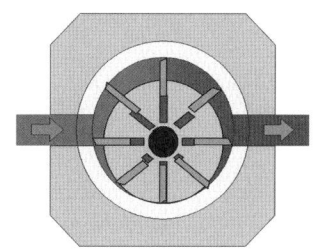

(정용량형 베인 펌프)

- 1단 베인 펌프 : 베인 펌프의 기본형으로 펌프 측이 회전하면 로터 홈에 끼워진 베인은 원심력과 토출압력에 의해 캠링 내벽에 접속력을 발생시키며 회전한다.
- 2단 베인 펌프 : 1단 베인 펌프 2개를 1개의 본체에 직렬로 연결시킨 것으로 고압이며, 대출력에 사용된다.
- 2연 베인 펌프 : 다단 펌프의 소용량 펌프와 대용량의 펌프를 동일 축상에 조합시킨 것으로 흡입구가 1구형과 2구형이 있다. 토출구가 2개 있으므로 각각 다른 유압원이 필요한 경우나 서로 다른 유입량이 필요한 경우 사용된다.
- 복합 베인 펌프 : 저압 대용량, 고압 소용량 펌프와 릴리프 밸브, 언로딩 밸브, 체크 밸브를 한 개의 본체에 조합시켜 압력 제어를 자유로이 할 수 있고, 오일 온도가 상승하는 것을 방지한다. 고가이며 크기가 대형이다.

(가변 용량형 베인 펌프)

로터와 링의 편심량을 바꿈으로써 토출량을 변화시킬 수 있는 비평형형 펌프이며 유압회로에 의하여 필요한 만큼의 유량만을 토출하고 남은 유량은 토출하지 않으므로 효율을 증가시킬 수 있을 뿐만 아니라 오일의 온도 상승이 억제되어 전에너지를 유효한 일량으로 변화시킬 수 있는 펌프이다. 단, 수명이 짧고 소음이 크다.

(3) 유압 펌프의 동력과 효율 계산

① 소요 동력(모터 동력) : 펌프에 의해서 유체를 송출할 때 필요한 동력(L_s)

$$L_s = \frac{PQ}{612\eta}[\text{kW}], \quad L_p = \frac{PQ}{450\eta}[\text{PS}]$$

(P : 토출압력 [kgf/cm^2], Q : 토출량 [L/min], η : 전효율)

(여기서, 1[PS] = 736[W], 1[hp] = 746[W])

② 펌프 축동력 : 원동기에 의해서 펌프를 구동하는데 필요한 동력(L_p)

$$L_p = \frac{\gamma QH}{10200} = \frac{PQ}{10200} = \frac{PQ}{10200\eta}[\text{kW}], \quad L_p = \frac{\gamma QH}{7500} = \frac{PQ}{7500} = \frac{PQ}{7500\eta}[\text{PS}]$$

(P : 토출압력 [kgf/cm^2], Q : 토출량 [cm^3/sec], η : 전효율, γ : 비중량[kgf/m^3], H : 전양정[cm])

(여기서, 비중량은 물체(고체 · 액체 · 기체)의 단위 체적당의 중량으로)

물의 경우 : 1기압, 4℃일 때의 물의 비중량 $\gamma ≒ 1000[kgf/m^3] ≒ 10^{-3}[kgf/cm^3])$

$L_p = \dfrac{TN}{974}[kW]$, $L_p = \dfrac{TN}{716}[PS]$ (T : 회전력 [N·m], N : 펌프의 회전수 [rpm])

참고 1. $\dfrac{1}{612} = 0.00163 = \dfrac{1000(\text{물의 비중량})}{60(\text{초를 분으로 바꾸기 위함}) \times 10200}$

참고 2. 1[kW] = 1[kJ/sec] = 1[kN·m/sec] = 1000[N·m/sec]

$= \dfrac{1000}{9.8}$ [kgf·m/sec] = 102[kgf·m/sec] = 10200[kgf·cm/sec]

참고 3. $\dfrac{1}{10200} = 9.8 \times 10^{-5}$

③ 펌프의 효율

㉠ 체적효율(η_v, 용적효율)

$\eta_v = \dfrac{\text{펌프의 실제 유량}}{\text{임펠러를 지나는 유량}} = \dfrac{\text{실제 토출량}}{\text{이론 토출량}}$

㉡ 기계효율(η_m)

$\eta_m = \dfrac{\text{펌프축동력} - \text{동력 손실(기계 손실)}}{\text{펌프축동력}}$

㉢ 수력효율(η_h)

$\eta_h = \dfrac{\text{펌프의 실제 양정}}{\text{펌프의 이론 양정(깃수유한)}}$

㉣ 전효율(η)

$\eta = \dfrac{\text{소요 동력}}{\text{펌프축동력}} = \eta_v \cdot \eta_m \cdot \eta_h$

④ 이송 체적과 토출량의 관계

$Q = N \cdot V = \dfrac{\pi d^2}{4} \times l \ [l/min]$

(Q : 토출량 [l/min], N : 펌프의 회전수 [rpm], V : 이송 체적[m^3])

⑤ 펌프의 손실

㉠ 수력 손실 : 펌프 자체에서 발생되는 양정의 손실

㉡ 누설 손실 : 펌프의 운동 부분과 고정 부분의 틈 사이로 압력차에 의해 유체가 누설되는 손실

㉢ 기계 손실 : 펌프 내 각종 부품 등에서의 마찰로 인한 손실

2 유압 제어 밸브

액추에이터의 정확한 동작을 위해서 필요한 목적에 맞게 작동유의 유량, 압력, 유체의 방향을 제어하기 위해 사용되는 기기를 유압 제어 밸브라고 한다.

(1) 방향 제어 밸브

유압 액추에이터의 작동 방향을 제어하는 밸브

① 방향 제어 밸브

　유압회로 내에서 유체의 방향을 변환시키거나 액추에이터의 운동 방향을 변환시키는데 사용되는 밸브이다.

② 방향 제어 밸브의 구조에 의한 분류

　㉠ 포핏 형식
　　• 구조가 간단하여 이물질 등의 영향을 받지 않는다.
　　• 작동 거리가 짧고 작동력이 크다.
　　• 유지 보수가 필요 없어 작동 수명이 길다.

　㉡ 슬라이드 형식
　　• 일반적으로 가장 많이 사용된다.
　　• 구조상 약간의 누유가 발생할 수 있으며, 이물질 등에 영향을 많이 받는다.
　　• 작동 거리가 길고 작동력이 작다.

　㉢ 로터리 형식
　　• 회전에 의하여 유로를 개폐한다.
　　• 저압력, 저유량 제어용 밸브에 사용된다.
　　• 다양한 조작 방식을 쉽게 적용할 수 있고 작동 압력에 따른 조작력의 변화가 적다.

③ 밸브의 포트수와 위치수

　• 포트수 : 밸브에 연결되는 연결구의 수
　• 위치수 : 밸브가 가지는 유로 변환의 위치수

　㉠ 2포트 2위치 밸브
　　• 유로를 개폐하는 기능을 수행한다.
　　• 2포트 밸브의 초기 상태는 열림형과 닫힘형으로 구분된다.

　㉡ 3포트 2위치 밸브
　　• 3포트 밸브의 초기 상태는 열림형과 닫힘형으로 구분된다.

　㉢ 4포트 n위치 밸브
　　• 가장 널리 사용되는 밸브이며 유압 공급 포트(P), 드레인 포트(T), 작업 포트(A,B)와 같이 4개의 포트로 구성되며 밸브 내부의 스풀의 전환에 따라 2개 이상의 제어 위치(유로변환)를 갖는다.

2포트 2위치(2/2 WAY)	3포트 2위치(3/2 WAY)	4포트 2위치(4/2 WAY)	4포트 3위치(4/3 WAY)

④ 밸브의 중립 위치에 의한 분류
  ㉠ 센터 열림형(Open Center Type) : 중립(센터) 위치에서 모든 포트가 열려 있다.
  ㉡ 센터 닫힘형(Closed Center Type) : 중립(센터) 위치에서 모든 포트가 닫혀 있다.
  ㉢ 센터 텐덤형(Tandem Center Type) : 중립(센터) 위치에서 A, B 포트는 막힘, 펌프측(P)과 탱크측(T)은 서로 연결되며 주로 펌프의 무부하 운전에 이용된다.
  ㉣ 센터 ABT 접속형(Pump Closed Center Type) : 중립 위치에서 펌프측(P) 막힘, A, B, T 포트는 서로 연결되어 있다.
  ㉤ 센터 ABP 접속형(Tank Closed Center Type) : 중립(센터) 위치에서 탱크측(T) 막힘, A, B, P 포트는 연결되어 있다.
  ㉥ 센터 APT 접속형(Cylinder Closed Center Type) : 중립(센터) 위치에서 B포트 막힘, A, P, T 포트는 연결되어 있다.

센터 열림형	센터 닫힘형	센터 텐덤형

센터 ABT 접속형	센터 ABP 접속형	센터 APT 접속형

(2) 압력 제어 밸브

시스템 회로 내의 압력을 설정치 이하로 유지 및 최고 압력을 제한하며, 회로 내의 압력이 설정치에 도달하면 회로의 전환을 실행한다.

릴리프 밸브	감압 밸브	시퀀스 밸브

카운터 밸런스 밸브	무부하 밸브	압력 스위치

① 릴리프 밸브
  ㉠ 작동 원리 : 입구측(P포트) 압력이 조절된 스프링의 장력보다 크면 유로가 열린다.
  ㉡ 시스템 내의 최고 압력을 설정하며 일정 압력 이하로 유지시켜 준다. 즉 시스템 내의 최대 허용 압력 초과를 방지한다.
  ㉢ 액추에이터(실린더, 모터 등)의 힘 또는 출력을 제한하여 시스템 내의 과부하를 방지하는 안전 밸브로도 사용된다.

② 감압(리듀싱) 밸브
  ㉠ 작동 원리 : 출구측(A포트) 압력이 조절된 스프링의 장력보다 크면 유로가 닫힌다.
  ㉡ 입력되는 압력과는 관계 없이 출구측 압력을 일정 압력 이하로 유지시켜 준다. 즉 액추에이터(실린더, 모터 등)에 입력되는 최고 압력을 일정 압력으로 유지한다.

③ 시퀀스(순차작동) 밸브
  밸브 내 설정된 압력에 도달하면 제어 신호를 출력시켜 회로 내 작동 순서를 제어할 때 사용되는 밸브이다.

④ 카운트 밸런스 밸브
  액추에이터가 외력에 의해 폭주하지 않도록 탱크측의 귀환 라인에 배압을 발생시켜 액추에이터가 무제한 상태로 움직이는 것을 방지한다.

⑤ 무부하(언로딩) 밸브
  ㉠ 작동 압력이 밸브 내 설정 압력 이상이 되면, 밸브 내 유로가 열려 유압 펌프측으로부터 토출되는 작동유를 다시 탱크측으로 복귀시켜 펌프를 무부하 상태로 운전하게 하는 밸브이며 설정 압력 이하가 되면 유로가 닫히고 다시 작동하게 된다.
  ㉡ 펌프의 운전을 감소시키고 작동유의 유온 상승을 억제한다.

⑥ 압력 스위치
  작동 압력이 밸브 내 설정 압력에 도달하면 유압 신호를 전기 신호로 출력하는 압력 스위치이다. 전동기의 기동, 정지, 솔레노이드 등의 작동에 사용된다.

⑦ 유체 퓨즈

시스템 내 회로압이 설정 압력을 초과하면 전기 퓨즈와 같이 파열되어 시스템을 보호하는 것으로 신뢰성이 좋으나 맥동이 큰 유압 장치에는 부적당하다. 설정압 설정은 장치 내 금속막의 재료 강도로 조절한다.

(3) 유량 제어 밸브

액추에이터의 유량 및 흐름을 제어하는 밸브이다.

① 교축(스로틀) 밸브

유로의 단면적을 조절하여 유량을 제어하는 밸브이며, 유체 흐름의 제어 방향에 따라 양방향과 일방향 유량 조절 밸브로 구분된다.

② 압력 보상 유량 조절 밸브

작동 압력의 압력 변화에 관계없이 일정하게 유량이 흐를 수 있도록 한 밸브이다.

③ 급속배기 밸브

액추에이터의 작동 속도를 급속히 증가시킬 때 사용한다.

(4) 기타 밸브

① 서보 밸브

소형으로 고출력을 얻을 수 있고 제어 정밀도, 응답성이 뛰어나다.

② 비례 제어 밸브

밸브에 입력되는 전류 또는 전압에 비례하여 압력이나 유량을 조절하는 밸브이다.

③ 시간 지연 밸브

㉠ 입력을 받고 밸브 내 설정된 시간이 흐른 후 출력을 보내거나(ON 시간 지연 작동 밸브) 또는 출력을 닫아버리는(OFF 시간 지연 작동 밸브) 밸브이다.(전기 작동 ON 타이머/OFF 타이머 기능과 비슷하다)

㉡ 유량 조절 밸브, 공기 저장 탱크, 3/2way 밸브 등의 조합으로 이루어진 조합 밸브이다.

3 유압 액추에이터

(1) 유압 액추에이터의 분류

① 구조에 따른 분류

㉠ 유압 실린더 : 유압 에너지를 기계적인 직선운동으로 변환하는 기기로 복동형과 단동형이 있다.

㉡ 유압 모터 : 유압 에너지를 연속적인 회전운동으로 변환시키는 기기로, 피스톤형, 나사형, 베인형 등이 있다.

㉢ 요동 액추에이터 : 회전운동의 각도를 조절 가능한 범위 내에서 사용할 수 있는 기기로 베인형, 피스톤형 등이 있다.

(2) 직선운동 액추에이터

① 유압 실린더의 종류
  ㉠ 단동 실린더 : 한쪽 방향의 작동에 대해서만 유압에 의해 작동되고, 복귀 시 내장 스프링이나 외력에 의해 작동된다.
  ㉡ 복동 실린더 : 실린더가 전진과 후진 왕복운동을 하는 동안 양쪽 방향에서 유압에 의해 힘을 발생하고 작동된다.
  ㉢ 램형 실린더 : 피스톤이 없이 로드 자체가 피스톤 역할을 하는 실린더이다.
  ㉣ 다단 실린더 : 텔레스코픽 실린더라고 하며, 긴 행정의 실린더로 사용하기 위해 실린더 내부에 또 하나의 작은 실린더를 내장하여 다단 튜브형태로 구성된다.
  ㉤ 텐덤 실린더 : 동일한 사이즈의 실린더와 비교하여 2배의 출력을 내는 실린더이며, 1개의 실린더 내에 2개의 피스톤이 들어 있다.

② 유압 실린더 고정 방식
  ㉠ 고정형 : 푸트형, 플랜지형
  ㉡ 요동형 : 크레비스형(U마운팅형), 트러니언형(축지지형)

(3) 회전운동 액추에이터

① 유압 모터 : 유압 에너지를 기계적인 회전운동으로 변환하는 기기

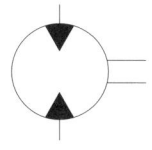

유압 모터 기호

② 유압 모터의 종류
  ㉠ 기어 모터
    ⓐ 작동유체의 압력이 기어에 작용하여 기어에 회전 토크를 발생시켜 운동에너지를 발생한다.
    ⓑ 구조가 간단하여 가격이 저렴하고 출력 토크가 일정하며, 정역회전이 쉽다.
    ⓒ 작동 시 이물질에 민감하지 않아 운전이 양호하다.
  ㉡ 베인 모터
    ⓐ 로터에 부착된 베인이 회전하여 토크를 발생시켜 운동에너지를 얻는다.
    ⓑ 구조가 간단하고 토크가 일정하여 높은 동력과 좋은 효율을 얻을 수 있다.
    ⓒ 베인이나 캠링이 마모되더라도 누설이 적고 작동이 가능하다.
    ⓓ 정역회전 및 무단변속이 가능하다.
    ⓔ 구성 부품이 적고 구조가 간단하여 고장 발생이 적다.
  ㉢ 피스톤 모터
    ⓐ 피스톤 펌프와 유사한 구조로 고속, 고압의 유압 장치에 사용되며, 피스톤을 구동축에 동일 원주상에 축 방향으로 평행하게 배열한 엑시얼형과 구동축에 대하여 방사상으로 배열한 레이디얼형으로 분류된다. 그리고 정용량형과 가변용량형으로 분류할 수 있다.

ⓑ 고출력이나 구조가 복잡하고 고가이다.
ⓒ 가장 효율이 우수한 유압 모터이다.
ⓓ 중·고속, 저토크용으로는 엑시얼 피스톤 모터가 사용되고, 저속, 고토크용으로는 레이디얼 피스톤 모터가 사용된다.

③ 유압 모터의 특징
㉠ 소형·경량임에도 큰 힘을 얻을 수 있다.
㉡ 압력 릴리프 밸브를 사용하여 과부하에 안전하며, 속도 및 방향 제어가 쉽다.
㉢ 정역 회전 및 무단 변속이 쉽다.
㉣ 작동유 내 이물질이나 공기 유입으로 캐비테이션 현상이 발생할 수 있다.

(4) 요동 운동 액추에이터

① 요동 모터 : 회전운동의 각도를 조절 가능한 범위 내에서 유압 에너지를 회전 요동 운동으로 변환시키는 기기
② 요동 모터의 종류
㉠ 베인형 요동 모터 : 구조가 간단하고 소형이며 설치 시 소요 면적이 작다.
㉡ 피스톤형 요동 모터 : 구조가 복잡하며 설치 시 소요 면적이 크다.

4 유압 부속장치

(1) 오일 탱크

① 오일 탱크의 목적
㉠ 유압 시스템에 필요한 유압유 저장 및 유압유 내 불순물 또는 기포를 제거하고 운전 시 발생되는 열을 방출하여 탱크 내 유온을 일정하게 유지한다.
㉡ 오일 탱크의 크기는 통상 펌프 토출량의 3배 이상이다.

② 오일 탱크의 구성요소
㉠ 탱크 내 펌프 흡입구에 여과기를 장착하여 이물질 등의 유입을 방지한다.
㉡ 탱크 최저면은 바닥에서 15cm 정도를 유지한다.
㉢ 유면 높이는 2/3 이상, 유온은 35~55℃ 정도를 유지하고 에어브리더(공기 여과기)를 통하여 탱크 내 압력을 대기압으로 유지한다.

(2) 필터(여과기)

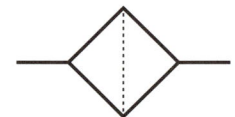

필터(여과기) 기호

① 작동유에 혼입된 이물질을 제거하여 유압기기의 작동이 원활하도록 한다.
② 필터표면식(철망과 같은 표면에서의 여과), 적층식(여과면이 여러 개가 중첩되어 사용), 자기식(자석을 이용하여 여과) 등이 있고 스트레이너에서 제거하지 못한 미세한 이물질 또는 먼지를 제거하는 역할을 한다.

③ 스트레이너

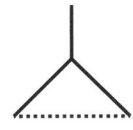
스트레이너 기호

㉠ 펌프 흡입관에 설치하여 불순물이나 이물질 등을 여과시킨다.
㉡ 기름 탱크 저면에서 50mm 정도 위치에 설치하고, 작동 유량은 토출량의 2배 이상이어야 한다.

(3) 냉각기

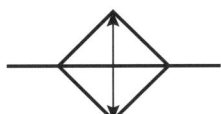
냉각기 기호

유압 시스템의 작동 시 작동유 온도가 상승하면 윤활 기능 및 점도가 저하되므로, 냉각기를 사용하여 40~60℃ 정도로 작동유 온도를 유지시켜 주어야 한다. 종류에는 수랭식과 공랭식이 있다.

(4) 가열기

가열기 기호

겨울철 온도가 저하되면, 작동유의 점도가 높아져서 관 내의 유동 저항에 의해 압력이 상승된다. 이를 방지하기 위해서 작동유를 적정한 온도로 유지시켜야 한다.

(5) 어큐뮬레이터(축압기)

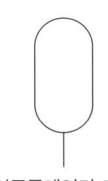
어큐뮬레이터 기호

① 어큐뮬레이터의 기능
    축압기라고도 하며, 압력을 축적하는 용도로 유실 내부에 질소 가스로 채워져 있다.
② 어큐뮬레이터의 종류
    블래더형, 피스톤형, 벨로즈형의 가스 부하식과 직압형, 중추형, 스프링형의 비가스 부하식으로 분류된다.
    ㉠ 블래더형 : 소형으로 응답성이 좋아 많이 사용된다.
    ㉡ 피스톤형 : 형상이 간단하고 구성 부품이 적고 축유량을 크게 잡을 수 있다.
    ㉢ 벨로즈형 : 특수 유체 고온형에 사용된다.
    ㉣ 직압형 : 축유량이 대형이나 누유가 발생할 수 있다.
    ㉤ 중추식 : 일정 유압을 공급할 수 있다.
    ㉥ 스프링형 : 소형, 저압용이며 가격이 싸다.

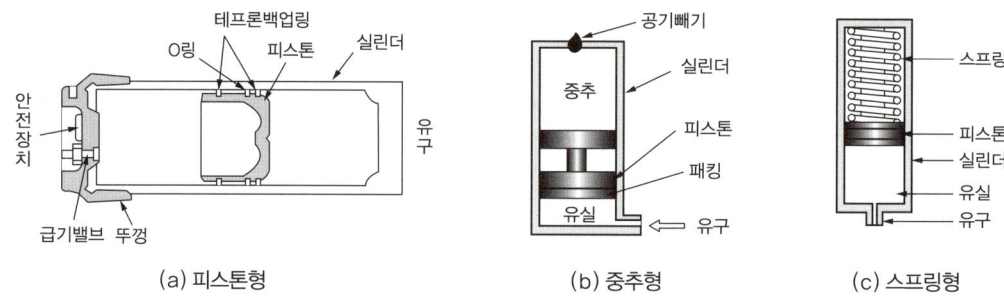

(a) 피스톤형 (b) 중추형 (c) 스프링형

③ 어큐뮬레이터의 용도
  ㉠ 보조에너지원으로서의 에너지 축적용
  ㉡ 펌프의 맥동(서지압) 흡수 및 충격 압력의 완충용
  ㉢ 비상 동력원 및 유체 이송의 역할
  ㉣ 순간적인 대유량의 공급
④ 어큐뮬레이터 사용 시 주의 사항
  ㉠ 축압기와 펌프 사이에 역류 방지 밸브를 설치한다.
  ㉡ 축압기의 파손을 야기할 수 있는 용접, 구멍 뚫기 같은 작업은 하지 않는다.
  ㉢ 효과적인 충격 완충을 위하여 충격 발생이 빈번한 곳 또는 가까운 곳에 설치한다.
  ㉣ 펌프 토출측에 설치하여 펌프 맥동을 방지한다.

(6) 오일 실의 기능

고압이 될수록 기기의 접합부나 이음 부분으로부터 누유가 되기 쉬우므로 이것을 방지하는 것들을 통틀어 실 또는 밀봉 장치라 한다. 운동 부분의 누유를 방지하기 위해서 쓰이는 실을 패킹이라고 하며, 플랜지 등과 같이 고정 부분의 누유를 방지하기 위해서 쓰이는 실을 가스켓이라고 한다.
※ 피스톤에 사용되는 밀봉 장치 : 피스톤링, 컵패킹, V패킹, O링 등

(7) 증압기

시스템 내에서 사용되는 압력보다 높은 압력이 요구될 때 사용되며, 크기가 각기 다른 2개의 피스톤을 조합한 실린더 타입으로, 수압기 등에 사용된다.

5 유압 작동유

(1) 유압유의 역할

동력 전달 작용, 윤활 작용, 냉각 작용, 밀봉 작용, 방청 및 방식 작용을 할 수 있어야 한다.

(2) 유압유의 조건

① 유동점이 낮고 비압축성 유체이어야 한다.
② 점도지수가 커야 한다. 즉, 유온의 변동에 따른 점성의 변화가 작아야 한다.
③ 기기의 작동 시 원활한 운동을 하기 위하여 윤활성(Lubricity)이 좋아야 한다.
④ 장시간 사용 후에도 물리적, 화학적으로 안정되어야 한다.
⑤ 불순물, 기름 속의 기포를 빨리 분리하여야 한다.

⑥ 방청, 방식성 및 내화성이 좋아야 한다.
⑦ 작동 시 발생되는 열을 빠르게 방출할 수 있도록 방열성이 좋아야 한다.

(3) 유압유의 성질

① 점도
  ㉠ 점도가 너무 높은 경우
   - 내부 마찰의 증대 및 온도가 상승(캐비테이션 현상 발생)
   - 에너지의 손실 및 동력 손실의 증대
   - 관내 유동 저항에 의한 압력 증대(기계 효율 저하)
   - 작동유(유압유)의 유동성 및 응답성 저하
  ㉡ 점도가 너무 낮은 경우
   - 유압유의 내부 누설 및 외부 누설이 증가(용적 효율 저하)
   - 작동유의 점도 저하에 따라 마찰 부분의 마모 증대(기계 수명 저하)
   - 유압 펌프의 체적 효율 저하와 작동유의 온도 상승
   - 정밀한 조절과 정확한 작동이 곤란
  ㉢ 점도는 온도에 따른 영향이 크기 때문에 작동유의 적정 온도는 30~60℃이다.

② 첨가제
  ㉠ 점도지수 향상제 : 고분자 중합체의 탄화수소
  ㉡ 마찰방지제 : 에스테르류의 극성화합물
  ㉢ 산화방지제 : 유황화합물, 인산화합물, 아민 및 페놀화합물
  ㉣ 방청제 : 유기산 에스테르, 지방산염, 유기화합물
  ㉤ 소포제 : 실리콘유, 실리콘의 유기화합물
  ㉥ 유성 향상제 : 파라핀, 유동점 강하제

(4) 관련 용어

① Airation : 에어레이션, 공기가 유압유에 기포로 혼입되어 있는 상태
② Flashing : 플러싱, 수명이 다한 작동유를 새로운 오일로 교환하는 작업
③ Chattering : 채터링, 릴리프 밸브 등에서 밸브 시트를 두드려 비교적 높은 음을 발생시키는 일종의 자력 진동 현상

2 공압 요소

1 공압 발생장치

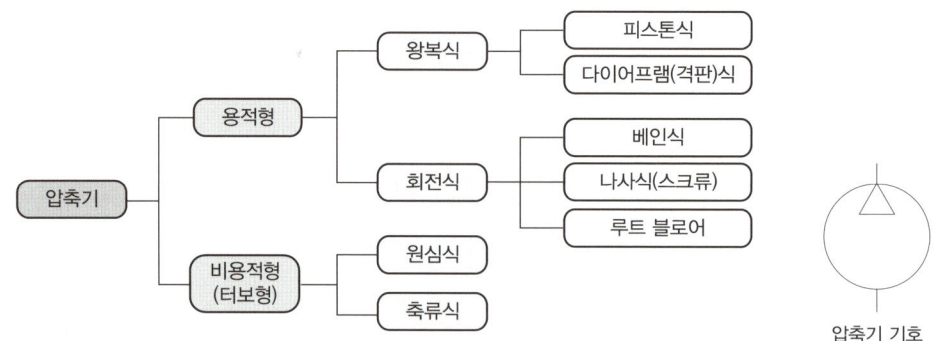

작동 원리에 따른 압축기 분류

(1) 공기 압축기(Air Compressor)

기계 에너지를 기체(유체) 에너지로 변환하는 기계로, 대기 중의 공기를 압축하여 압축 공기를 만든다. 공기 압축기는 압력이 $1kgf/cm^2$ 이상이면 압축기, $1kgf/cm^2$ 미만이면 송풍기라고 한다.

① 토출 압력에 따른 분류
  ㉠ 저압 : $1\sim8kgf/cm^2$
  ㉡ 중압 : $10\sim16kgf/cm^2$
  ㉢ 고압 : $16kgf/cm^2$ 이상

② 출력에 따른 분류
  ㉠ 소형 : $0.2\sim14kW$
  ㉡ 중형 : $15\sim75kW$
  ㉢ 대형 : $75kW$ 이상

(2) 공기 압축기의 종류

① 왕복식 압축기
  ㉠ 피스톤 압축기
    ⓐ 가장 많이 사용되는 압축기로, 크랭크축을 회전시켜 피스톤의 왕복운동으로 압력을 발생시키며, 냉각 방식에 따라 공랭식과 수랭식이 있다.
    ⓑ 사용 압력 범위는 1~수십bar까지 사용할 수 있다.
    ⓒ 다른 압축기에 비해 소음이 크며, 진동과 맥동이 발생할 수 있으므로 공기 탱크가 필요하다.

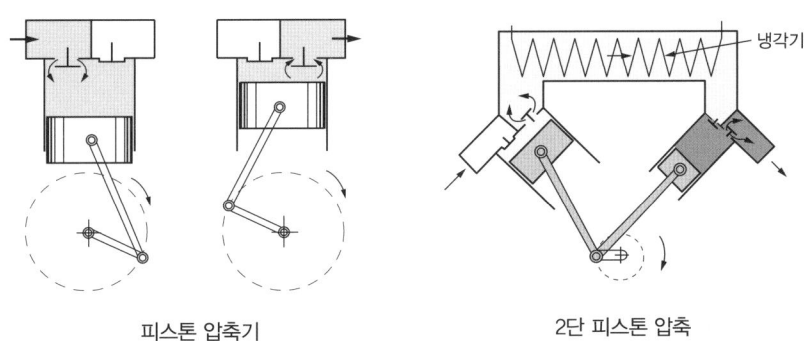

피스톤 압축기　　　　　　2단 피스톤 압축

ⓒ 다이어프램(격판) 압축기

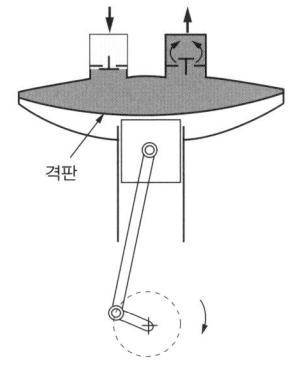

다이어프램(격판) 압축기

ⓐ 피스톤이 격판에 의해 공기 흡입실로부터 분리되어 있고 공기가 왕복운동을 하는 피스톤과 직접 접촉하지 않는다.
ⓑ 피스톤 압축기에 사용되는 윤활유가 압축기 작동 시 일부는 미세한 기름 입자 상태로 압축 공기에 섞일 수 있다. 이를 방지하고 깨끗한 공기가 필요한 곳에는 다이어프램(격판) 압축기를 사용한다.

② 회전식 압축기

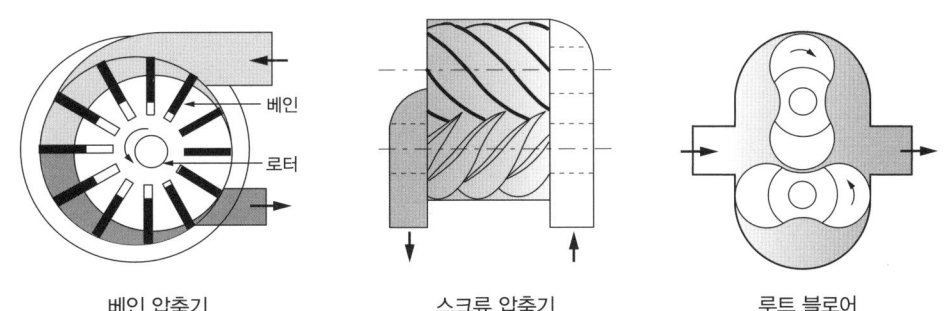

베인 압축기　　　　　　스크류 압축기　　　　　　루트 블로어

㉠ 베인 압축기
   ⓐ 편심 로터가 흡입과 배출 구멍이 있는 실린더 형태의 하우징 내에서 회전하여 압축 공기를 생산한다.
   ⓑ 소음과 진동이 적고, 공기를 안정되고 일정하게 공급한다.
   ⓒ 크기가 소형으로 고가이고, 높은 압력이 필요한 곳에는 부적당하다.

㉡ 스크류 압축기
   ⓐ 오목한 측면과 볼록한 측면을 가진 2개의 로터가 한 쌍이 되어 축 방향으로 들어온 공기를 서로 맞물려 회전하여 공기를 압축한다.
   ⓑ 소음, 진동 및 압력의 맥동 현상이 적다.
   ⓒ 고속 회전이 가능하고 토출 능력은 크나, 고압이 필요한 곳에는 압축기의 생산 효율이 급격히 낮아지므로 높은 압력이 필요한 곳에는 부적당하다.

㉢ 루트 블로어
   ⓐ 누에고치형 회전자를 90° 위상 변위를 주고 회전자까지 서로 반대 방향으로 회전하여 흡입된 공기는 회전자와 케이싱 사이에서 공기의 체적 변화 없이 토출구측으로 이동 및 토출된다.
   ⓑ 토크 변동이 크고 소음이 크다.
   ⓒ 비접촉형, 무급유식이며 소형, 고압으로 사용된다.

③ 터보형 압축기
   ㉠ 공기의 유동 원리를 이용한 것으로 터빈을 고속으로 회전시키면서 공기를 압축시킨다.
   ㉡ 여러 개의 터빈에 의한 운동 에너지를 압력 에너지로 바꾸어서 압축하는 형식이다. 종류로는 축류식과 원심식이 있다.
   ㉢ 각종 플랜트, 대형, 대용량의 공압원으로 이용되며, 가격이 비싸다.

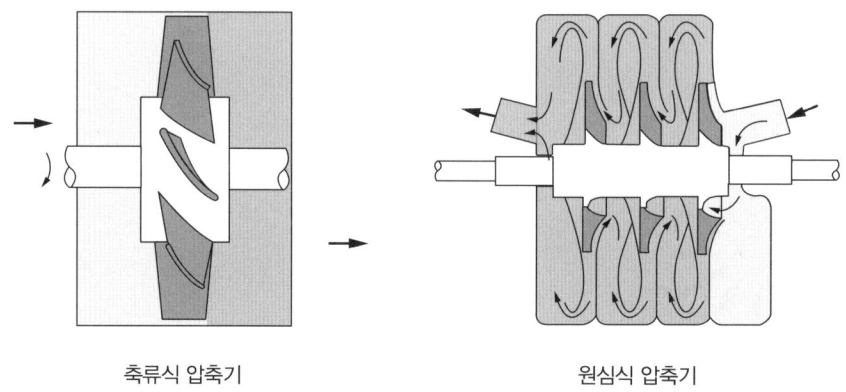

축류식 압축기   원심식 압축기

④ 압축기 장단점 비교

구분	왕복식	회전식	터보식
구조	비교적 간단하다.	간단하고 섭동부가 적다.	대형, 복잡하다.
진동	비교적 많다.	적다.	적다.
소음	비교적 높다.	적다.	적다.
보수성	좋다.	섭동 부품의 정기 교환이 필요하다.	비교적 좋으나 오버홀이 필요하다.
가격	싸다.	비교적 비싸다.	비싸다.
토출 공기 압력	고압	중압	표준 압력

(3) 냉각기(애프터 쿨러)

냉각기(애프터 쿨러) 기호

① 사용 목적

공기 압축기로부터 배출되는 고온, 고압의 압축공기를 공기 건조기에 통과하기 전에 120~200℃의 고온의 압축 공기 온도를 40℃ 이하로 낮추고, 압축공기에 포함된 수분을 제거하는 역할을 한다.

② 냉각기(애프터 쿨러)의 종류

　㉠ 공랭식 : 팬을 이용하며 유지 보수가 쉽다.
　㉡ 수랭식 : 냉각수를 이용하며 대용량에 적합하다.

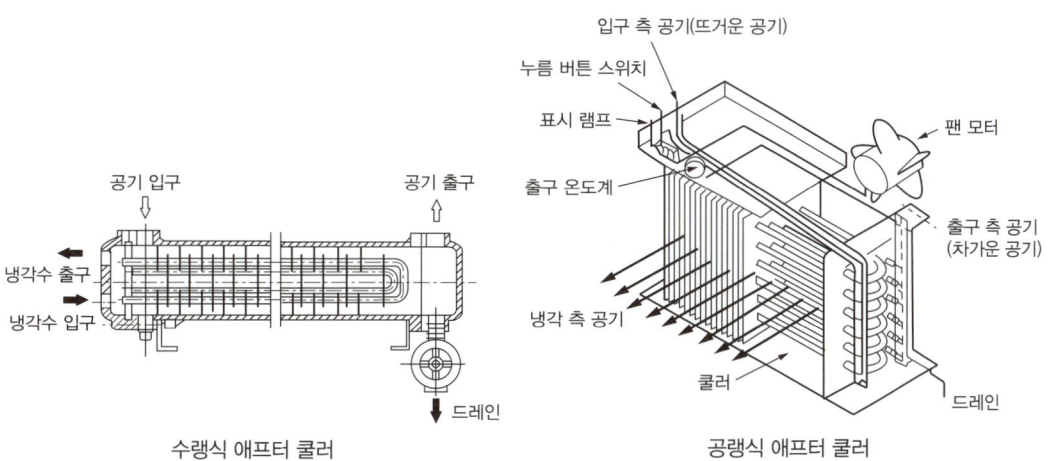

수랭식 애프터 쿨러　　　공랭식 애프터 쿨러

(4) 공기 건조기(에어 드라이어)

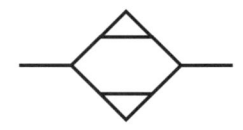

공기 건조기(에어 드라이어) 기호

① 사용 목적

압축 공기 속에 포함되어 있는 수분을 제거하여 사용 가능한 건조된 공기로 만든다.

② 공기 건조기의 종류

㉠ 흡수식 건조기

ⓐ 화학적인 방법으로 건조한다. 건조제로는 염화리튬, 수용액, 폴리에틸렌을 사용한다.

ⓑ 장비 설치가 간단하고 고장이 적다. 1년에 2~3회 정도 건조제만 교환하면 된다.

㉡ 흡착식 건조기

ⓐ 실리카겔이나 알루미나겔 등의 고체 건조제를 두 개의 용기 속에 채워 사용한다.

ⓑ 사용한 건조제는 더운 공기에 통과시켜 재사용이 가능하다.

ⓒ 이슬점 온도(저노점)는 -70℃까지 사용 가능하며, 반영구적으로 사용이 가능하다.

㉢ 냉동식 건조기

ⓐ 공기의 온도를 이슬점 온도 이하로 낮추어 건조시키는 방법이다.

ⓑ 신뢰성 및 경제성이 좋아 일반적으로 많이 사용된다.

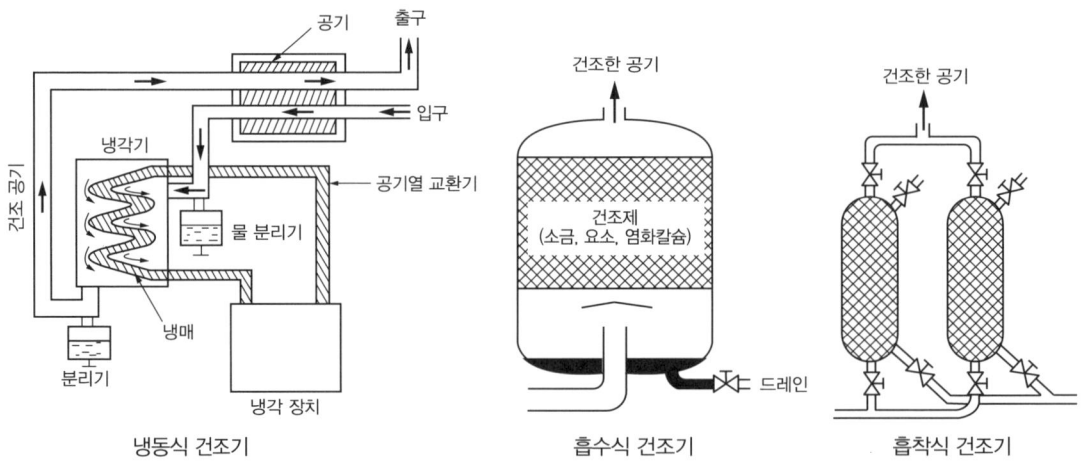

냉동식 건조기 / 흡수식 건조기 / 흡착식 건조기

(5) 저장탱크(공기탱크)

① 저장탱크의 개요

공기 압축 시 압축기로부터 발생되는 맥동을 감소시키고 공기 소비 시 압축공기의 공급을 안정화시키며 발생되는 압력 변화를 최소화시킨다. 정전 시 저장된 압축공기를 이용하여 짧은 시간 동안 운전이 가능하다.

저장탱크(공기탱크) 기호

② 공기저장탱크의 기능
　㉠ 압축공기 저장 및 압력 변화를 최소화
　㉡ 정전 및 비상 시 최소한의 운전이 가능
　㉢ 공기 압축 시 맥동현상 감소
　㉣ 압축공기 중의 수분을 배출

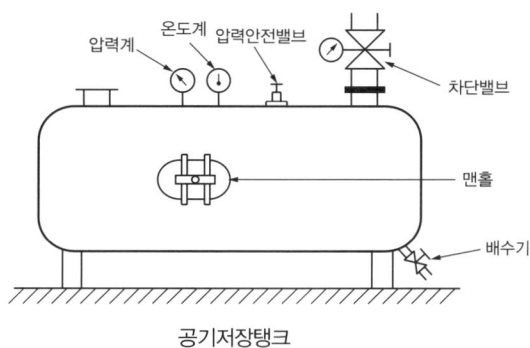

공기저장탱크

(6) 윤활기(루브리케이터)

공압 액추에이터 및 밸브 등의 원활한 작동을 위하여 압축공기에 윤활유를 공급하는 장치이며, 벤투리의 작동 원리에 의해 작동된다. 윤활기의 종류에는 고정 벤투리식, 가변 벤투리식 및 윤활유 입자 선별식이 있다.

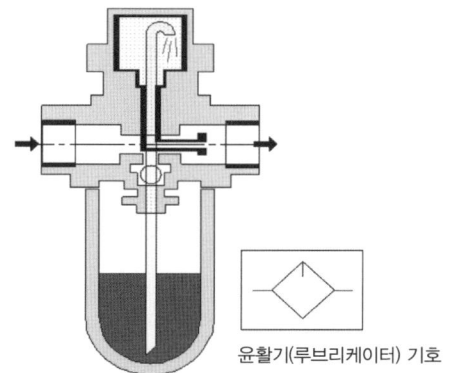

윤활기(루브리케이터) 기호

(7) 압력 조절기

① 감압 밸브가 주로 사용되며 장치에 사용 압력을 공급한다.
② 공기의 압력을 사용 공기압 장치에 맞는 압력으로 공급하기 위해 사용된다.

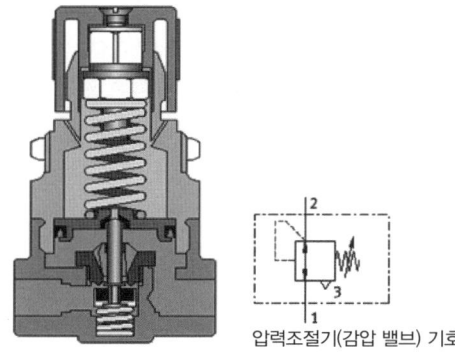

압력조절기(감압 밸브) 기호

(8) 공기필터(여과기)

공압 발생 장치에서 생성된 공기 중에는 수분, 먼지 등이 포함되어 있으며, 이러한 물질을 제거하기 위해서 입구부에 필터를 설치한다.

① 여과도에 따른 분류 : 일반용(70~40㎛), 고속용(0~10㎛), 정밀용(10~5㎛), 특수용(5㎛ 이하)
② 여과 방식에 따른 분류 : 원심력 이용 방법, 흡습제 사용 방법, 충돌판 충돌 방법, 냉각하는 방법

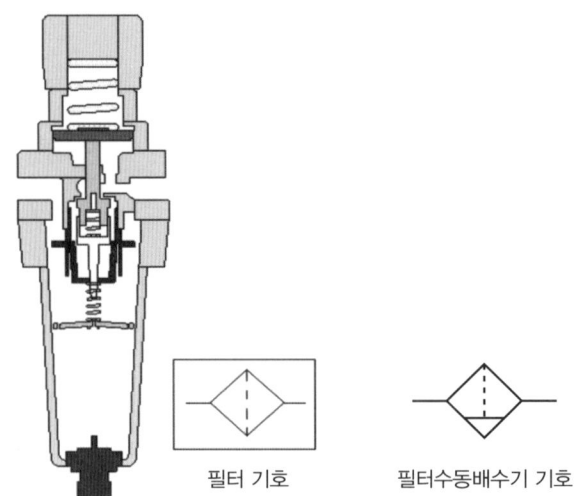

(9) 서비스 유닛(공기압 조정 유닛)

생산된 압축공기를 최종적으로 사용하기 위해서 이물질 제거 및 사용하고자 하는 압력으로 조절하고, 필요에 따라 윤활을 하는 기기로 필터, 압력 조절 밸브, 윤활기로 이루어진 조합 기기이다.

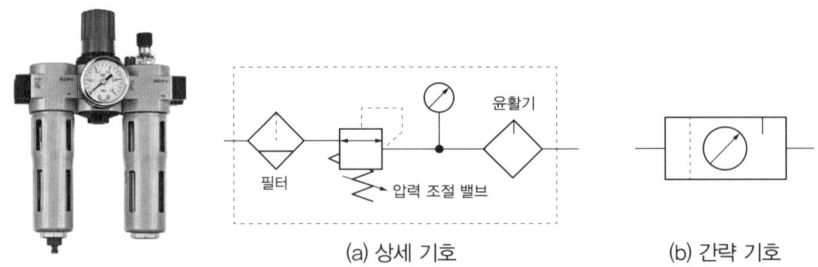

(10) 배관

① 배관의 개요
　㉠ 생산된 압축공기를 운반하는 파이프를 배관이라 하고, 배관의 기울기는 1/100 이상으로 한다.
　㉡ 나사부 조립 시에는 테이프가 들어가지 않도록 1~2산 정도 남기고 감고, 분기관은 주배관으로부터 일단 위쪽으로 올린 후에 배관을 실시한다.
　㉢ 배관 지름을 선택할 때에는 유량, 배관의 길이, 허용 가능한 압력 강하, 압력, 배관 내의 저항 효과를 주는 부속 요소 등을 고려한다.

② 배관 재료
　㉠ 강관 : 15A 이상의 고정 배관에 사용된다.
　㉡ 동관 및 황동관 : 내식성과 내열성, 강성 등이 요구되는 곳에 사용된다.
　㉢ 스테인리스관 : 지름이 큰 경우나 직관부에 사용되지만 작업성이 나쁘다.
　㉣ 나일론관 : 내열성은 나쁘나 내식성 및 강도가 우수하여 지름이 작은 공압 배관에 적합하며 절단이 쉽고 작업성이 매우 좋다.
　㉤ 폴리우레탄관 : 바깥지름이 6mm 이하인 경우에 사용된다.
　㉥ 고무 호스 : 탄성이 크므로 공기 공구에 많이 사용되며 작업자가 마음대로 구부리면서 작업할 수 있다.

③ 배관 이음
　㉠ 나사 이음 : 일반적으로 관용 테이퍼 나사이며 접속 시에는 누설을 방지하기 위하여 테프론 테이프를 사용하는 것이 보통이며 컴파운드를 같이 사용하기도 한다.
　㉡ 플랜지 이음 : 플랜지를 파이프에 용접하여 플랜지와 플랜지를 볼트로 연결시키는 것으로 일반적으로 50A 이상의 관 연결 시에 많이 사용되고 있다.
　㉢ 플레어 이음(flare fitting) : 동관에 많이 사용되는 것으로 관끝 모양을 접시 모양으로 넓혀서 사용한다. 플레어의 각도는 37°와 45°가 있으며 공기용으로는 45°를 사용하고 있다.
　㉣ 플레어리스 이음 : 관끝을 넓히지 않고 파이프와 슬리브의 맞물림 또는 마찰을 이용한다.
　㉤ 고무 호스 이음 : 고무 호스를 끼운 후 밴드 등으로 고정시킨다.

④ 배관내 흐르는 유체의 종류 기호

유체의 종류	공기	유류(기름)	물	가스	수증기
기호(약어)	A(Air)	O(Oil)	W(Water)	G(Gas)	S(Steam)

2 공압 제어 밸브

다양한 공압 액추에이터의 방향, 속도, 힘을 제어하는 공압 요소로서 밸브의 기능에 따라 방향 제어, 유량 제어, 압력 제어, 논리턴 밸브 등으로 나눌 수 있다.

(1) 방향 제어 밸브

공압회로에 있어서 액추에이터(실린더, 모터 등)로 공급되는 공기의 흐름, 즉 유로를 변환시키는 것으로 액추에이터의 작동 방향을 제어하는 밸브이다.

① 방향 제어 밸브의 기호

기호	설명
□	밸브 내부의 공기 유로의 흐름을 표시한 것으로 위치라고 하고 사각형으로 나타낸다.
□□	밸브는 최소 2개의 사각형으로 이루어지며 밸브 전환 위치의 개수를 의미한다. 즉, 사각형이 2개인 밸브는 2개의 제어 위치를 가진 밸브이다.

기호	설명
	밸브의 기능과 작동 원리는 4각형 안에 표시된다. 직선은 유로를 나타내고 화살표는 흐르는 방향을 나타낸다.
	유체의 흐름이 차단되는 위치는 사각형 안에 직각으로 표시된다.
	유로의 접점은 점으로 표시한다.
	밸브 외부의 유체의 연결구(접속구)로서 포트(port)라고 부르며, 사각형 밖에 직선으로 표시한다.
	유체의 배기구는 삼각형으로 표시한다.
	3개의 전환 위치를 가지는 밸브이며 중간 위치가 중립 위치를 나타낸다.

② 밸브의 연결구(접속구) 표시 방법

포트	ISO 1219	ISO 5599
공급 포트	P	1
작업 포트	A, B, C	2, 4.....
배기 포트	R, S, T	3, 5.....
제어 포트	X, Y, Z	10, 12, 14..
누출 포트	L	

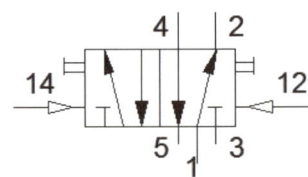

③ 방향 제어 밸브의 기능에 의한 분류

기호	표시 방법	설명
	2포트 2위치 방향 제어 밸브 (2/2-way 밸브)	초기 상태 → 닫힘(P포트에 공기가 공급되어도 A포트로 공기가 통과되지 않는다)
		초기 상태 → 열림(P포트에 공기가 공급되면 A포트로 공기가 통과한다)
	3포트 2위치 방향 제어 밸브 (3/2-way 밸브)	초기 상태 → P포트는 차단, A포트는 R포트로 배기
		초기 상태 → P포트와 A포트 연결, R포트 차단
	4포트 2위치 방향 제어 밸브 (4/2-way 밸브)	2개의 작업 포트와 공급 포트, 배기 포트 각 1개가 있어서 복동 실린더의 제어에 사용
	5포트 2위치 방향 제어 밸브 (5/2-way 밸브)	2개의 작업 포트, 2개의 배기 포트와 1개의 공급 포트가 복동실린더 제어에 사용
	3포트 3위치 방향 제어 밸브 (3/3-way 밸브)	중립 위치 → 모두 닫힘
	4포트 3위치 방향 제어 밸브 (4/3-way 밸브)	중립 위치 → P포트와 R포트가 연결
		중립 위치 → A, B, R 포트가 모두 연결
		중립 위치 → 모두 닫힘

기호	표시 방법	설명
	5포트 3위치 방향 제어 밸브 (5/3-way 밸브)	중립 위치 → 모두 닫힘
	5포트 4위치 방향 제어 밸브 (5/4-way 밸브)	중립 위치 → 모두 닫힘 양쪽 신호가 모두 존재하면 A, B포트 배기

④ 방향 제어 밸브의 조작 방식에 따른 분류

조작 방식	종류	KS 기호	비고
인력 조작 방식	누름 버튼 방식		누름버튼은 다양한 형태의 누름버튼이 있다.
	레버 방식		
	페달 방식		
기계 방식	플런저 방식		
	롤러 방식		
	스프링 방식		
전자 방식	직접 작동 방식	(1)	(1) 직동식 (2) 파일럿식
	간접 작동 방식	(2)	
공압 방식	직접 파일럿	(1) (1)	(1) 압력을 가하여 조작하는 방식 (2) 압력을 빼서 조작하는 방식
	간접 파일럿	(2) (2)	
기타 방식	디텐트		어느 값 이상의 힘을 주지 않으면 움직이지 않는다. (락킹형)

(2) 논리턴 밸브

논리 조건을 만족하거나, 양쪽 방향의 공기의 입력 조건에 따라 공기의 흐름을 허용하는 밸브이다.

① 체크 밸브
  ㉠ 한쪽 방향의 유동은 허용하고 반대 방향의 흐름은 차단하는 밸브이다.

ⓒ 유동을 차단하는 방법으로는 원뿔, 볼, 판(격판) 등을 사용하며 스프링이 있는 것과 없는 것이 있다.

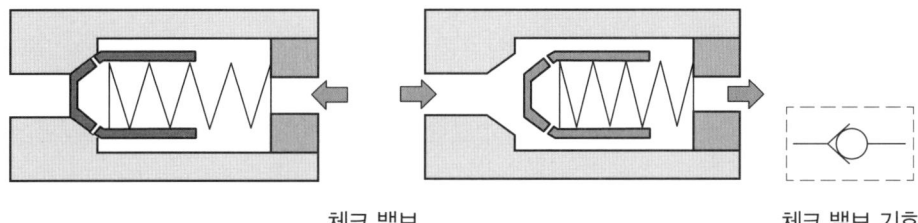

체크 밸브   체크 밸브 기호

② AND 밸브(2압 밸브)

저압 우선형 이압 밸브라고도 하며, 두 개의 입구는 X, Y이고 출구는 A이다. 압축공기가 X와 Y의 두 곳에서 동시에 공급되어야만 출구 A로 압축공기가 흐르고, 압력 신호가 동시에 작용하지 않으면 늦게 들어온 신호가 출구 A로 나가며, 두 개의 압력 신호가 서로 다른 압력이면 낮은 압력이 출구 A로 나가게 된다. 주로 안전 제어, 검사 기능에 사용된다.

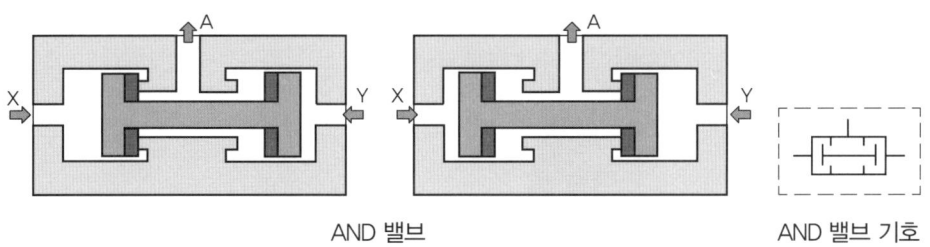

AND 밸브   AND 밸브 기호

③ OR 밸브(셔틀 밸브)

고압 우선형 셔틀 밸브라고도 하며, 두 개의 입구 X, Y 어느 쪽이든 압력 신호가 나오면 출구 A로 압축공기가 흐르고 두 개의 압력 신호가 서로 다른 압력이면 높은 압력이 출구 A로 나가게 된다.

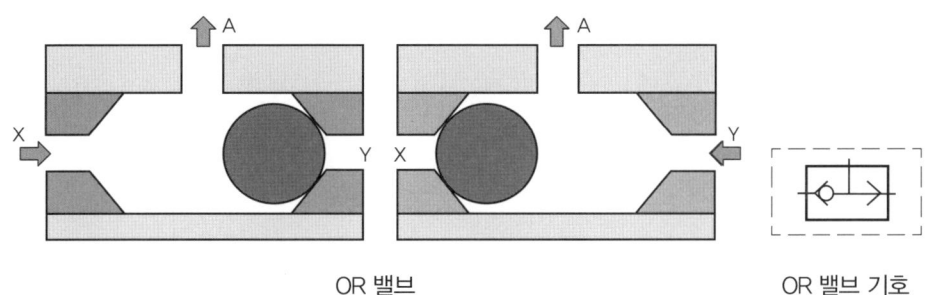

OR 밸브   OR 밸브 기호

(3) 압력 제어 밸브

① 압력 릴리프 밸브

회로 내의 압력이 설정값을 초과할 때 배기시켜 회로 내의 압력을 설정값 이하로 일정하게 유지시키며, 시스템 내 최고 압력을 제한하는데 사용되고 있다.(안전 밸브로 사용)

② 감압 밸브

입력되는 압력과는 무관하게 출력되는 압력을 일정하게 유지시켜 주는 밸브이며, 종류로는 릴리프식, 논 릴리프식, 브리드식이 있다.

③ 압력 시퀀스 밸브

공유압 회로에서 순차적으로 작동할 때 작동 순서를 회로의 압력에 의해 제어하는 밸브이다. 즉 회로 내의 압력 상승을 검출하여 압력을 전달하거나 액추에이터나 방향 제어 밸브를 움직여 작동 순서를 제어한다.

④ 압력 스위치

회로의 압력이 설정값에 도달하면 내부에 있는 스위치 접점이 작동하여 전기 신호를 출력하는 기기이다.

(4) 유량 제어 밸브

공기 유량을 제어하는 밸브로, 공유압에서는 액추에이터의 속도를 조절할 수 있다.

① 일방향 유량 제어 밸브

㉠ 밸브 내부에 체크 밸브와 유량 제어 밸브가 결합되어 있어, 한쪽 방향의 공기 흐름만을 조절하여 유량을 제어하여 액추에이터의 속도를 조절한다.

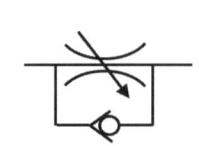

일방향 유량 제어 밸브 기호

㉡ 액추에이터(실린더 등)의 속도 조절 방식에 따라 액추에이터에 공급되는 공기의 양을 조절하는 미터 인 방식과 액추에이터에서 배기되는 공기의 양을 조절하는 미터 아웃 방식이 있다.

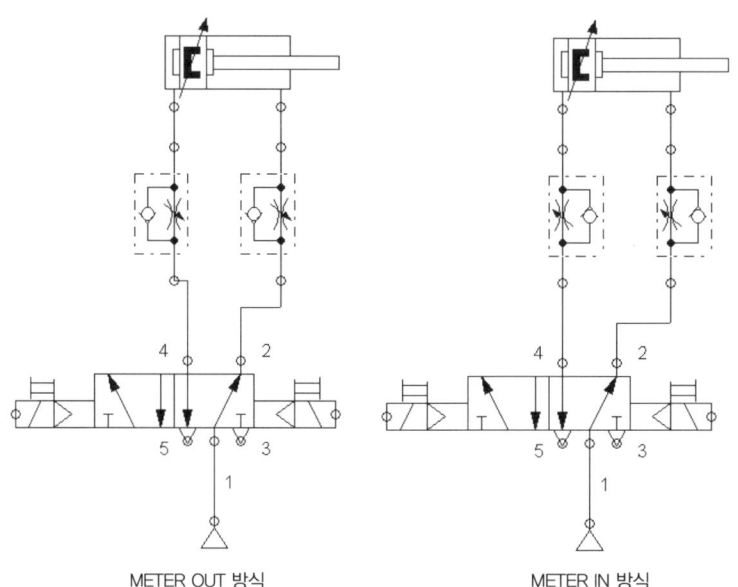

METER OUT 방식   METER IN 방식

② 양방향 유량 제어 밸브(교축 밸브)

유로의 단면적을 교축하여 유량을 제어하는 밸브이며, 장착 시 실린더 전, 후진 속도 모두에 영향을 미친다.

양방향 유량 제어 밸브 기호

③ 급속배기 밸브

실린더에서 배기되는 공기를 급속히 배기시킴으로써 실린더의 작동 속도를 증가시키는 밸브이며 구조에 따라 플런저 방식과 다이어프램 방식이 있다.

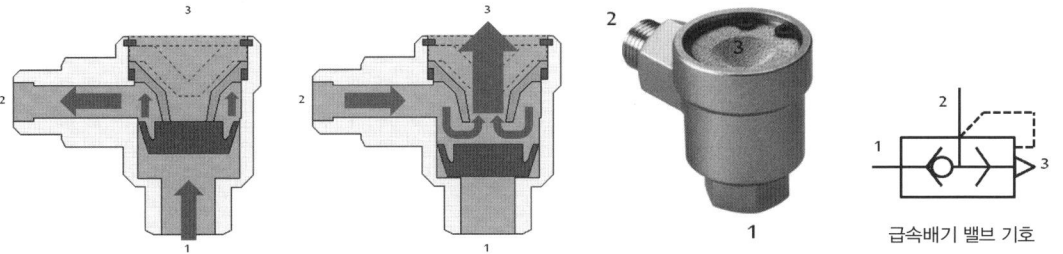

급속배기 밸브 기호

④ 압력 보상형 유량 조절 밸브

외부의 압력 부하 또는 압력 변화에 대해 항상 유량을 일정하게 유지시키는 밸브이며, 액추에이터의 작동 속도를 제어하는 밸브이다.

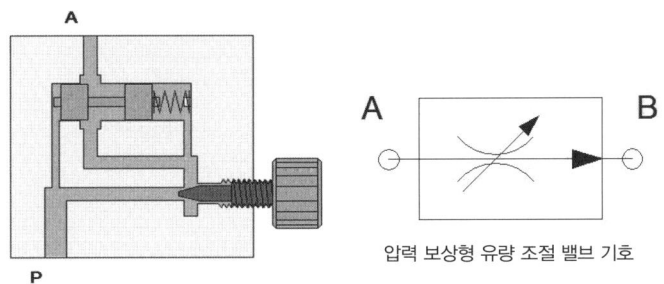

압력 보상형 유량 조절 밸브 기호

⑤ 유량 분류 밸브 : 입력 유량을 일정한 비율로 분배해주는 밸브이다.(분배 비율 1:1~9:1)

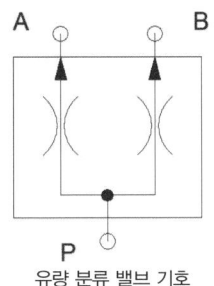

유량 분류 밸브 기호

(5) 조합 밸브

2개 이상의 밸브를 조합하여 특정한 기능을 수행하도록 만들어진 밸브이다.

① 시간 지연 밸브 : 전기 ON/OFF 타이머와 비슷한 기능으로 밸브를 작동시키기 위한 제어 신호가 입력된 후, 일정 시간이 경과된 다음에 작동되는 밸브로서, 일방향 유량 제어 밸브, 공기탱크, 3/2 방향 제어 밸브로 구성된 조합밸브이다.

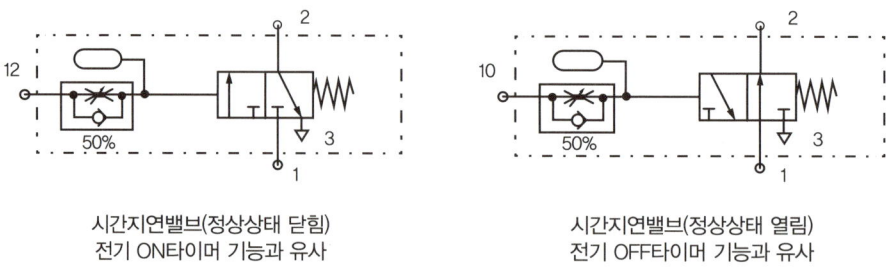

시간지연밸브(정상상태 닫힘)
전기 ON타이머 기능과 유사

시간지연밸브(정상상태 열림)
전기 OFF타이머 기능과 유사

3 공압 액추에이터

(1) 직선 운동 액추에이터

① 단동 실린더
  ㉠ 한쪽 방향의 작동은 공압에 의해 작동되고 복귀 시 작동은 실린더 내 내장된 스프링이나 외력에 의해 작동된다.
  ㉡ 행정거리가 제한되며(100mm 이내) 복동실린더보다 공기 소모량이 적다.
  ㉢ 클램핑, 이젝팅, 프레싱, 리프팅 등에 주로 사용된다.
  ㉣ 단동실린더의 종류
    ⓐ 단동피스톤 실린더

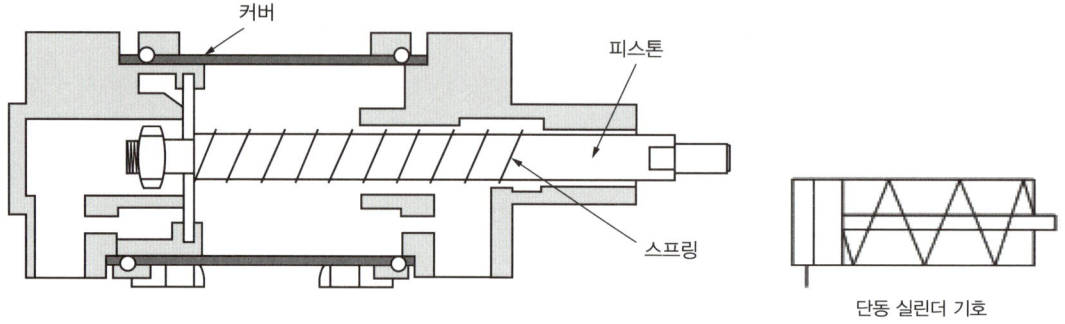

단동 실린더 기호

ⓑ 격판 실린더
- 주로 클램핑에 이용되며(행정 거리가 3~5mm 내외) 내장된 격판이 공압에 의해 작동된다.

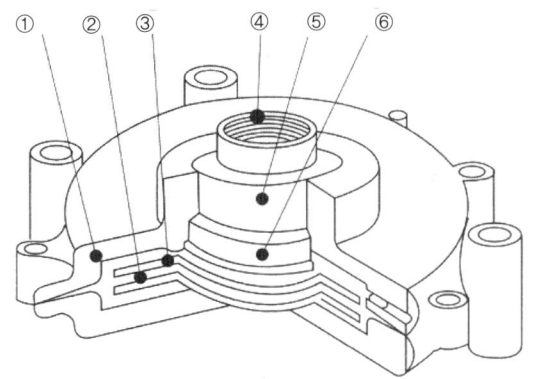

① 커버
② 다이어프램
③ 지지판
④ 피스톤로드
⑤ 베어링
⑥ 로드실

ⓒ 롤링 격판 실린더
- 행정거리가 50~80mm 내외이다.

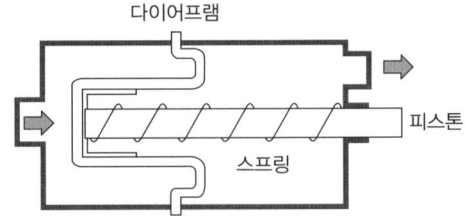

② 복동 실린더

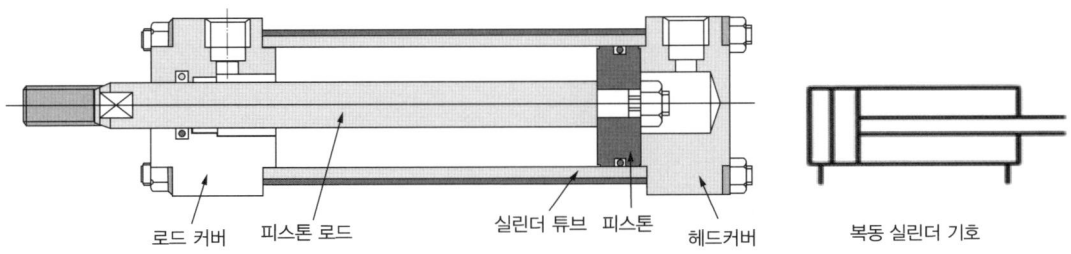

㉠ 공압 에너지를 직선적인 기계적 운동으로 변환시키는 장치이며 공압에 의한 힘으로 전진 및 후진 시 모두 공압에 의해 작동된다.
㉡ 피스톤 로드의 구부러짐과 휨 때문에 행정거리가 2m 내외이다.
㉢ 전, 후진 시 모두 일을 할 수 있으나 전, 후진 운동 시 힘의 차이가 있다.
㉣ 복동 실린더의 종류
　ⓐ 쿠션 내장형 실린더 : 전, 후진 끝단 정지 시 충격 방지용으로 사용
　ⓑ 양로드형 실린더 : 실린더 양쪽으로 동일 면적의 피스톤이 있어 전, 후진 운동 시 같은 힘을 낼 수 있다.

ⓒ 로드리스 실린더 : 피스톤 로드가 외부로 돌출되지 않는 실린더이며, 피스톤 로드의 구부러짐과 휨이 없으며 다른 복동 실린더보다 설치 공간이 작다.

ⓓ 탠덤 실린더 : 실린더의 지름이 한정되고 큰 힘이 필요한 곳에 사용된다. 같은 크기의 복동 실린더와 비교하여 2배의 큰 힘을 낼 수 있다.

ⓔ 다위치 제어 실린더 : 2개 또는 여러 개의 복동 실린더를 결합시켜 놓은 것으로 정확한 위치 제어가 가능하다.

ⓕ 브레이크 부착 실린더 : 복동 실린더 앞부분에 브레이크 장치를 부착하여 위치, 속도 제어가 가능한 실린더이다.

ⓖ 충격 실린더 : 일반적인 실린더의 1~2m/s 속도보다 7~10m/s 빠른 속도를 이용하여 큰 충격 에너지를 얻을 수 있어서 리베팅, 펀칭, 마킹 등의 작업에 이용된다.

ⓗ 텔레스코픽 실린더 : 로드의 전장에 비해 긴 행정거리를 필요로 하는 경우에 사용하는 다단 튜브형 로드를 가진 실린더이다.

ⓘ 램형 실린더 : 피스톤 로드에 가해지는 좌굴 하중 등 강성을 요구할 때 사용된다.

분류	기호	분류	기호
단동형		탠덤형	
복동형		양쪽 쿠션	
양로드형		텔레스코픽형	
다위치형		브레이크 부착형	

(2) 회전운동 액추에이터

① 공압 모터

공압 에너지를 기계적인 연속 회전운동으로 변환하는 기기이다.

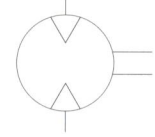

공압 모터 기호

㉠ 공압 모터의 특징

ⓐ 공압 에너지 축적으로 정전 시에도 작동이 가능하다.

ⓑ 과부하에 안전하고, 폭발의 위험이 없어 안전하다.

ⓒ 회전수, 토크를 자유롭게 조절 가능하다.

ⓓ 기동, 정지, 역회전 시 자연스럽게 작동된다.

ⓔ 공기 소비량이 많아 에너지 변환 효율이 낮고 운전 비용이 많이 든다.
ⓕ 회전 속도의 변동이 커서 정밀한 운전이 어렵다.
ⓖ 공압의 압축성 때문에 제어성이 떨어지고 작동 소음이 크다.

ⓒ 공압 모터의 종류

분류	구조	원리·특징·용도
베인형		• 원리 : 케이싱으로부터 편심해서 부착된 로터에 날개가 끼워져 있다. 따라서 날개 2매 간에 발생하는 수압 면적 차에 공기압이 작용해서 회전력이 발생한다. • 특징 : 고속 회전(400~10,000rpm) 저토크형이다. • 용도 : 공기압 공구
피스톤형		• 원리 : 피스톤의 왕복운동을 기계적 회전운동으로 변환함으로써 회전력을 얻는다. 변환 방식은 크랭크를 이용한 것, 캠의 반력을 이용한 것 등이 있다. • 특징 : 중저속 회전(20~5000rpm) 고토크형이며 출력은 2~25마력이다. • 용도 : 각종 반송장치
기어형		• 원리 : 2개의 맞물린 기어에 압축공기를 공급하여 회전력을 얻는다. • 특징 : 고속 회전 고토크형이며 출력은 60마력이다. • 용도 : 광산 기계, 호이스트
터빈형		• 원리 : 터빈에 공기를 내뿜어서 회전력을 얻는다. • 특징 : 초고속 회전 미소토크형이다. • 용도 : 치과 치료기, 공기압 공구

② 요동 액추에이터

한정된 회전각을 가지는 장치로, 한정된 각도 내에서 연속 회전운동을 하는 장치이다.

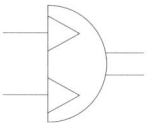

요동 액추에이터 기호

㉠ 요동 액추에이터의 종류

명 칭	내 용
베인형	• 날개(베인)에 의해 공압을 직접 회전운동으로 변환하며, 단단 및 다단형이 있다. • 회전범위 300° 내외이다.
래크 피니언형	• 래크와 피니언을 이용하여 회전운동으로 변환 • 회전범위는 45°~720° 정도이다.
스크류형	• 스크류를 이용하여 회전운동으로 변환 • 회전범위는 360° 이상의 요동 각도를 얻을 수 있다.

4 기타 공압 기기

(1) 공유압 변환기

공압을 이용하여 작동시키고 유압으로 출력을 변환하는 장치이며, 직압식과 예압식으로 분류된다.

① 공유압 변환기 사용 시 주의 사항
- 액추에이터 및 배관 내의 공기를 충분히 제거한다.
- 수직 방향으로 설치한다.
- 열원 근처에서는 사용을 금지한다.
- 액추에이터보다 높은 위치에 설치한다.

(2) 증압기

입구 부분의 압력과 비례하여 높은 압력의 출구 부분 압력으로 변환하는 장치이며, 공작물의 지지나 용접 전의 이송 등에 사용한다.

(3) 하이드롤릭 체크 유닛

통상 공압 실린더와 연결되어 있으며 내부에 장착된 스로틀 밸브를 조절하여 실린더의 속도를 제어한다.

Chapter 03 공유압 기호 및 회로

1 공유압 기호

1 공유압 회로 표시법
① 밸브의 스위치 전환 위치는 직사각형으로 표시하고, 사각형 내부에 유로를 표시한다. 제어기기의 주 기호는 최소 1개 또는 2개 이상의 직사각형으로 나타낸다.
② 작동 위치에서 형성되는 유로 상태는 조작기호에 의해 눌려진 직사각형이 이동되어 그 유로가 외부 접속구와 일치되는 상태가 조립 상태가 되도록 표시한다.
③ 밸브에 연결되어 있는 구멍의 수를 포트라고 하고, 직사각형의 개수가 위치가 된다.
   예 5포트(연결 구멍의 개수) 2위치(직사각형의 개수).
④ 배기구의 표시는 포트에 역삼각형으로 표시한다.

2 공유압 회로의 작성법
① 실선 : 주관로, 전기 신호선을 표시한다.
② 파선 : 파일럿, 드레인 관로를 표시한다.
③ 원 : 에너지 변환기(큰 원), 계측기(중간 원), 체크 밸브(작은 원) 등으로 표시한다.
④ 점 : 관로의 접속, 전선의 접속을 표시한다.

3 공유압 기호

유압 모터		온도계	
공압 모터		유면계	
유압 펌프		압력계	
공압 펌프		차압계	

명칭	기호	명칭	기호
공유압 변환기		토크계	
증압기		유량계	
어큐뮬레이터		적산 유량계	
유압원		냉각기	
공압원		가열기	
전동기		원동기	
보조가스 용기		공기 탱크	
온도 조절기			

2 공유압 회로

1 회로의 표현방법

① 제어선도 : 액추에이터(실린더 등)의 작동 변화에 따른 제어밸브 등의 동작 상태를 표시하는 방법

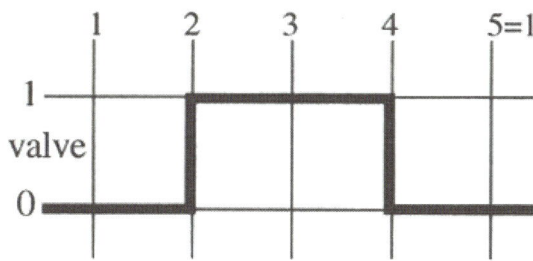

② 변위-단계선도
  ㉠ 액추에이터(실린더 등)의 작동 순서를 단계별로 표시하는 방법
  ㉡ 작업 요소의 변화가 순서에 따라 표시되며, 제어 시스템에 여러 개의 작업 요소가 사용되면 같은 방법으로 여러 줄로 표시하는 것

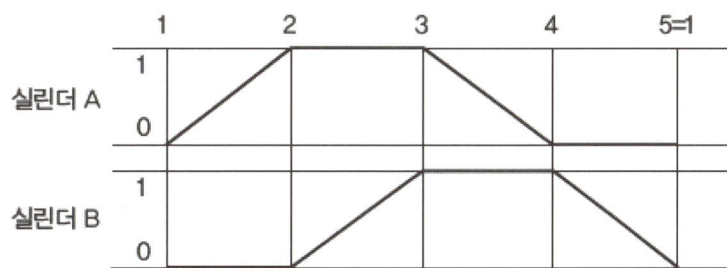

③ 변위-시간선도
액추에이터의 동작 상태를 시간에 따라 표시하는 방법

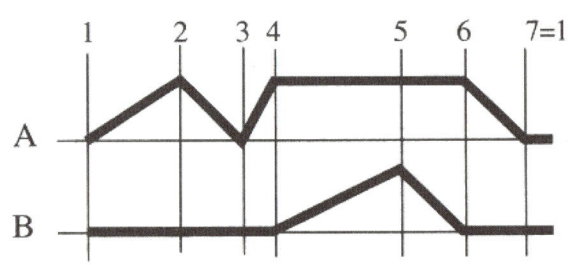

2 기본 회로

미터-인 회로	미터-아웃 회로
블리드 오프 회로	AND 회로
OR 회로	NOT 회로

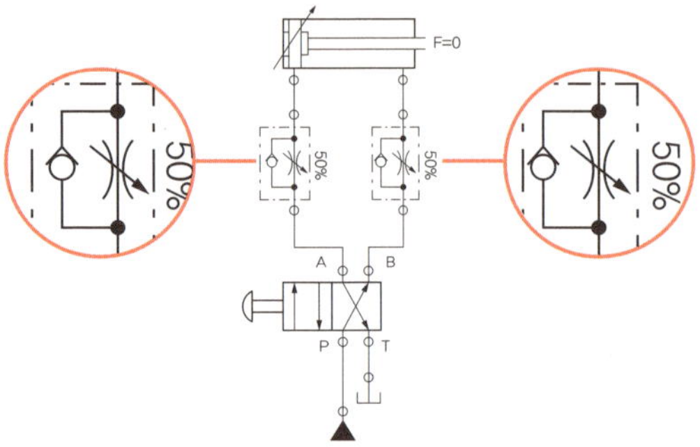

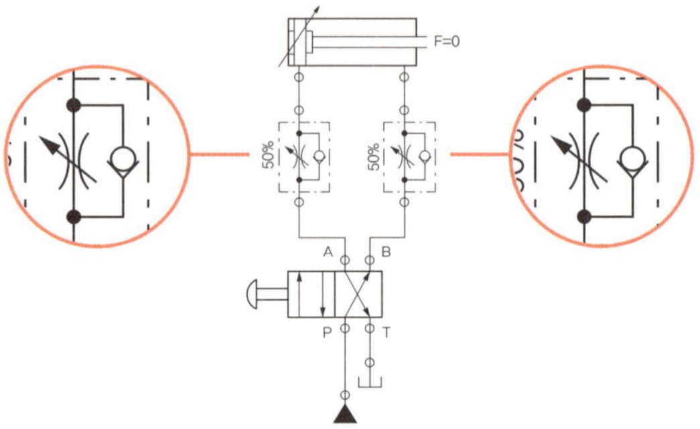

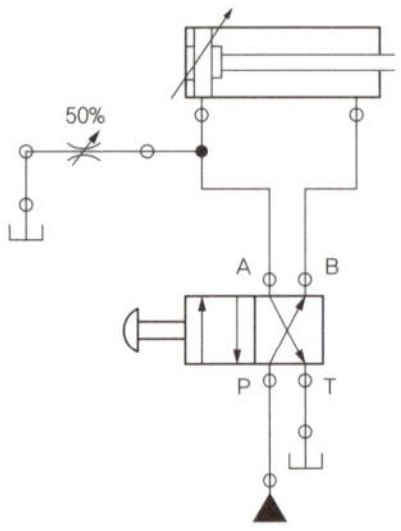

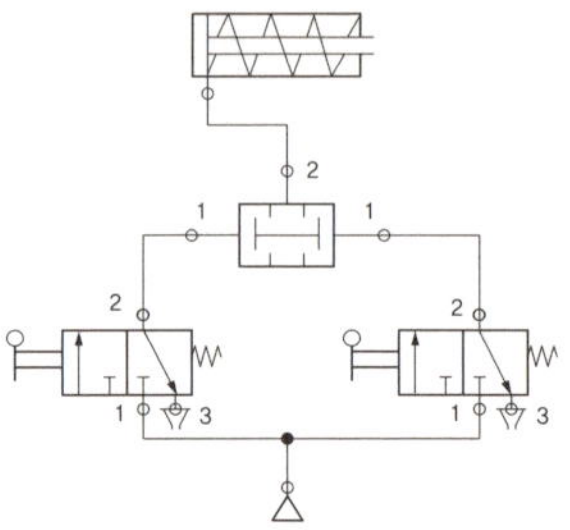

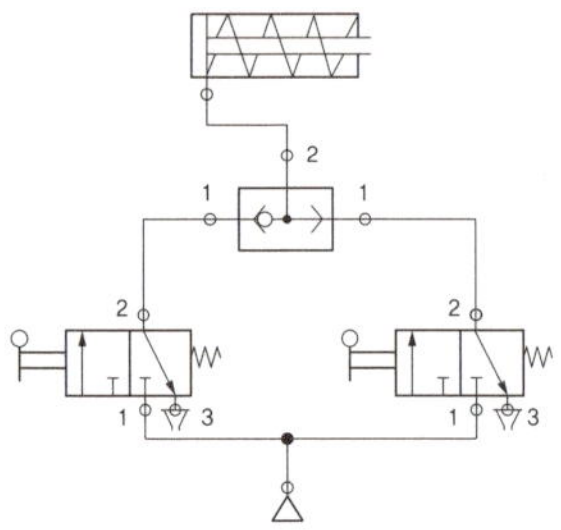

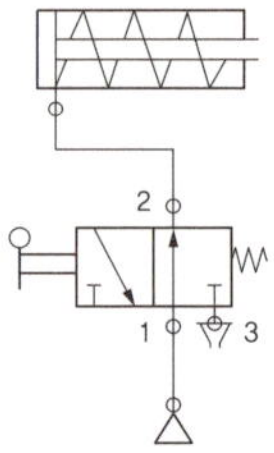

NOR 회로	NAND 회로

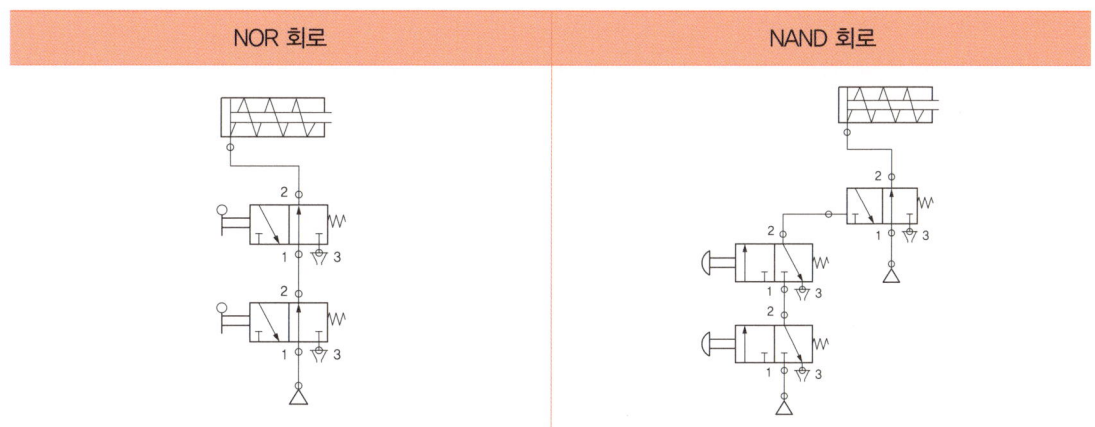

① 미터-인 회로

　실린더를 기준으로 실린더에 공급되는 공기를 제어하여 속도를 제어하는 회로

② 미터-아웃 회로

　실린더를 기준으로 실린더에서 배출되는 공기를 제어하여 속도를 제어하는 회로

③ 블리드 오프 회로

　실린더측 공급관로에 분기관로(바이패스 관로)를 설치하여 공기를 제어함으로써 속도를 제어하는 회로

④ AND 회로

　2개의 입력 신호 A와 B가 모두 존재 시 출력 신호를 발생하는 회로

⑤ OR 회로

　2개의 입력 신호 A와 B 중 최소 1개 이상의 입력 신호가 존재 시 출력 신호를 발생하는 회로

⑥ NOT 회로

　YES 회로의 반대 회로로 입력이 없으면 출력되는 회로

⑦ NOR 회로

　OR 회로의 결과값과 반대로 출력되는 회로

⑧ NAND 회로

　AND 회로의 결과값과 반대로 출력되는 회로

3 전기 회로

전기 공유압은 전기 에너지를 사용하여 제어 요소에 필요한 각종 스위치나 신호 처리에 의하여 솔레노이드 밸브 등을 동작시키고, 공유압 에너지를 이용하여 액추에이터인 모터나 실린더를 제어하는 것이다.

① 공유압과 전기의 비교

② 전기 기호

제어 회로의 개·폐(ON/OFF) 기능을 갖는 스위치를 일반적으로 접점이라고 하며, 접점의 종류와 기능은 다음과 같다.

　㉠ a접점(arbeit contact) : 초기 상태에 열려 있는 접점(NO형 : Normal Open)

　㉡ b접점(break contact) : 초기 상태에 닫혀 있는 접점(NC형 : Normal Close)

　㉢ c접점(change over contact) : a접점과 b접점을 동시에 갖고 있는 선택형 전환 접점

명칭	ISO 방식 기호		
접점	a접점	b접점	c접점
버튼 스위치	푸쉬버튼 a접점	잠금 푸쉬버튼 b접점	푸쉬버튼 c접점
롤러레버 스위치	롤러레버 a접점	롤러레버 b접점	롤러레버 a접점 작동 표시
ON 타이머 릴레이	OFF 타이머 릴레이	카운터 릴레이	릴레이
밸브 솔레노이드	압력스위치	램프	부저

③ 기본 전기회로 작성

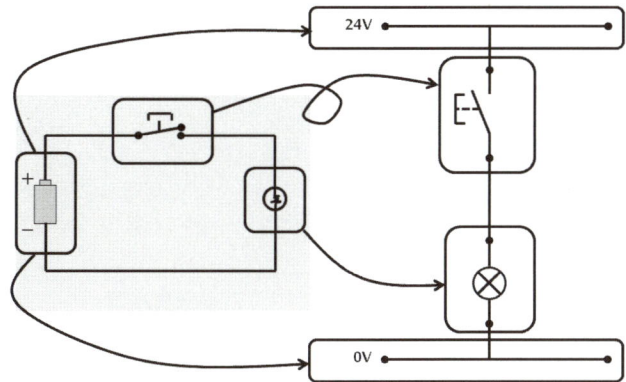

4 기본 시퀀스 회로

시퀀스 제어란 미리 정해진 순서에 따라 회로가 순차적으로 동작하는 것으로 전기 회로도를 표시하는 방법이다. 전기에서 시퀀스 제어도 공압 논리 제어와 마찬가지로 일정한 조건이 충족되면 일정한 출력이 나오게 하는 제어 방법이다.

공압에서는 논리 제어를 위한 AND, OR 등의 논리 회로가 있어 이를 사용하며, 전기에서는 보통 스위치의 접점을 이용하여 해결한다. 논리의 기능에는 기본적인 YES, NOT, AND, OR 등의 4가지 기본 논리 기능을 조합하면 모두 해결할 수 있다.

① YES 논리 회로

YES 논리 회로는 입력이 존재하면 출력도 존재하는 논리를 의미한다. 스위치를 입력 요소로 하고 솔레노이드 밸브를 출력 요소로 가정하여 스위치를 ON시키면 솔레노이드 밸브가 동작하고, 누름 버튼 스위치를 OFF시키면 솔레노이드 밸브가 처음 상태로 되는 것이 YES 논리이다.

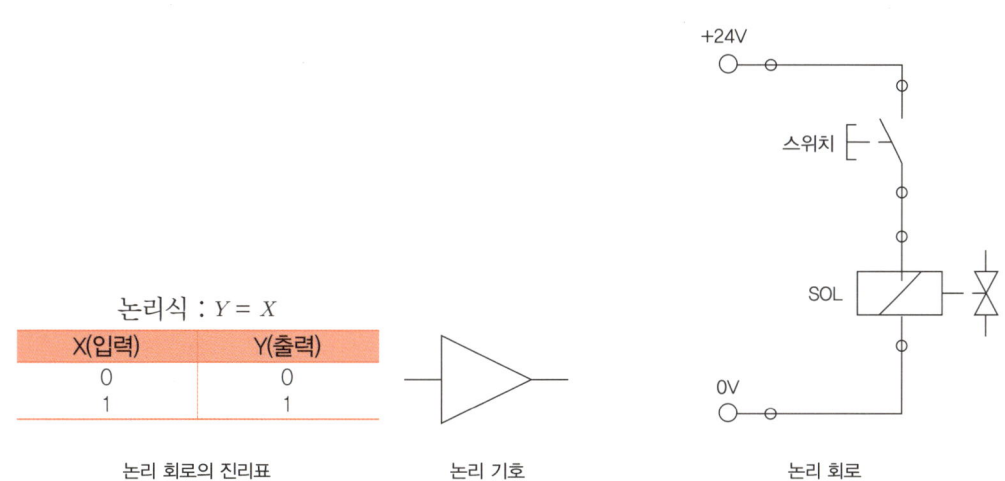

논리식 : $Y = X$

X(입력)	Y(출력)
0	0
1	1

논리 회로의 진리표   논리 기호   논리 회로

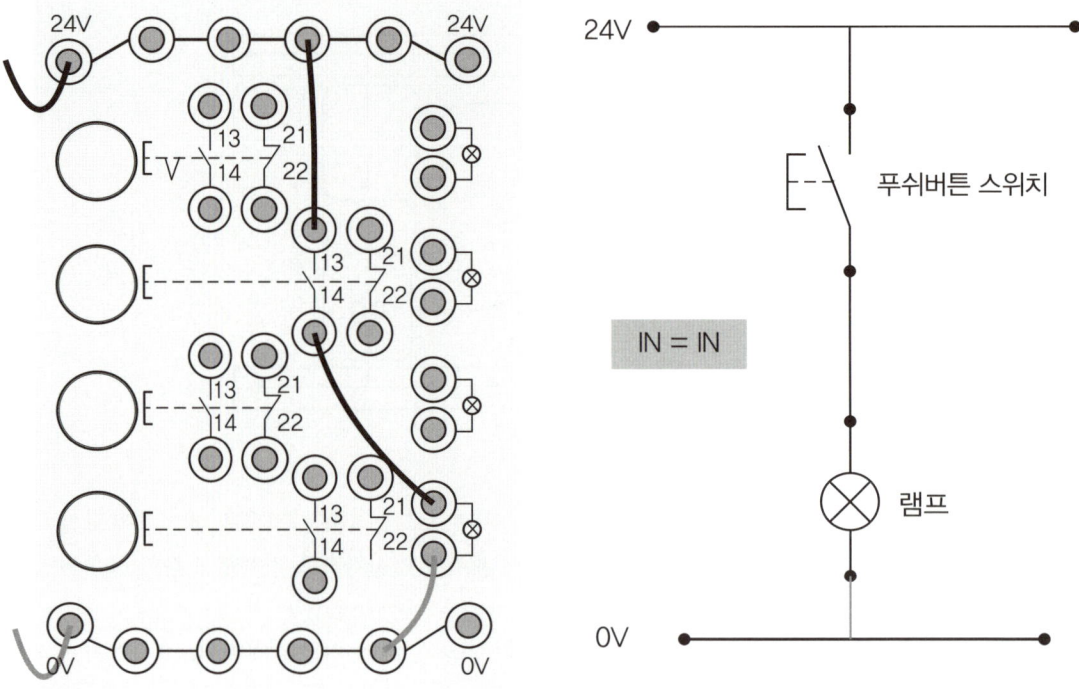

전기회로 실제 배선 예

② NOT 논리 회로

NOT 논리 회로는 입력 조건이 존재하면 출력 신호가 존재하지 않는 논리이며 YES 논리 회로와 반대 논리이다.

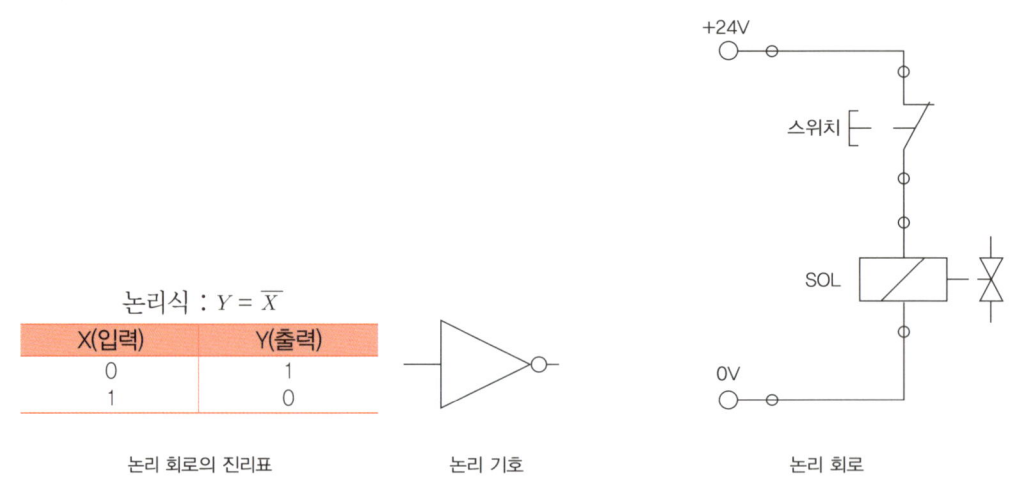

논리식 : $Y = \overline{X}$

X(입력)	Y(출력)
0	1
1	0

논리 회로의 진리표   논리 기호   논리 회로

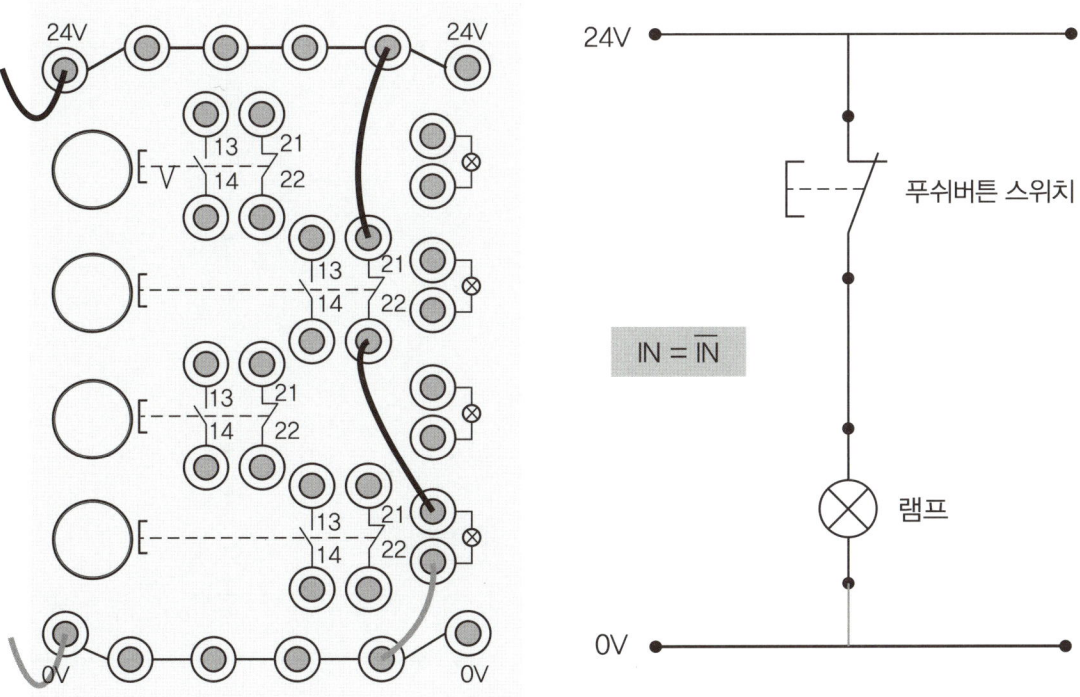

전기회로 실제 배선 예

③ AND 논리 회로

AND 논리 회로는 2가지 이상의 입력 조건이 요구되는 상황에서 입력 조건이 모두 만족될 때에만 출력 신호가 존재하는 논리이다.

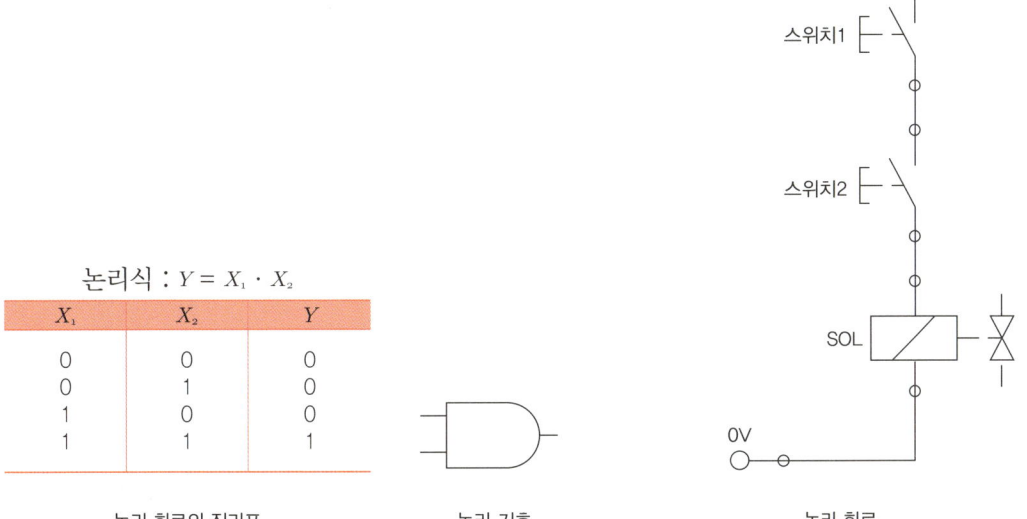

논리식 : $Y = X_1 \cdot X_2$

X_1	X_2	Y
0	0	0
0	1	0
1	0	0
1	1	1

논리 회로의 진리표   논리 기호   논리 회로

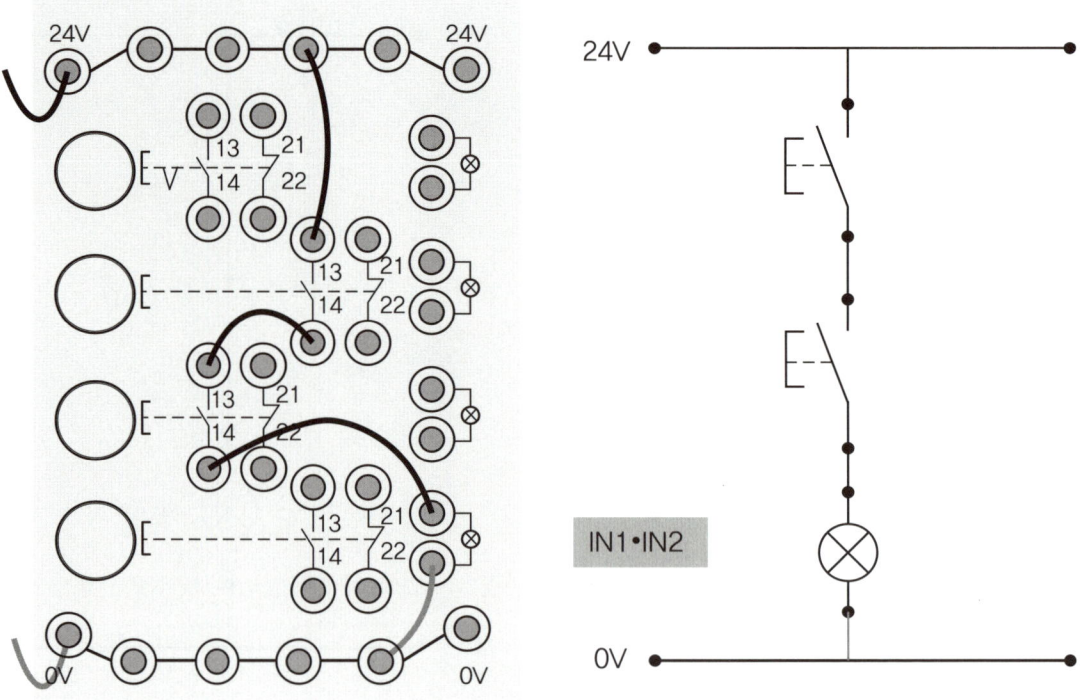

전기회로 실제 배선 예

④ OR 논리 회로

OR 논리 회로는 여러 개의 입력 신호 중에서 어느 하나의 입력 신호만 존재해도 출력 신호가 존재하는 논리이다.

논리식 : $Y = X_1 + X_2$

X_1	X_2	Y
0	0	0
0	1	1
1	0	1
1	1	1

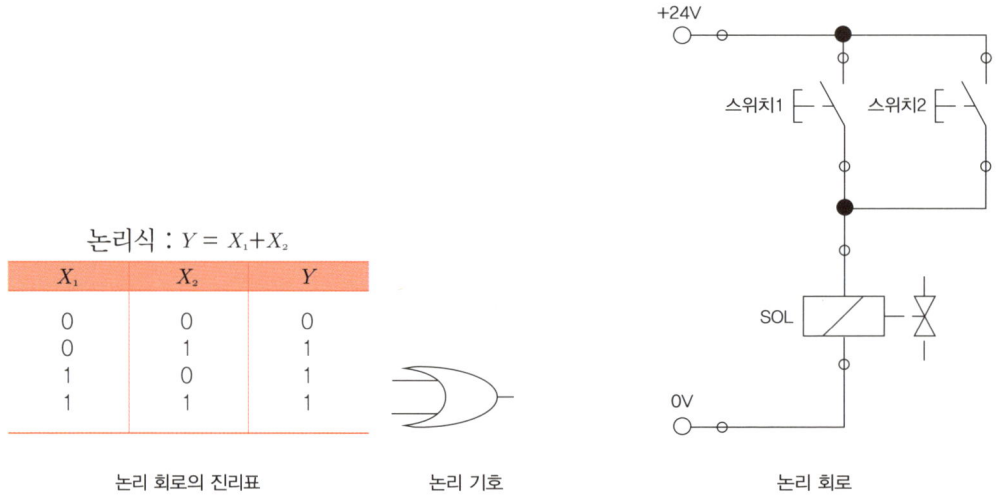

논리 회로의 진리표   논리 기호   논리 회로

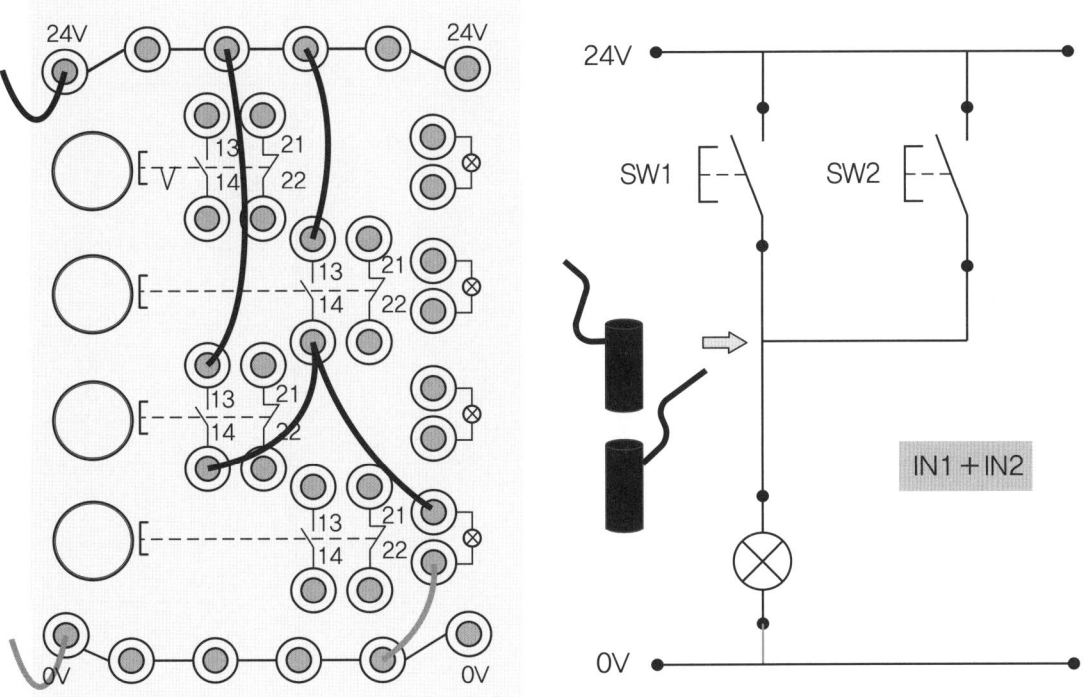

전기회로 실제 배선 예

⑤ 자기 유지 회로

자기 유지 회로는 릴레이의 접점을 이용하여 스위치에 병렬로 연결하여 그 회로의 신호를 기억하게 하는 회로이며, 전기 신호의 기억이 필요한 전기 제어 장치에 사용된다. 누름버튼 ON 스위치를 누르면 K1 릴레이의 소속 K1 접점이 작동 및 자기 유지가 되어 누름버튼 스위치에서 손을 떼어도 램프가 계속 켜져 있다. OFF 스위치를 누르면 K1 릴레이의 전원이 차단되고 동시에 자기 유지가 해제되어 램프가 OFF된다.

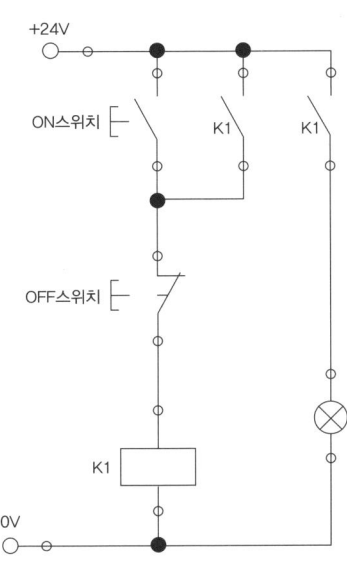

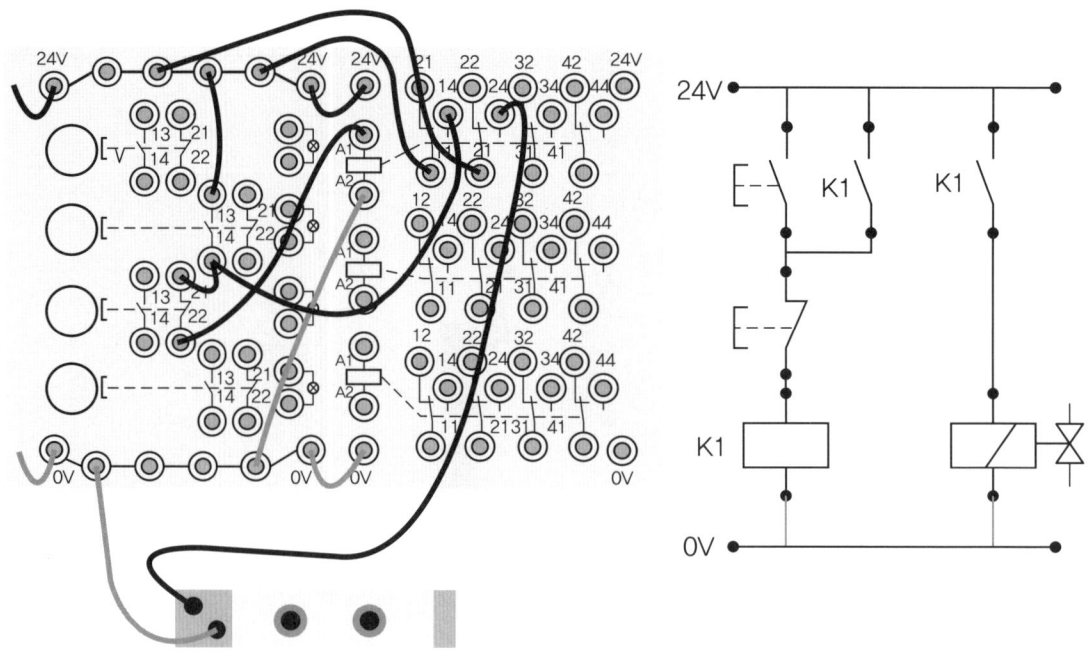

전기회로 실제 배선 예

⑥ 인터록 회로

인터록 회로는 어떤 전기적인 기기 사용 시 잘못된 조작으로 인해 발생하는 기계의 파손이나 작업자의 위험을 방지하고자 할 때 사용되는 회로이다. PB1 스위치를 순간터치하면 램프 H1이 ON된다. 이때 PB2 스위치를 ON시켜도 램프 H2가 ON되지 못한다. 마찬가지로 PB2를 ON시키면 램프 H2가 ON되며 PB1을 ON시켜도 H1이 ON되지 못하게 하여 서로 인터록되게 하는 회로이다.

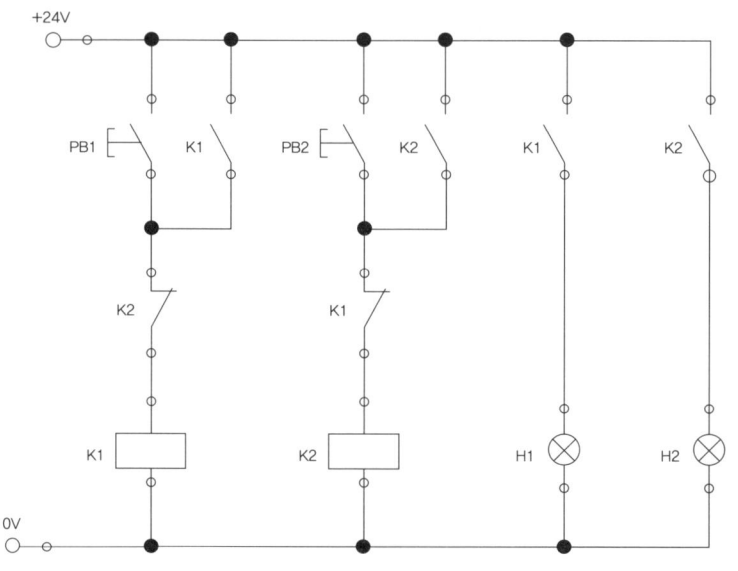

⑦ ON 타이머 회로

입력측에 입력 신호가 가해지면 바로 출력측에 신호가 나타나지 않고, 설정한 시간이 지나야만 출력 신호가 나타나는 회로이다. 푸쉬버튼 PB 스위치를 ON시키면 설정한 시간인 2초 후에 ON 타이머 릴레이 K1이 여자되고 K1 릴레이 소속 K1 a접점이 ON되어 램프가 작동한다. 램프를 OFF시키려면 STOP 스위치를 ON시켜야 하는 회로이다.

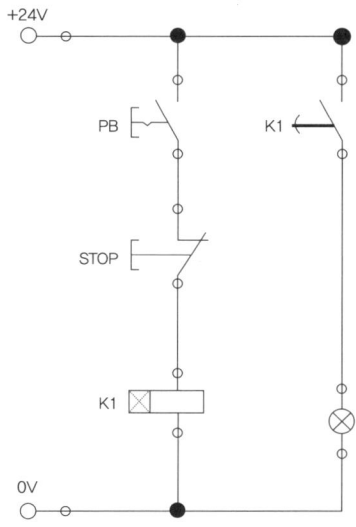

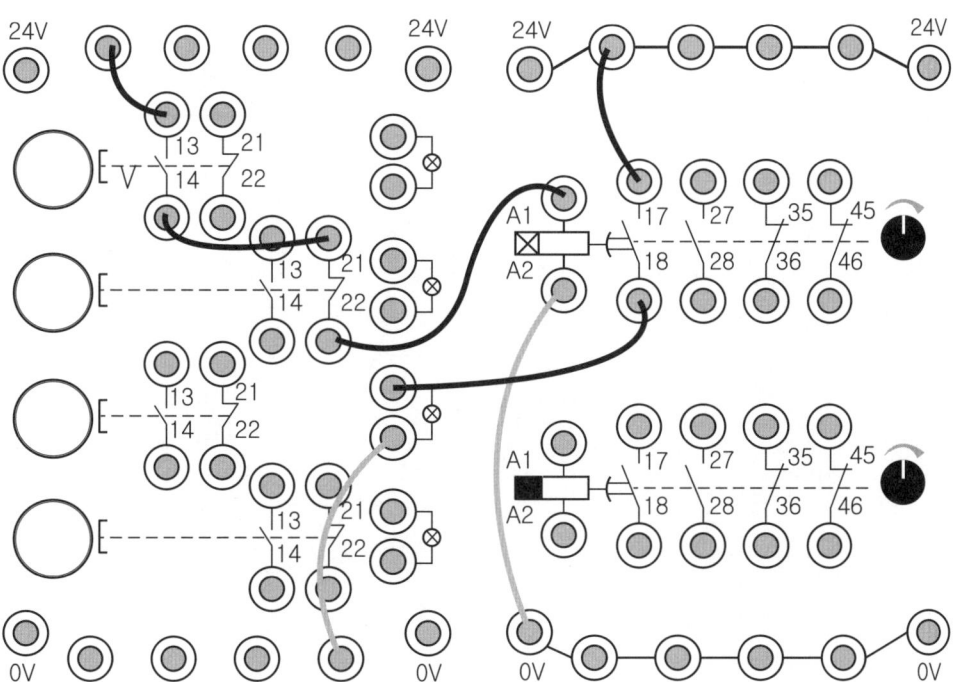

전기회로 실제 배선 예

⑧ OFF 타이머 회로

이 회로는 복귀 신호가 주어지면 바로 복귀하지 않고, 일정 시간 후에 접점이 동작되는 회로로 ON Delay 타이머의 b접점을 사용하거나 OFF Delay 타이머의 a접점을 사용하여 회로를 구성할 수 있다. 푸쉬버튼 PB 스위치를 ON시키면 OFF 타이머 릴레이 K1이 작동하고 바로 K1 릴레이의 K1 접점이 ON되어 램프가 작동한다. STOP 스위치를 계속 누르고 있거나 PB 스위치를 다시 OFF시키면 설정한 시간 2초 후에 램프가 OFF된다.

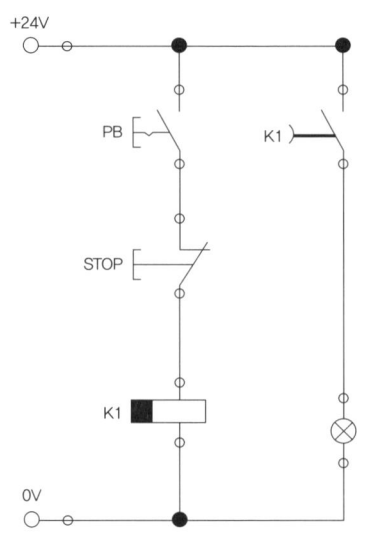

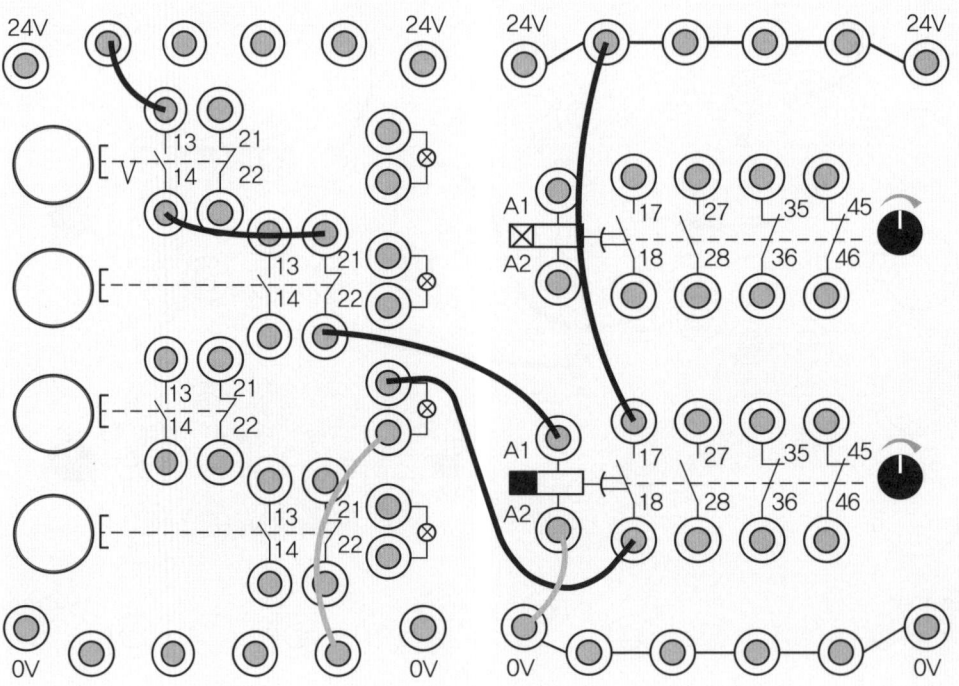

전기회로 실제 배선 예

⑨ 카운터 회로

이 회로는 입력 신호의 수를 계수하는 기기로서 기계의 동작횟수 또는 생산수량 등의 통계를 위한 계수기로서 사용된다. 계수방식에 따른 종류로서는 입력 신호가 입력될 때마다 수를 증가시키는 가산식과 반대로 감소시키는 감산식, 양자를 조합한 가감산식이 있다. 회로에 전원이 공급되면 램프는 점등되어 있으며, 푸쉬버튼 PB 스위치를 한 번 누르면 카운터 릴레이 C1에 계수가 1로 증가되고 한 번 더 누르면 설정값 횟수(2)만큼 도달되어 C1 a접점이 작동하여 부저가 울리고 동시에 C1 b접점이 작동하여 램프가 소등된다. 설정횟수를 초기화하기 위해서는 RESET 스위치를 ON시키면 초기화된다.

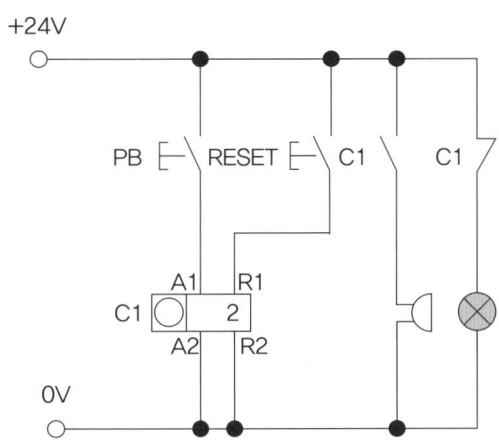

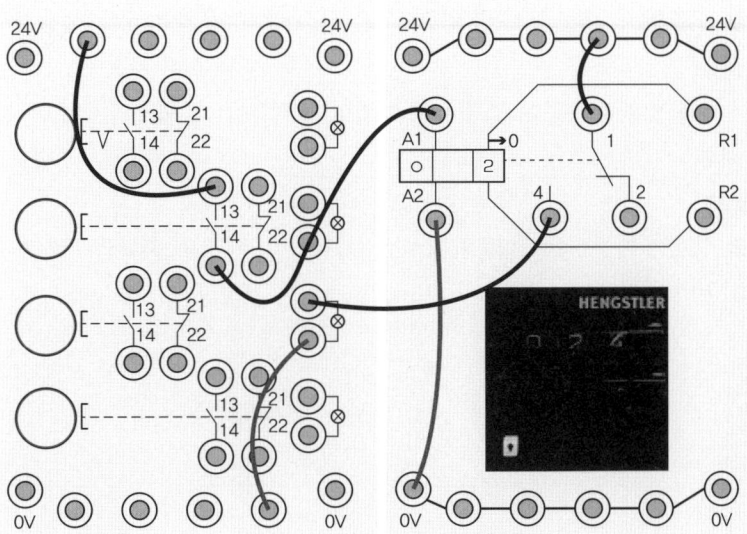

전기회로 실제 배선 예

5 기타 회로

① 카운터 밸런스 회로
부하가 급격하게 변동되었을때 피스톤이 자유낙하하는 것을 방지하기 위해서 일정한 배압을 걸어주는 회로이며, 릴리프 밸브와 체크 밸브의 조합으로 구성되어 있다.

② 감압 회로
고압의 유체를 감압시켜 1차 압력이 변화하여도 설정된 낮은 2차 압력으로 유지하는 회로

③ 레지스터 회로
기억한 정보를 언제든 적시에 이용할 수 있도록 만들어진 회로

④ 어큐뮬레이터 회로
유압 회로에 발생하는 서지(surge) 압력, 펌프 맥동을 흡수하고 에너지 저장, 압력 보상 등의 목적으로 사용되는 회로

⑤ 인터록 회로
전기적인 기기 사용 시 잘못된 조작으로 인한 기계의 파손이나 작업자의 위험을 방지하기 위해 사용되는 회로(**예** 정·역 동시 투입에 의한 단락 사고를 방지)

⑥ 로킹 회로
실린더의 행정 중 임의의 위치에서 피스톤의 이동을 방지하는 회로

⑦ 시퀀스 회로
순차적으로 작동하게 하고, 실린더가 2개 이상인 회로

⑧ 무부하 회로
시스템 내에서 유압 에너지를 필요로 하지 않을 때 펌프 토출량을 다시 기름 탱크로 돌려 보내 무부하 운전을 하는 회로이며, 무부하 회로의 장점은 유압 펌프의 구동력을 절약할 수 있으며, 유압 장치의 가열 방지, 펌프의 수명 연장, 유온 상승 방지, 유압유의 노화 방지 등이 있다.

⑨ 자기유지 회로
릴레이의 내부 접점을 이용하여 스위치에 병렬로 연결하여 그 회로의 신호를 지속적으로 유지시켜 주는 회로

⑩ 플립플롭 회로
주어진 입력 신호에 따라 정해진 출력을 내는 회로이며, 신호와 출력의 관계가 기억 기능을 겸비한 것으로 되어 있다.

PART 02

CRAFTSMAN PLANT MAINTENANCE

설비보전기사 공개문제

Chapter 01 공기압시스템 설계 및 구성 풀이

Chapter 02 유압시스템 설계 및 구성 풀이

Chapter 03 보수용접 및 누수시험 문제

모든 문제 풀이는 V-AMT 시뮬레이션 소프트웨어를 기반으로 제작되었습니다.

Chapter 01 공기압시스템 설계 및 구성 풀이

자격종목	설비보전기사	과제명	공기압시스템 진단 및 구성

※문제지는 시험 종료 후 본인이 가져갈 수 있습니다.

비번호		시험일시		시험장명	

※시험시간 : [제1과제] 1시간

1. 요구사항

※ 지급된 재료 및 시설을 사용하여 아래 작업을 완성하시오.

가. 공기압회로도 구성
 1) 공기압회로도와 같이 기기를 선정하여 고정판에 배치하시오.
  (가) 기기는 수평 또는 수직방향으로 수험자가 임의로 배치하고, 리밋 스위치는 방향성을 고려하여 설치하시오.
 2) 공기압호스를 적절한 길이로 절단 및 사용하여 기기를 연결하시오.
  (가) 공기압호스가 시스템 동작에 영향을 주지 않도록 정리하시오.
 3) 작업압력(서비스 유닛)을 0.5±0.05 MPa로 설정하시오.
 4) 실린더 A의 동작을 위해 S1, S2는 정전용량형 센서를 사용하고, 실린더 B의 동작을 위해 LS1, LS2는 전기 리밋스위치를 사용하시오.
 5) 작업이 완료된 상태에서 압축공기를 공급했을 때 공기 누설이 발생하지 않도록 하시오.

나. 기본동작
 1) 전기회로도 중 오류부분을 수험자가 정정하고 PB1을 ON-OFF하면 변위단계선도와 같이 동작되도록 시스템을 구성하고 시험감독위원에게 확인받으시오.(단, 주어진 전기회로도에서 릴레이의 개수가 증가되거나 감소되지 않도록 하시오.)
  (가) 전기 배선은 +는 적색으로, −는 청색 또는 흑색으로 연결하고, 전선이 시스템 동작에 영향을 주지 않도록 정리하시오.
  (나) 지정되지 않은 누름버튼 스위치는 자동복귀형 스위치를 사용하시오.

다. 시스템 유지보수
 1) 기본동작을 유지보수 계획과 같이 시스템을 변경하고 시험감독위원에게 확인받으시오.

라. 정리정돈
 1) 평가 종료 후 작업한 자리의 부품 정리, 공기압 호스 정리, 전선 정리 등 모든 상태를 초기 상태로 정리하시오.

2. 수험자 유의사항

※ 다음의 유의사항을 고려하여 요구사항을 완성하시오.
 1) 시험 시작 전 장비의 이상유무를 확인합니다.
 2) 시험 중 반드시 시험감독위원의 지시에 따라야 하며, 시험감독위원의 지시가 없는 한 시험장을 임의로 이탈할 수 없습니다.
 3) 시험에 필요한 기기 이외의 부품이나 장비에 임의로 접촉하지 않도록 주의하시기 바랍니다.
 4) 공기압 호스의 제거는 공급 압력을 차단한 후 실시하시기 바랍니다.
 5) 전기 합선 시에는 즉시 전원공급 장치의 전원을 차단하시기 바랍니다.
 6) 실린더의 작동 부분에는 전선 및 호스가 접촉되지 않도록 주의하여야 합니다.
 7) "기본동작→시스템 유지보수" 순서대로 시험감독위원에게 평가받습니다.(단, 각 동작의 평가는 전원이 유지된 상태에서 2회 이상 시도하여 동일하게 정상 동작이 되어야 하며, 1회만 동작하고 정상적으로 재동작하지 않으면 인정하지 않습니다.)
 8) 평가 기회는 한 번만 부여되오니, 이점 유의하여 평가를 요청하시기 바랍니다.(단, 평가가 불명확하여 재확인이 필요한 경우 시험감독위원의 판단에 따라 다시 동작시킬 수 있습니다. 회로를 변경 또는 수정할 수 없고, 동작만 재시도합니다.)
 9) 평가 종료 후 정리정돈 상태에 따라 감점될 수 있음을 유의하시기 바랍니다.
 10) 시험 중 작업복 및 안전보호구를 착용하여 안전수칙을 준수하여야 하며, 안전수칙 미준수로 인해 감점될 수 있음을 유의하시기 바랍니다.(단, 슬리퍼, 샌들 착용 등 복장이 작업에 부적합할 경우 응시가 불가능합니다.)
 11) 다음 사항은 실격에 해당하여 채점 대상에서 제외됩니다.
  (가) 수험자 본인이 수험 도중 시험에 대한 기권 의사를 표현하는 경우
  (나) 실기시험 과정 중 1개 과정이라도 불참한 경우
  (다) 시설·장비의 조작 또는 재료의 취급이 미숙하여 위해를 일으킬 것으로 시험감독위원 전원이 합의하여 판단한 경우

(라) 기능이 해당 등급 수준에 전혀 도달하지 못한 것으로 시험감독위원이 판단할 경우

(마) 부정행위를 한 경우

(바) 시험시간 내에 작품을 제출하지 못한 경우

(사) 다른 부품 사용 등으로 주어진 공기압회로도와 수험자가 작업한 회로가 일치하지 않는 경우

(아) 기본동작을 완성하지 못한 경우

(자) 기본동작 구성 시 릴레이의 개수가 증가되거나 감소된 경우

(차) 전기회로도의 오류를 찾아 수정하지 않고 임의로 전기회로도를 설계한 경우

| 자격종목 | 설비보전기사 | 과제명 | 공기압시스템 진단 및 구성 |

문제 ①

가. 공기압 회로도

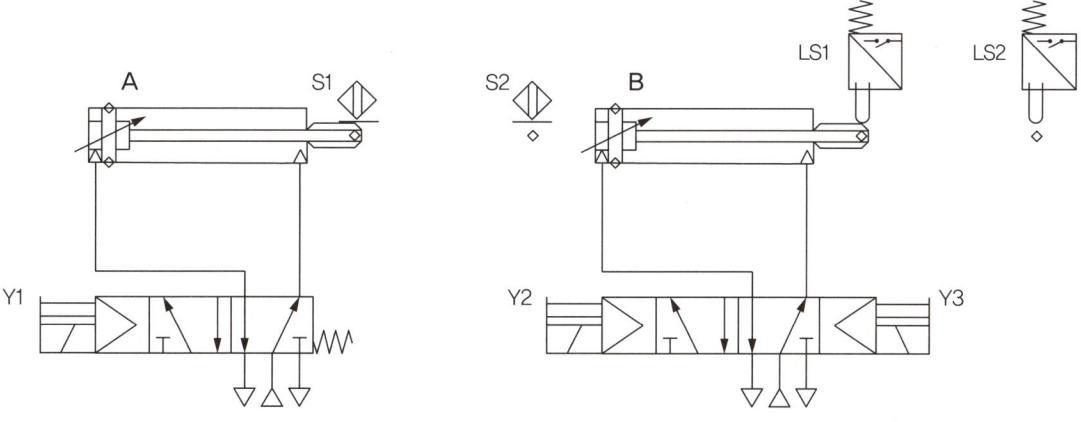

나. 전기 회로도

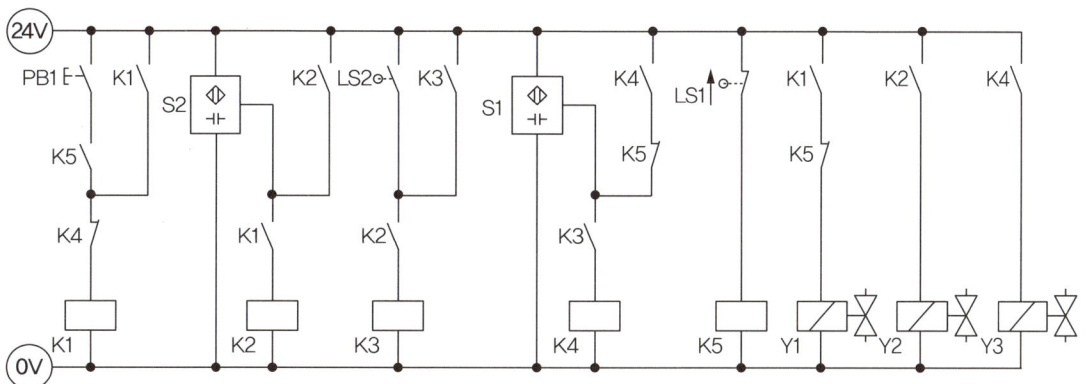

다. 기본제어동작

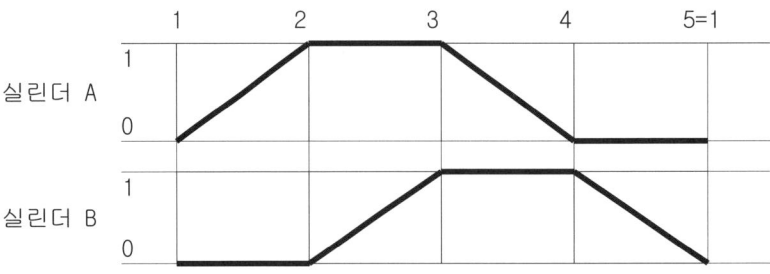

라. 유지보수 계획

1) 연속 스위치(PB2), 카운터 리셋 스위치(PB3), 램프를 추가하여 다음과 같이 동작하도록 회로를 변경하시오.
   ① PB2를 1회 ON-OFF하면, 기본동작을 3회 연속동작한 후 정지합니다.
   ② PB3를 1회 ON-OFF하면, 카운터가 리셋됩니다.
   ③ 카운터 리셋 후 PB2를 1회 ON-OFF하면, 연속동작이 재동작합니다.
   ④ 연속동작을 수행하는 동안 램프1이 점등되고, 동작 완료 후 소등됩니다.
2) 실린더 A의 전진이 완료되면 3초 후에 실린더 B가 동작하도록 전기타이머를 사용하여 회로를 변경하시오.
3) 실린더 B의 후진속도를 조절하기 위하여 일방향 유량조절밸브를 사용하여 미터아웃 방식으로 회로를 변경하시오.

공기압시스템 문제 오류수정 해답

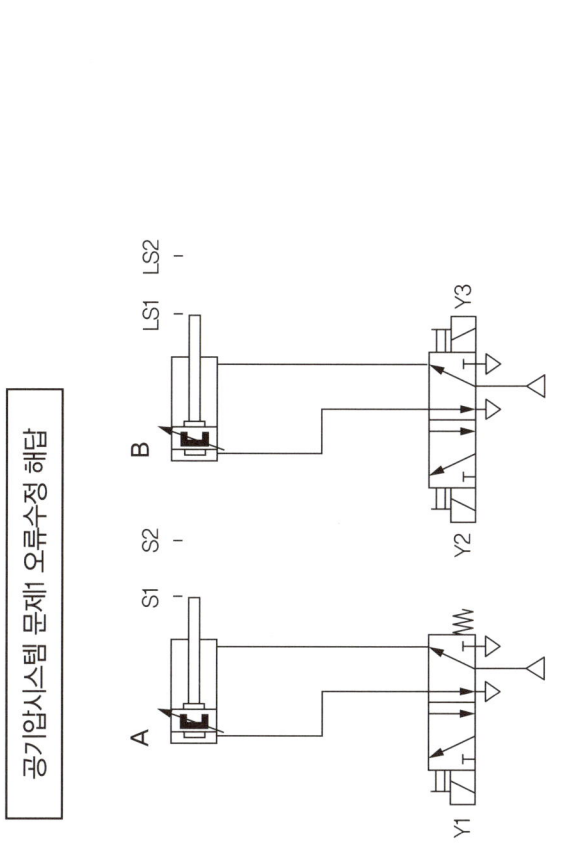
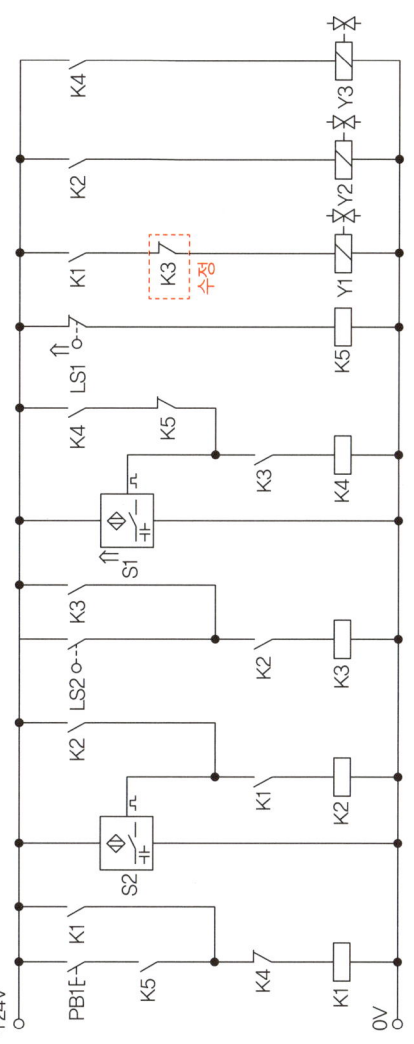

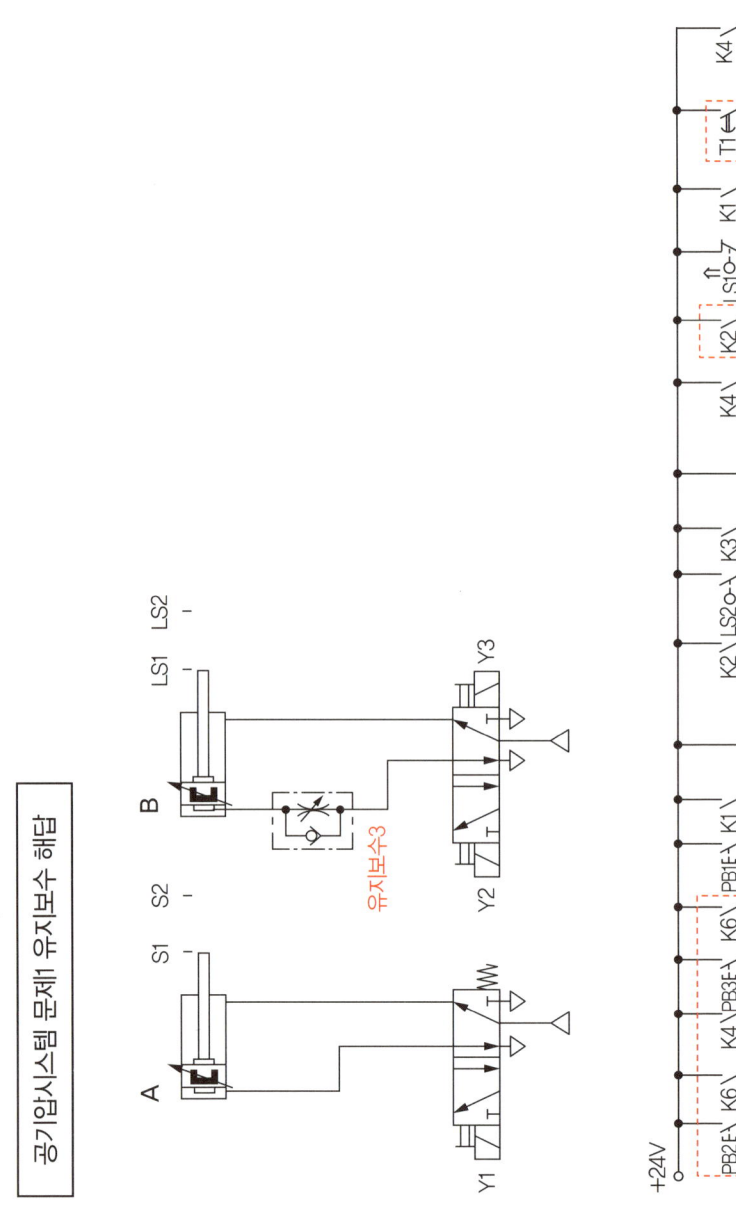
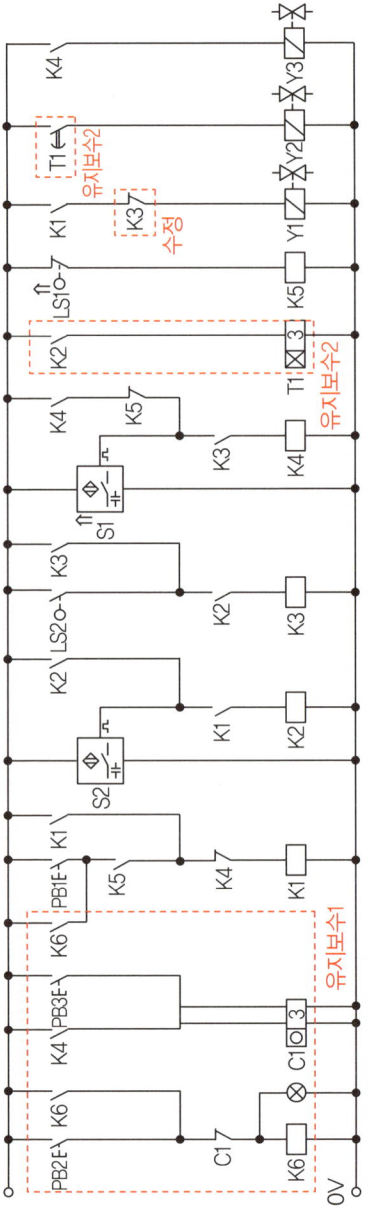

| 자격종목 | 설비보전기사 | 과제명 | 공기압시스템 진단 및 구성 |

문제 ②

가. 공기압 회로도

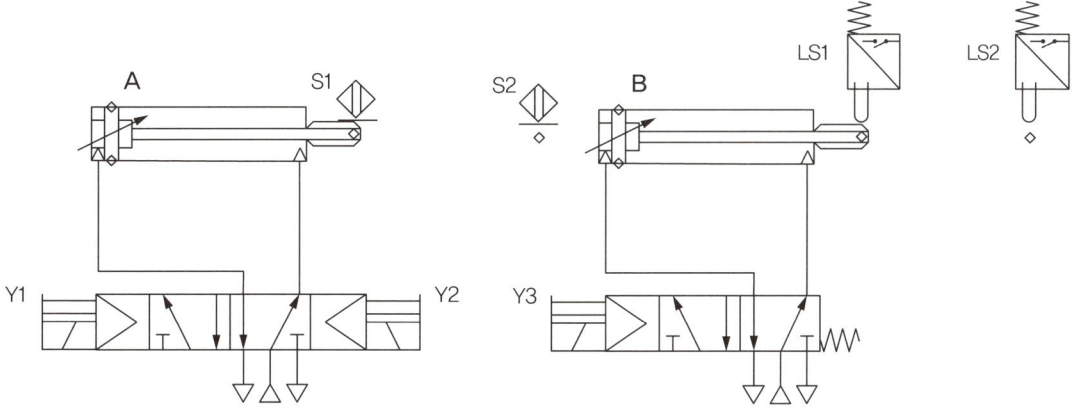

나. 전기 회로도

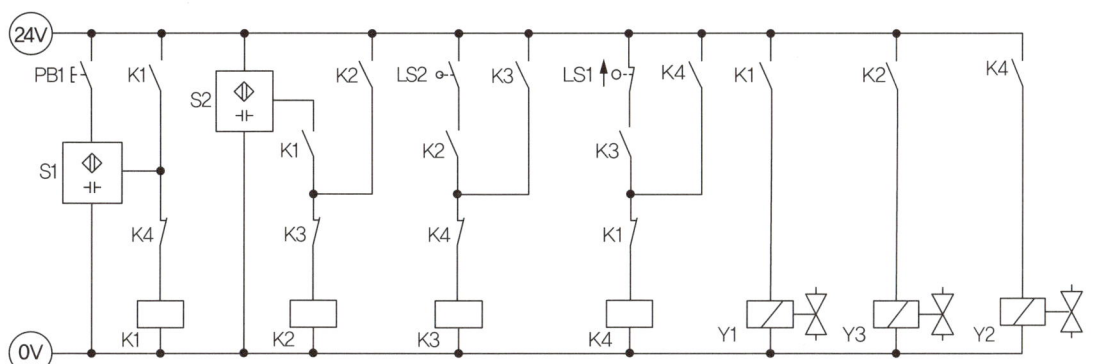

다. 기본제어동작

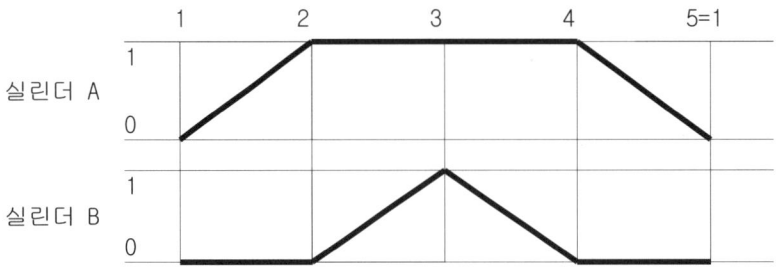

라. 유지보수 계획

1) 연속 스위치(PB2), 카운터 리셋 스위치(PB3), 램프를 추가하여 다음과 같이 동작하도록 회로를 변경하시오.
　① PB2를 1회 ON-OFF하면, 기본동작을 3회 연속동작한 후 정지합니다.
　② PB3를 1회 ON-OFF하면, 카운터가 리셋됩니다.
　③ 카운터 리셋 후 PB2를 1회 ON-OFF하면, 연속동작이 재동작합니다.
　④ 연속동작을 수행하는 동안 램프1이 점등되고, 동작 완료 후 소등됩니다.
2) 실린더 B의 방향제어 밸브를 양측 솔레노이드 밸브로 교체한 후 변위단계선도와 같은 동작을 수행할 수 있도록 회로를 변경하시오.
3) 감압밸브를 사용하여 실린더 B의 작동압력이 0.3±0.05 MPa로 제어되도록 회로를 변경하시오.

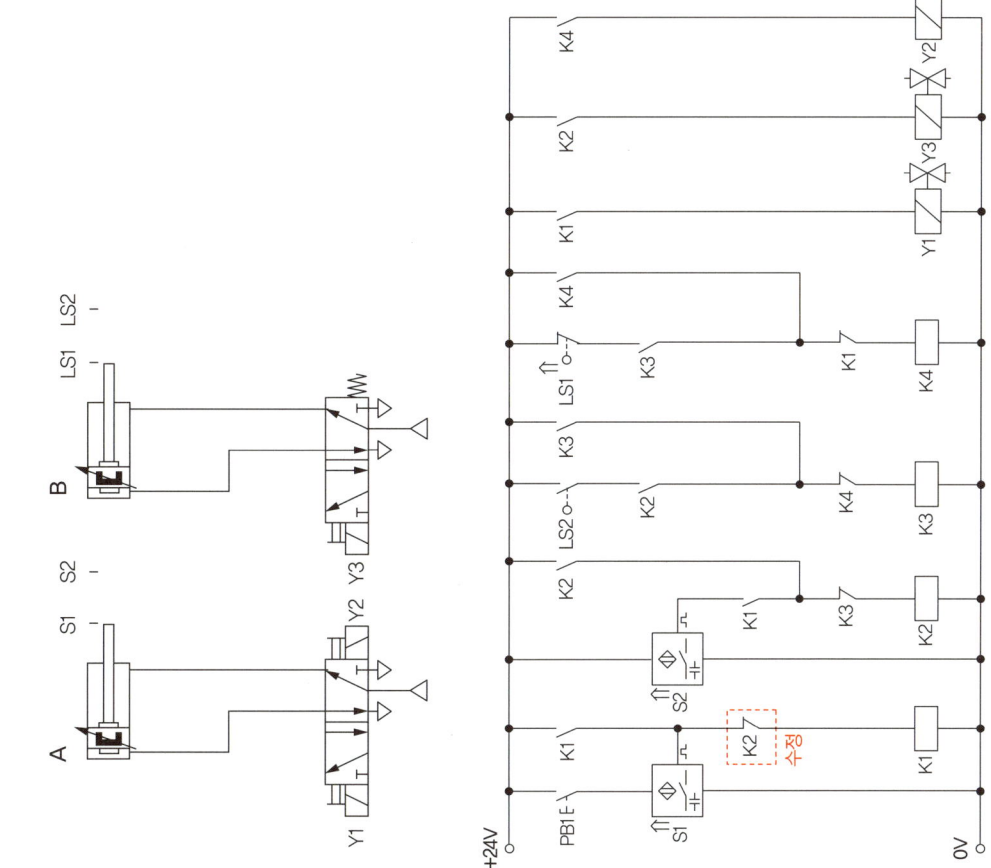

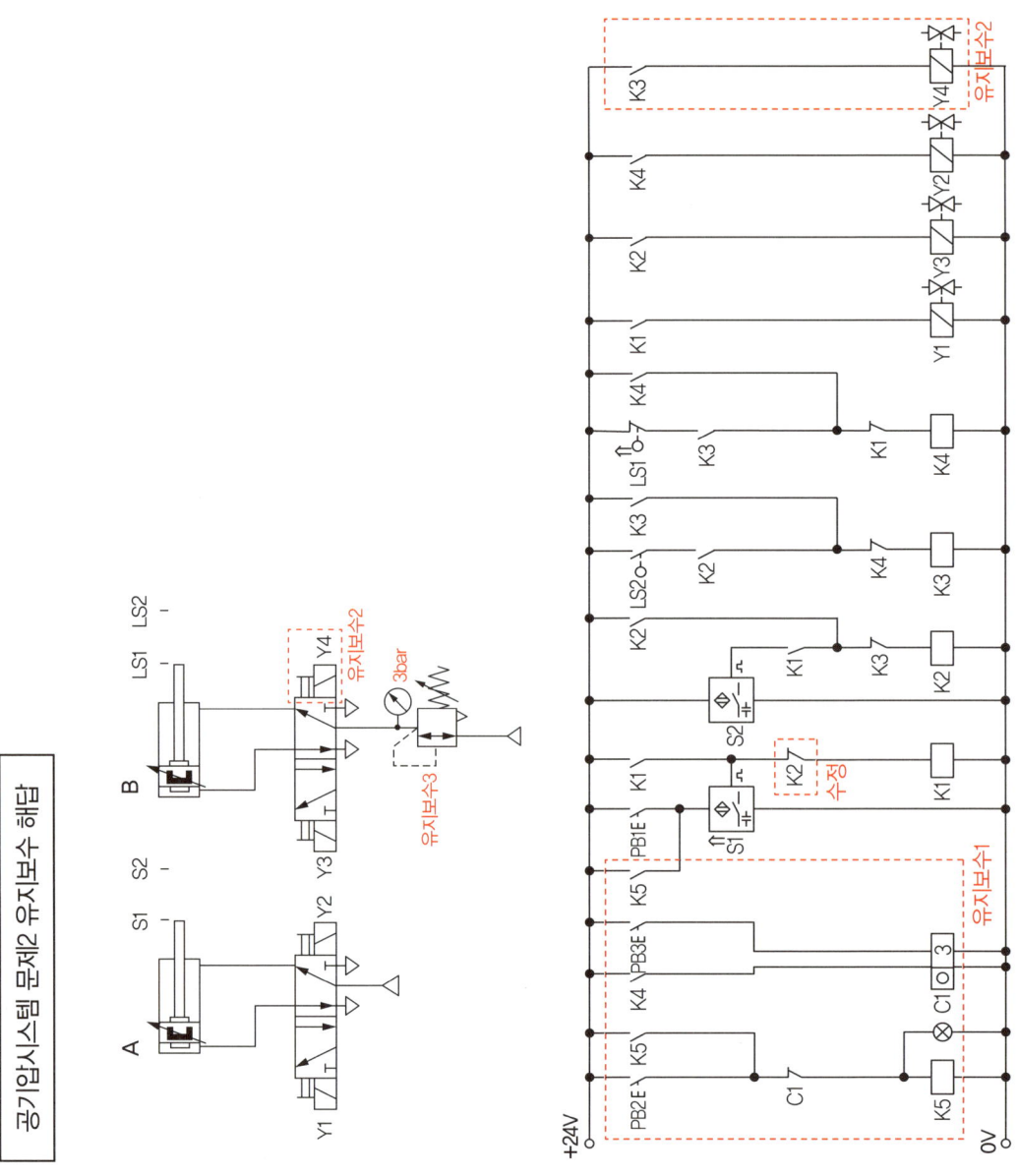

| 자격종목 | 설비보전기사 | 과제명 | 공기압시스템 진단 및 구성 |

문제 ③

가. 공기압 회로도

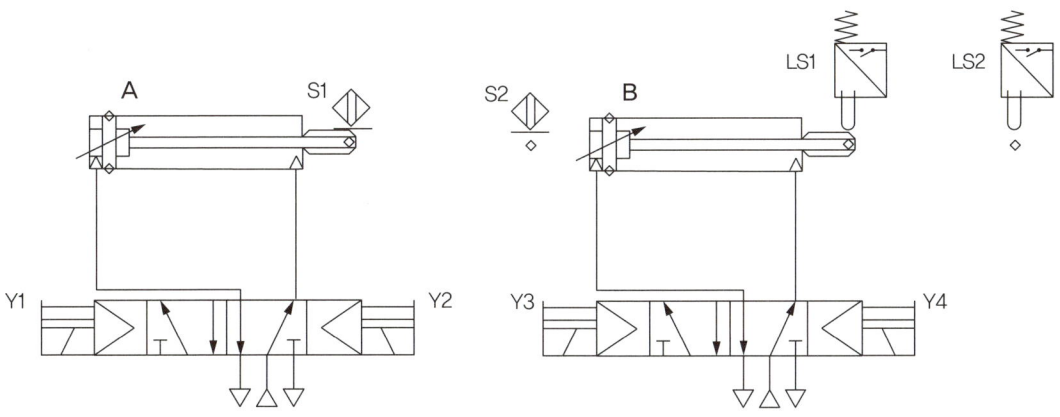

나. 전기 회로도

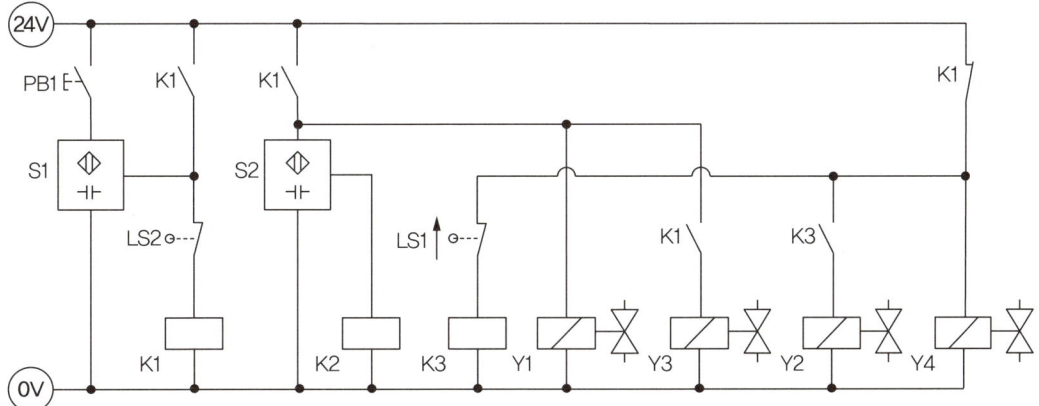

다. 기본제어동작

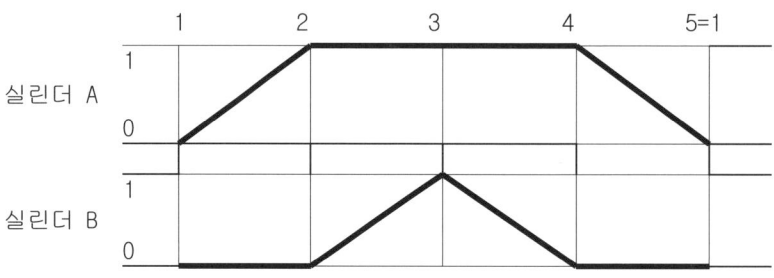

라. 유지보수 계획

1) 연속 스위치(PB2), 카운터 리셋 스위치(PB3), 램프를 추가하여 다음과 같이 동작하도록 회로를 변경하시오.
   ① PB2를 1회 ON-OFF하면, 기본동작을 3회 연속동작한 후 정지합니다.
   ② PB3를 1회 ON-OFF하면, 카운터가 리셋됩니다.
   ③ 카운터 리셋 후 PB2를 1회 ON-OFF하면, 연속동작이 재동작합니다.
   ④ 연속동작을 수행하는 동안 램프1이 점등되고, 동작 완료 후 소등됩니다.
2) 실린더 A의 방향제어 밸브를 편측 솔레노이드 밸브로 교체한 후 변위단계선도와 같은 동작을 수행할 수 있도록 회로를 변경하시오.
3) 실린더 B의 후진속도를 증가시키기 위하여 급속배기밸브를 사용하여 회로를 변경하시오.

공기압시스템 문제3 오류수정 해답

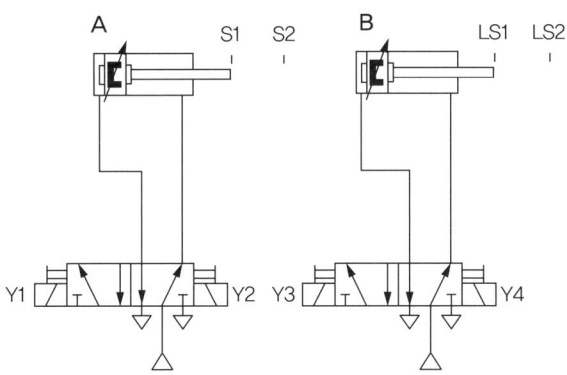

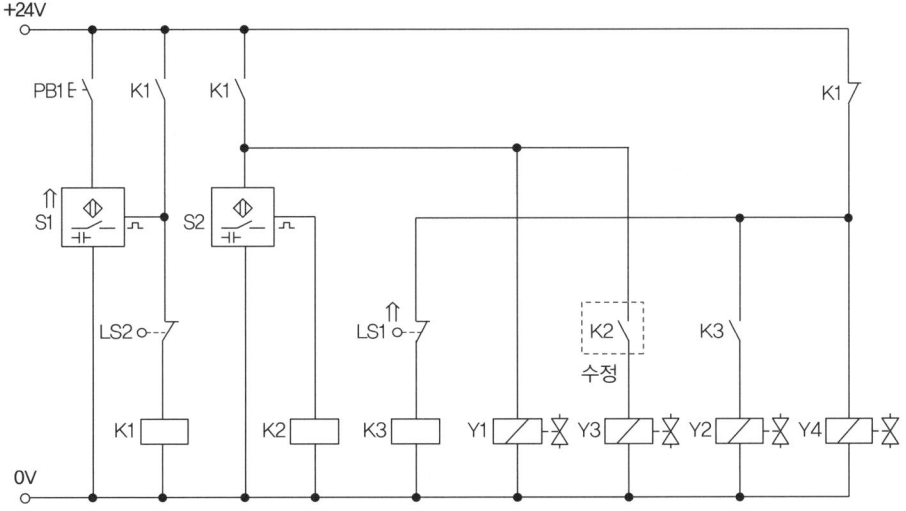

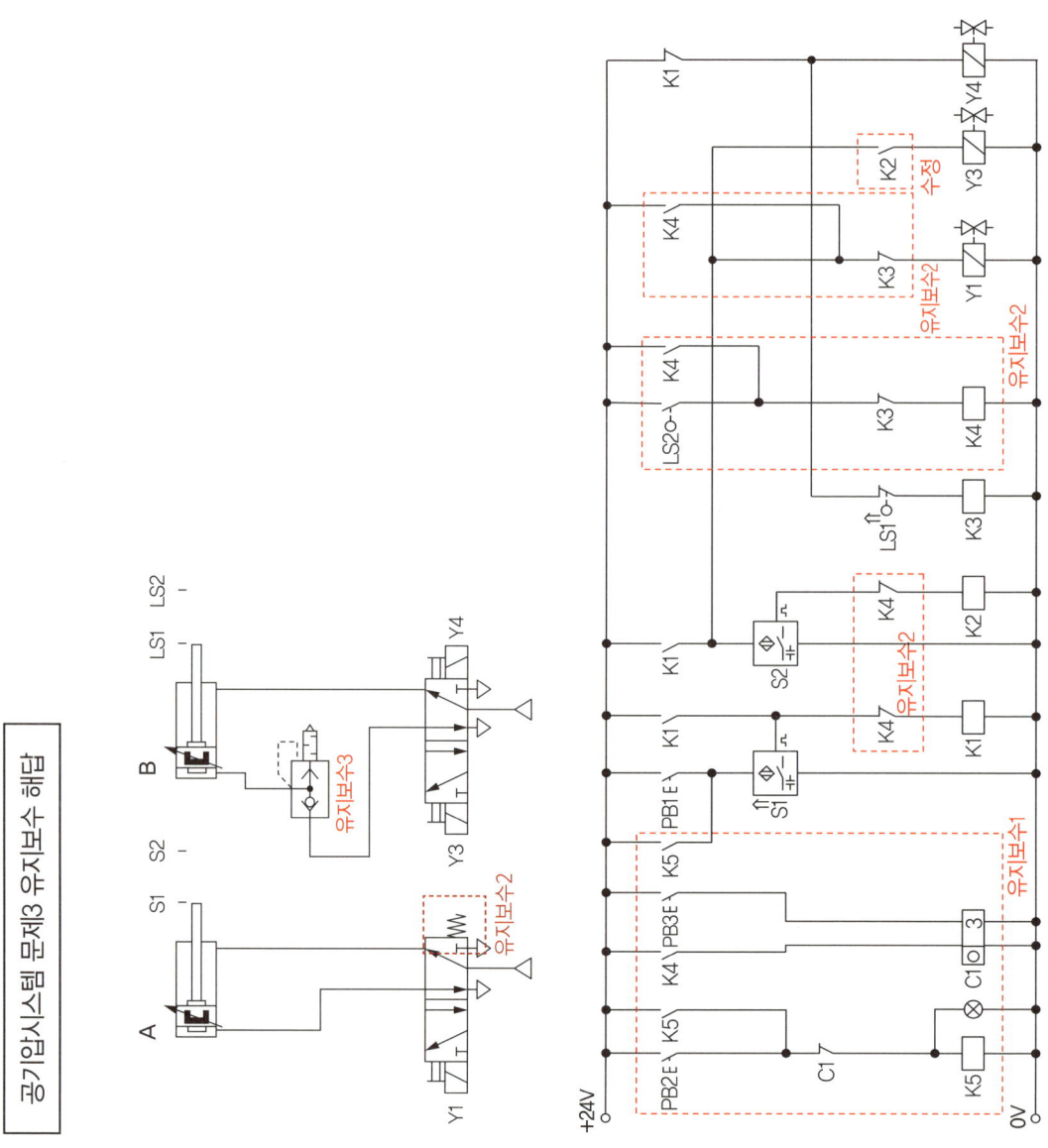

| 자격종목 | 설비보전기사 | 과제명 | 공기압시스템 진단 및 구성 |

문제 ④

가. 공기압 회로도

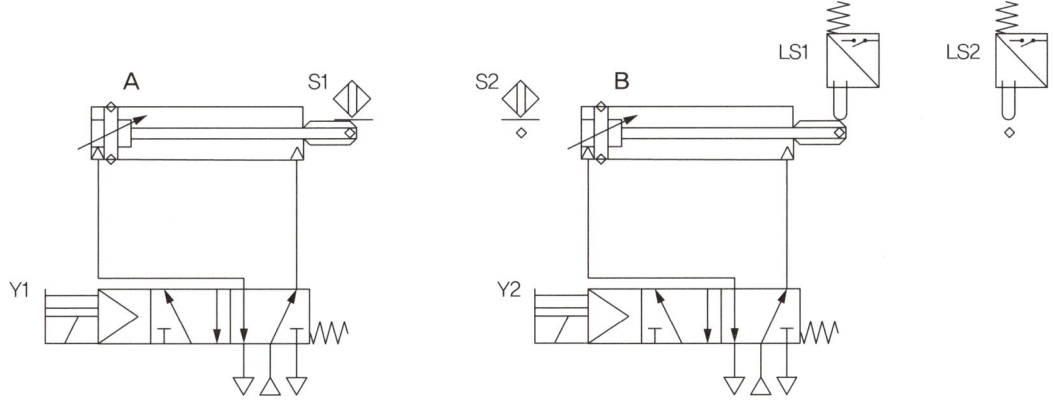

나. 전기 회로도

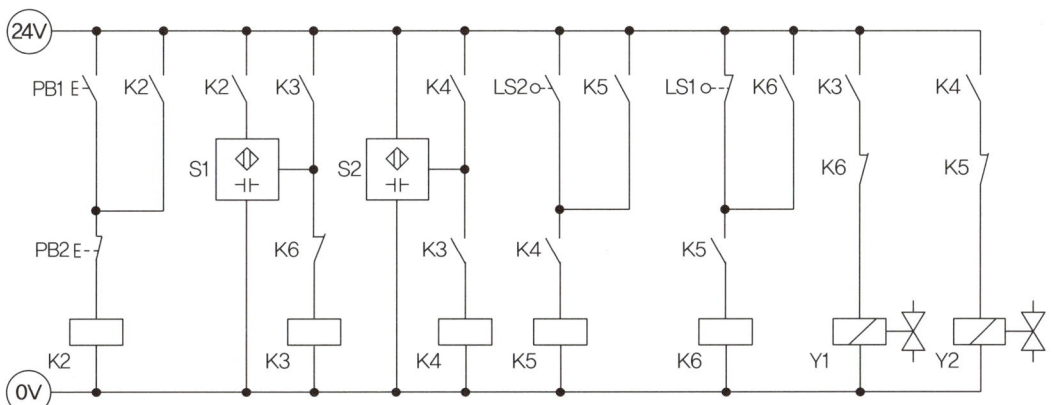

다. 기본제어동작

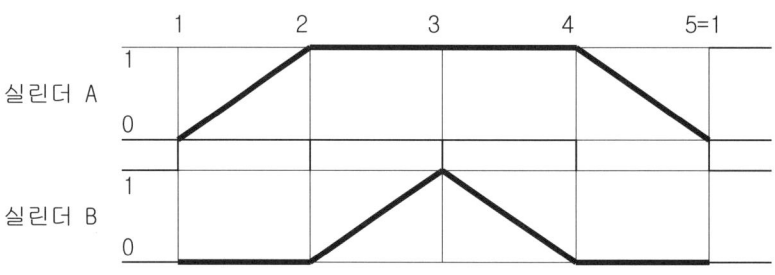

라. 유지보수 계획

1) 연속 스위치(PB2), 카운터 리셋 스위치(PB3), 램프를 추가하여 다음과 같이 동작하도록 회로를 변경하시오.
   ① PB2를 1회 ON-OFF하면, 기본동작을 3회 연속동작한 후 정지합니다.
   ② PB3를 1회 ON-OFF하면, 카운터가 리셋됩니다.
   ③ 카운터 리셋 후 PB2를 1회 ON-OFF하면, 연속동작이 재동작합니다.
   ④ 연속동작을 수행하는 동안 램프1이 점등되고, 동작 완료 후 소등됩니다.
2) 실린더 A의 전진이 완료되면 3초 후에 실린더 B가 동작하도록 전기타이머를 사용하여 회로를 변경하시오.
3) 실린더 B의 후진속도를 조절하기 위하여 일방향 유량조절밸브를 사용하여 미터아웃 방식으로 회로를 변경하시오.

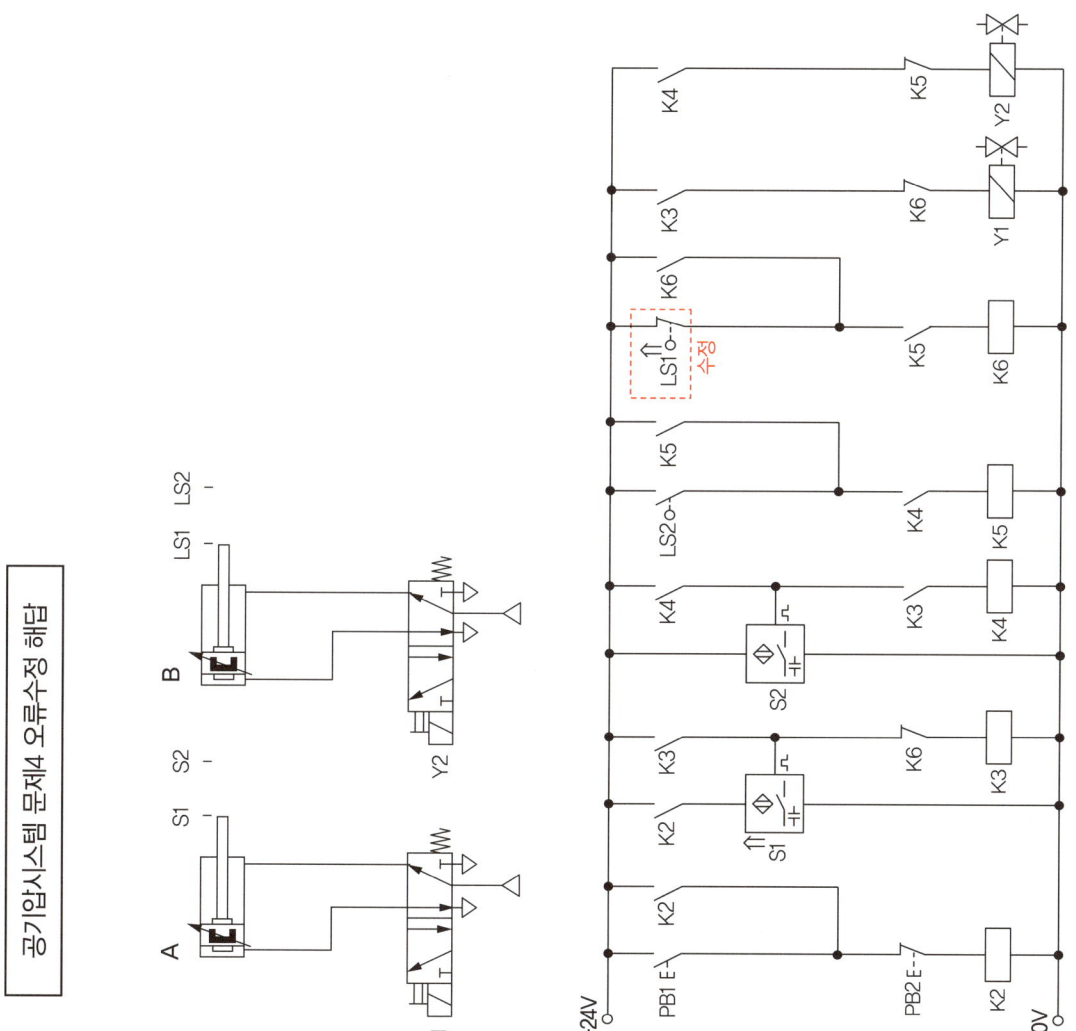

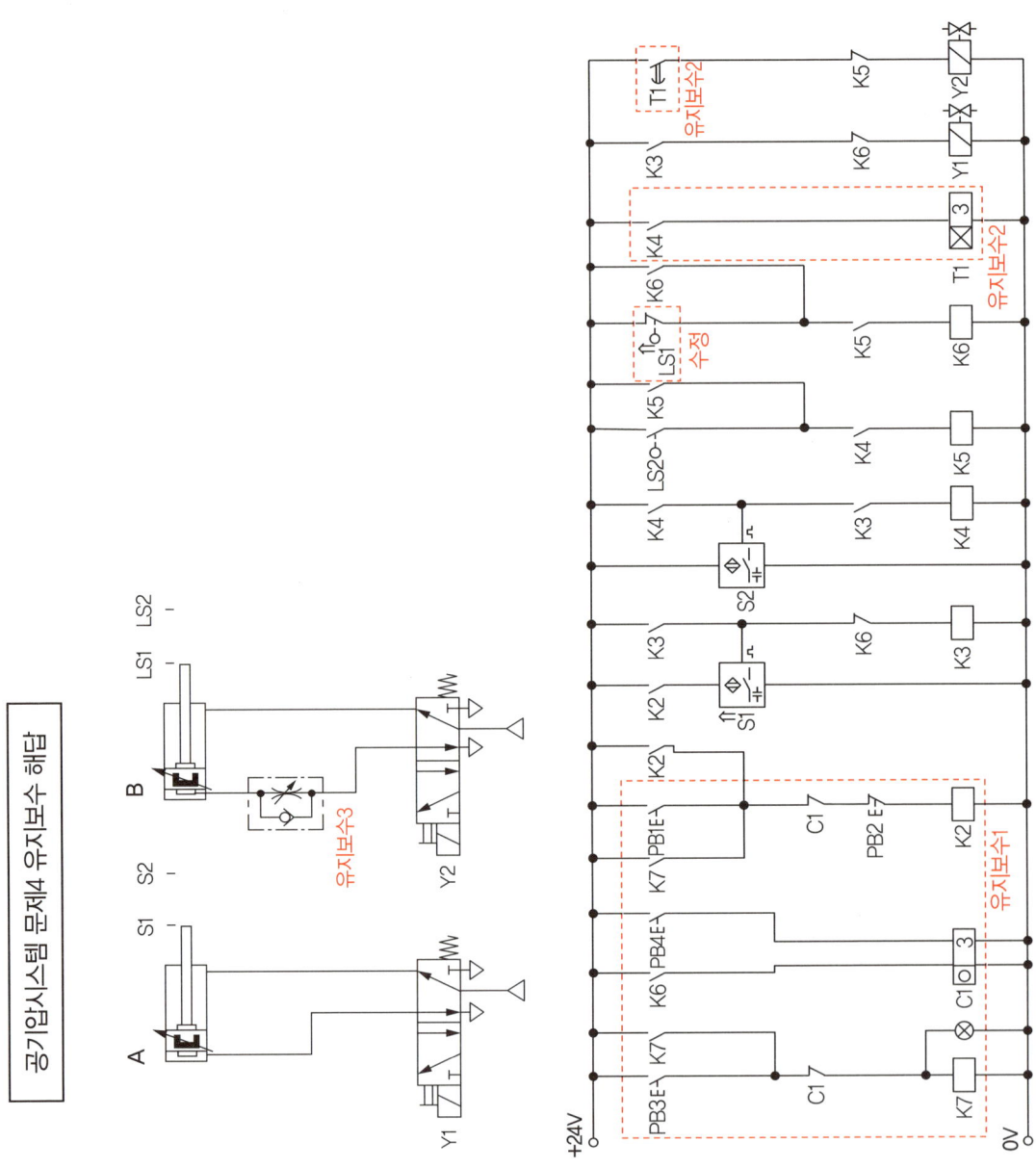

| 자격종목 | 설비보전기사 | 과제명 | 공기압시스템 진단 및 구성 |

문제 ⑤

가. 공기압 회로도

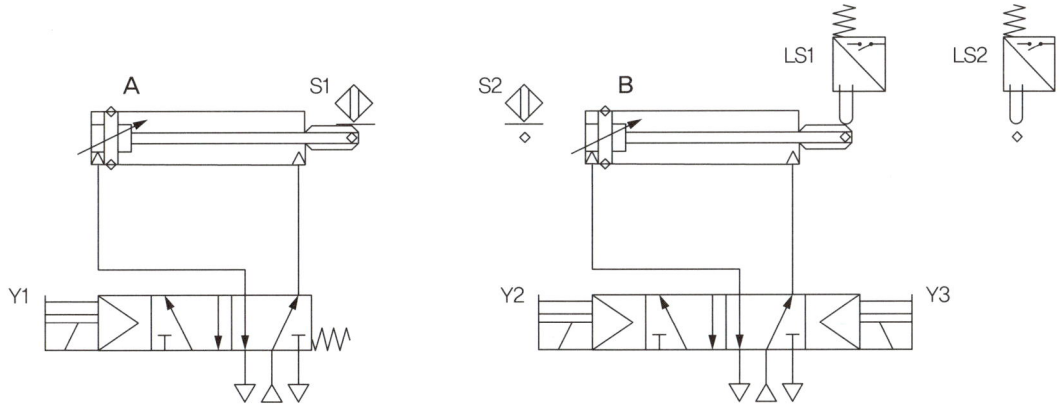

나. 전기 회로도

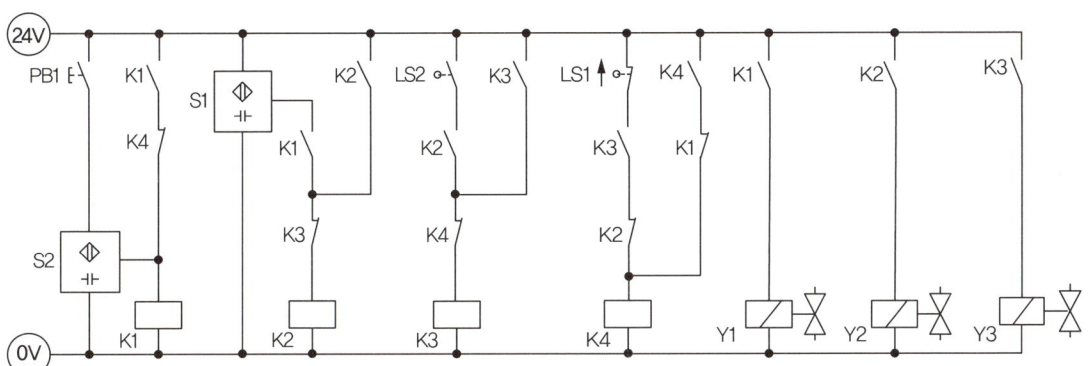

다. 기본제어동작

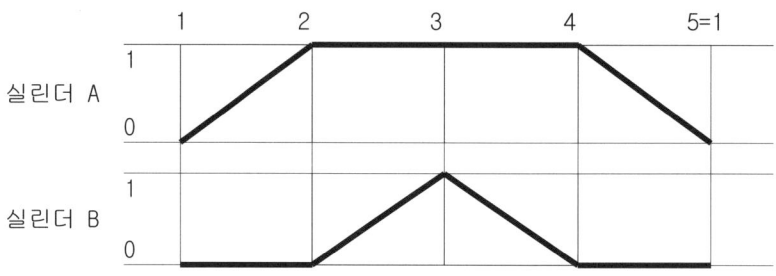

라. 유지보수 계획

1) 연속 스위치(PB2), 비상정지 스위치(유지형 스위치 사용 가능), 램프를 추가하여 다음과 같이 동작하도록 회로를 변경하시오.
　① PB2를 1회 ON-OFF하면, 기본동작이 연속적으로 동작합니다.
　② 연속동작 중 비상정지 스위치를 ON하면, 모든 실린더는 후진하며 램프가 점등됩니다.
　③ 비상정지 스위치를 OFF하면, 램프는 소등되고 시스템은 초기화됩니다.
　④ 초기화 후 PB2를 1회 ON-OFF하면, 연속동작이 재동작합니다.

2) 실린더 A의 방향제어 밸브를 양측 솔레노이드 밸브로 교체한 후 변위단계선도와 같은 동작을 수행할 수 있도록 회로를 변경하시오.

3) 감압밸브를 사용하여 실린더 B의 작동압력이 0.3±0.05 MPa로 제어되도록 회로를 변경하시오.

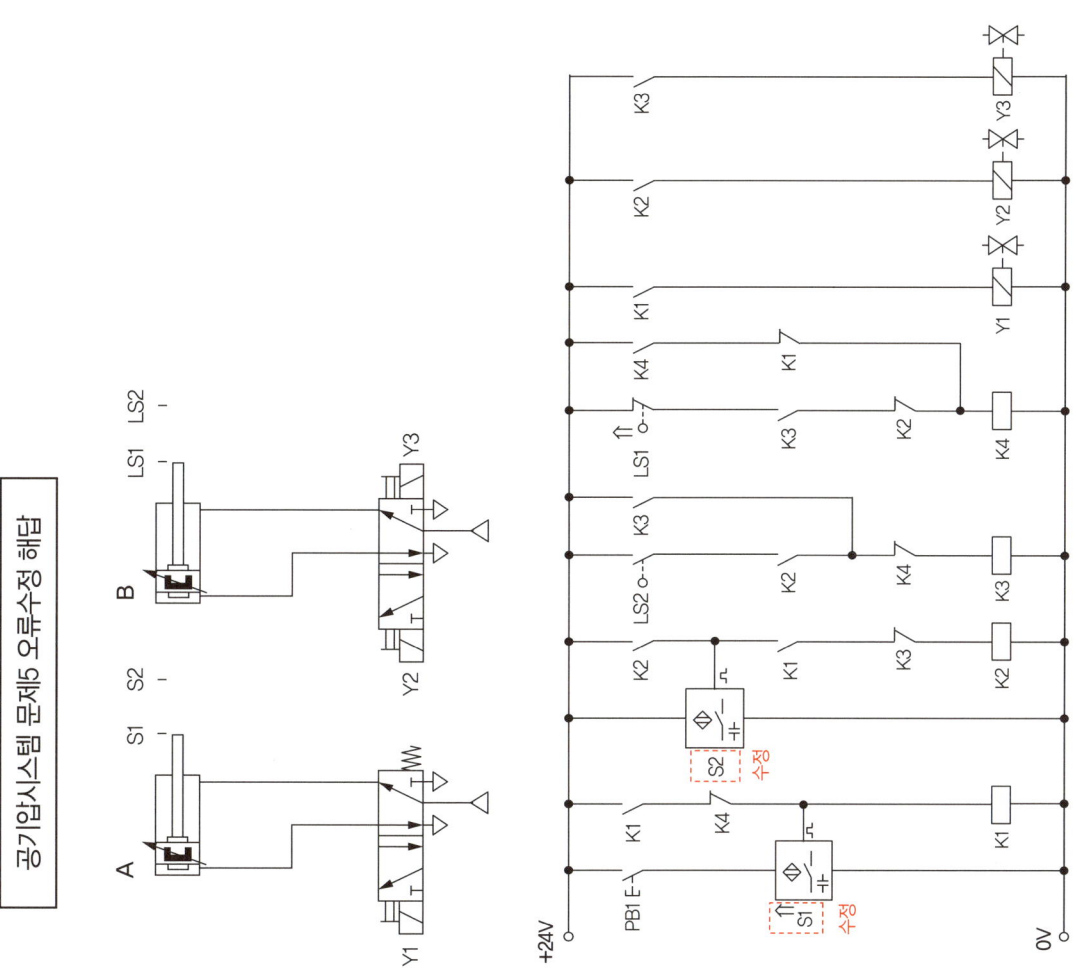

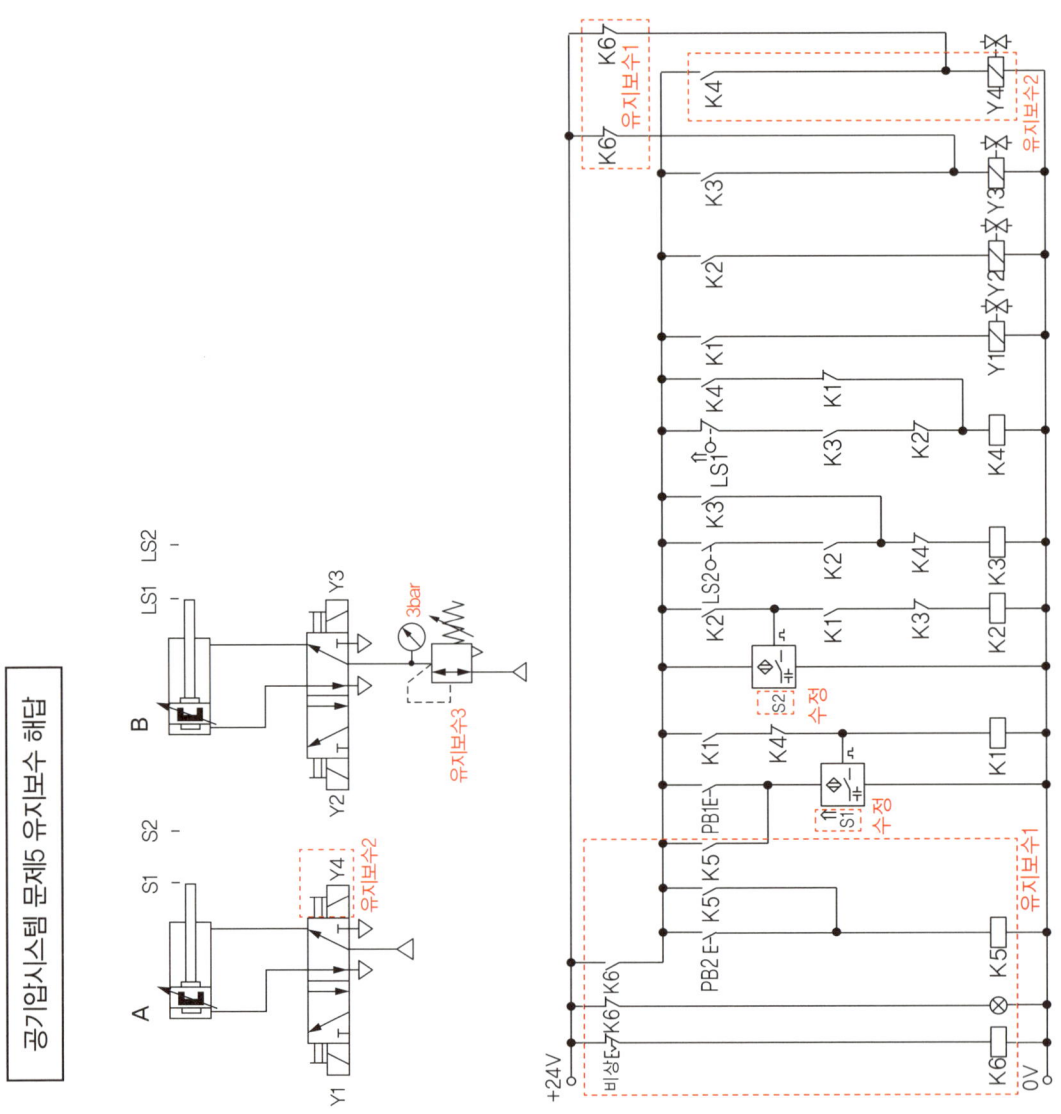

자격종목	설비보전기사	과제명	공기압시스템 진단 및 구성

문제 ⑥

가. 공기압 회로도

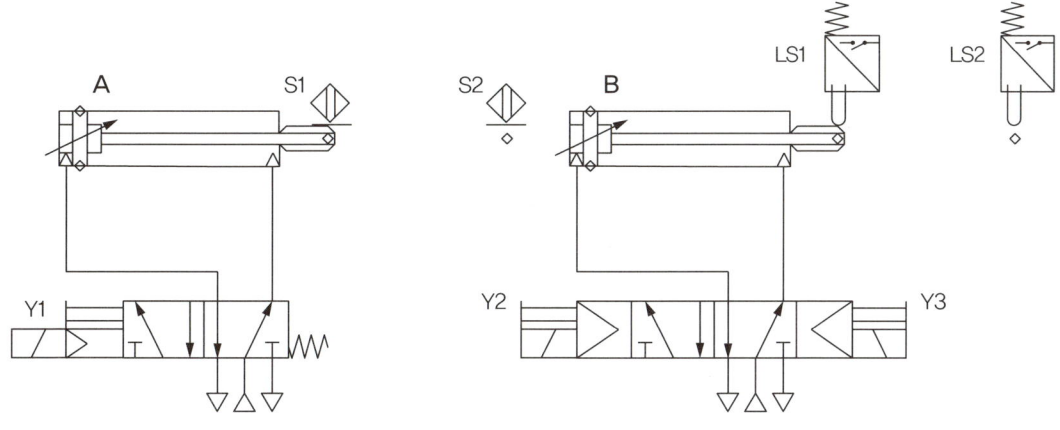

나. 전기 회로도

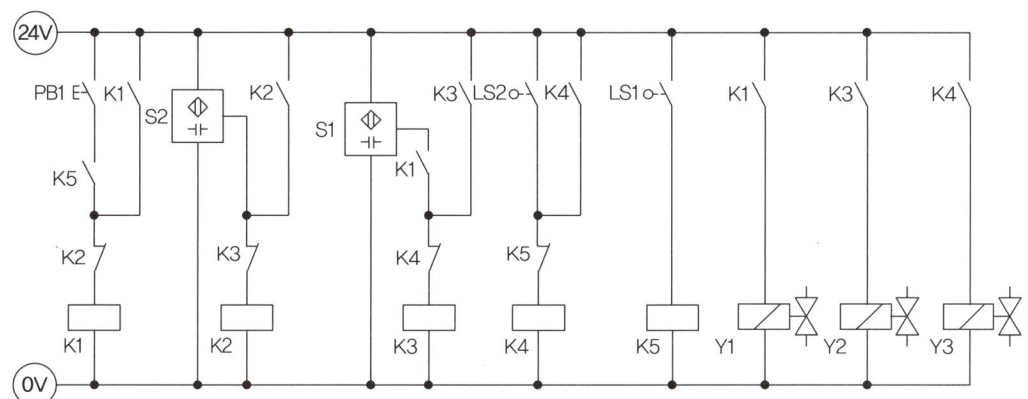

다. 기본제어동작

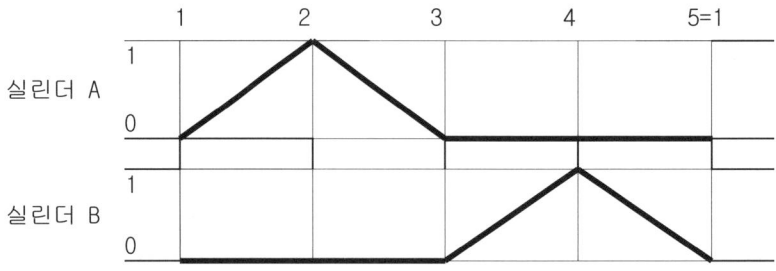

라. 유지보수 계획

1) 연속 스위치(PB2), 비상정지 스위치(유지형 스위치 사용 가능), 램프를 추가하여 다음과 같이 동작하도록 회로를 변경하시오.
   ① PB2를 1회 ON-OFF하면, 기본동작이 연속적으로 동작합니다.
   ② 연속동작 중 비상정지 스위치를 ON하면, 모든 실린더는 후진하며 램프가 점등됩니다.
   ③ 비상정지 스위치를 OFF하면, 램프는 소등되고 시스템은 초기화됩니다.
   ④ 초기화 후 PB2를 1회 ON-OFF하면, 연속동작이 재동작합니다.
2) 실린더 A의 방향제어 밸브를 양측 솔레노이드 밸브로 교체한 후 변위단계선도와 같은 동작을 수행할 수 있도록 회로를 변경하시오.
3) 실린더 B의 후진 속도를 증가시키기 위하여 급속배기밸브를 사용하여 회로를 변경하시오.

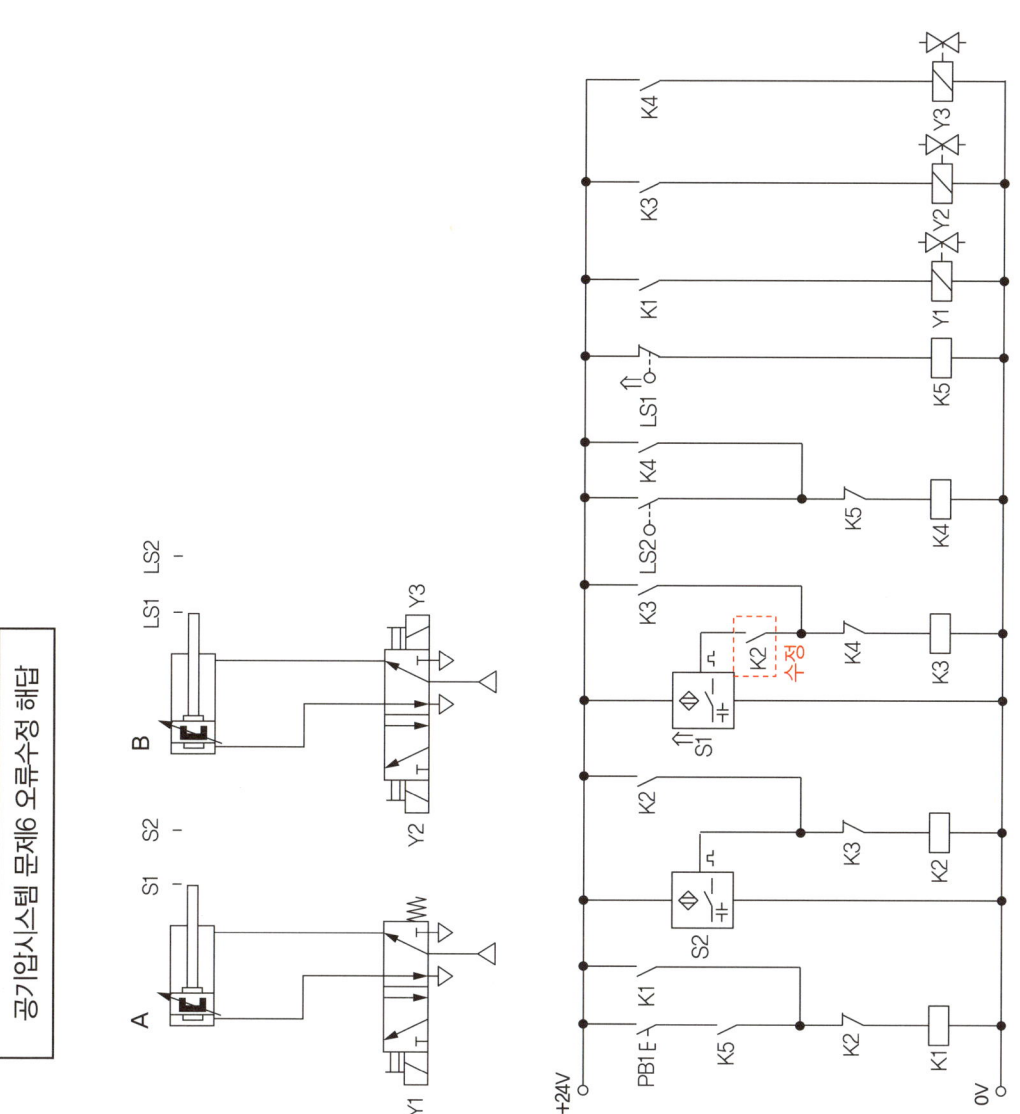

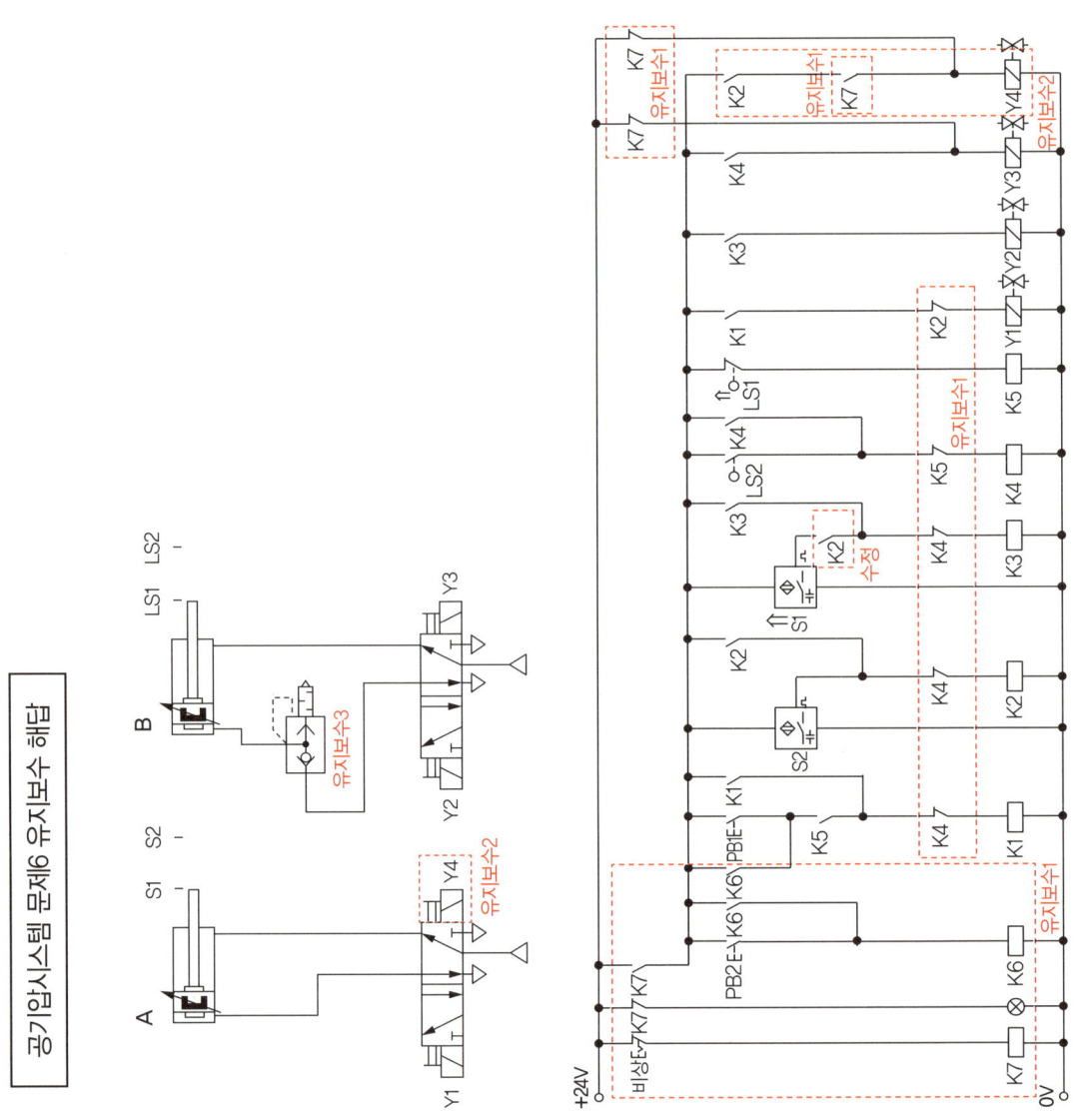

| 자격종목 | 설비보전기사 | 과제명 | 공기압시스템 진단 및 구성 |

문제 ⑦

가. 공기압 회로도

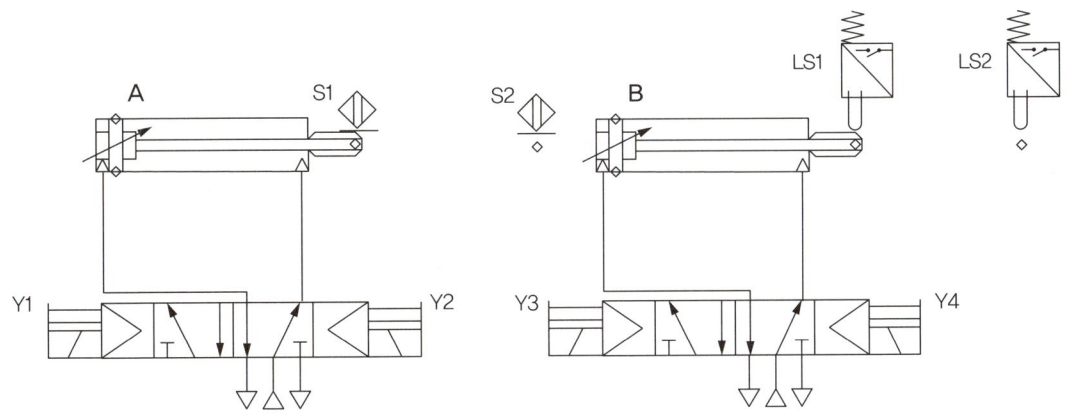

나. 전기 회로도

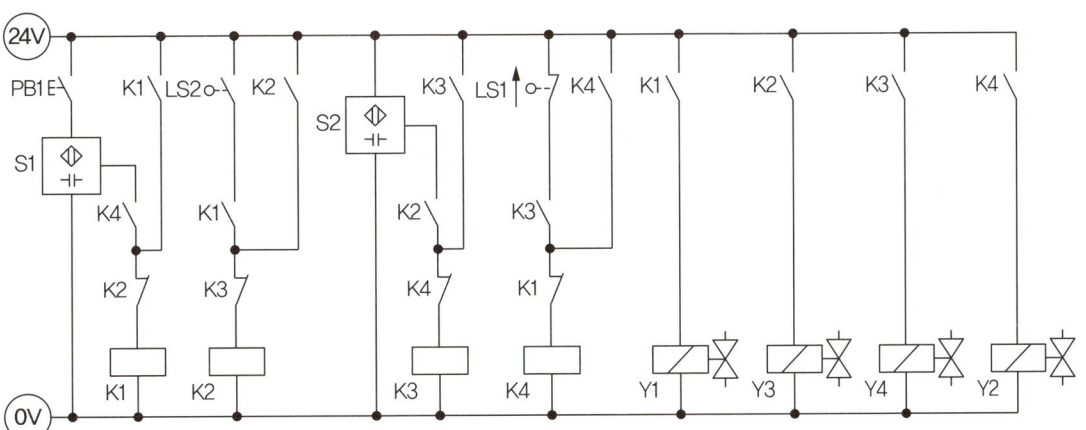

다. 기본제어동작

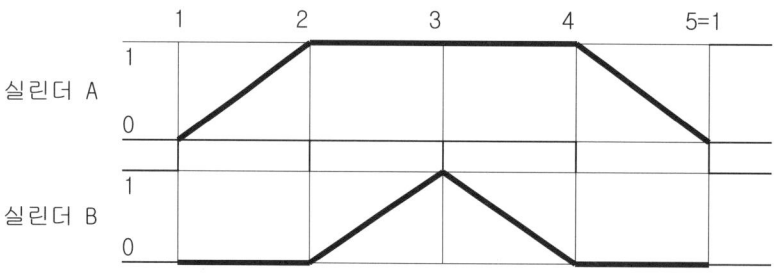

라. 유지보수 계획

1) 연속 스위치(PB2), 비상정지 스위치(유지형 스위치 사용 가능), 램프를 추가하여 다음과 같이 동작하도록 회로를 변경하시오.
   ① PB2를 1회 ON-OFF하면, 기본동작이 연속적으로 동작합니다.
   ② 연속동작 중 비상정지 스위치를 ON하면, 모든 실린더는 후진하며 램프가 점등됩니다.
   ③ 비상정지 스위치를 OFF하면, 램프는 소등되고 시스템은 초기화됩니다.
   ④ 초기화 후 PB2를 1회 ON-OFF하면, 연속동작이 재동작합니다.
2) 실린더 A의 전진이 완료되면 3초 후에 실린더 B가 동작하도록 전기타이머를 사용하여 회로를 변경하시오.
3) 실린더 B의 후진속도를 조절하기 위하여 일방향 유량조절밸브를 사용하여 미터아웃 방식으로 회로를 변경하시오.

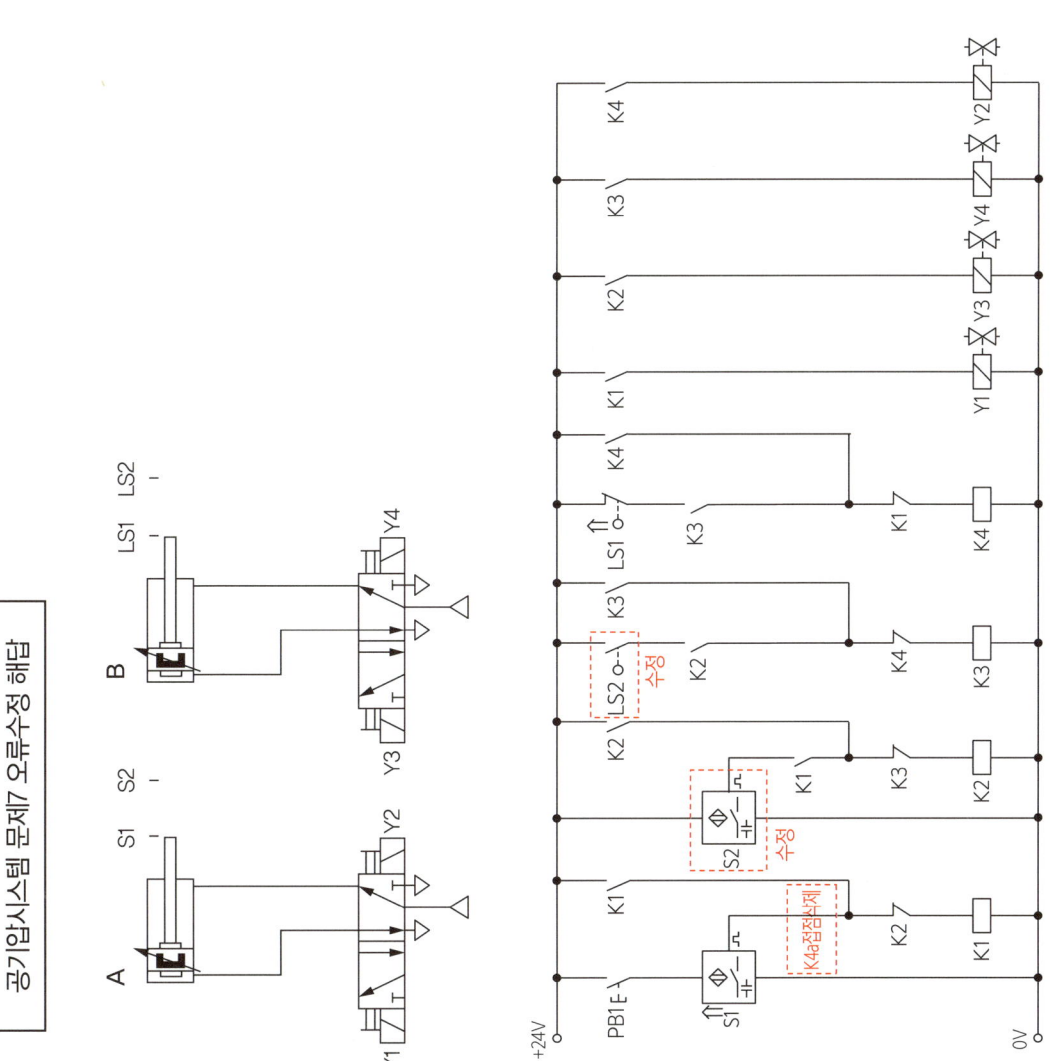

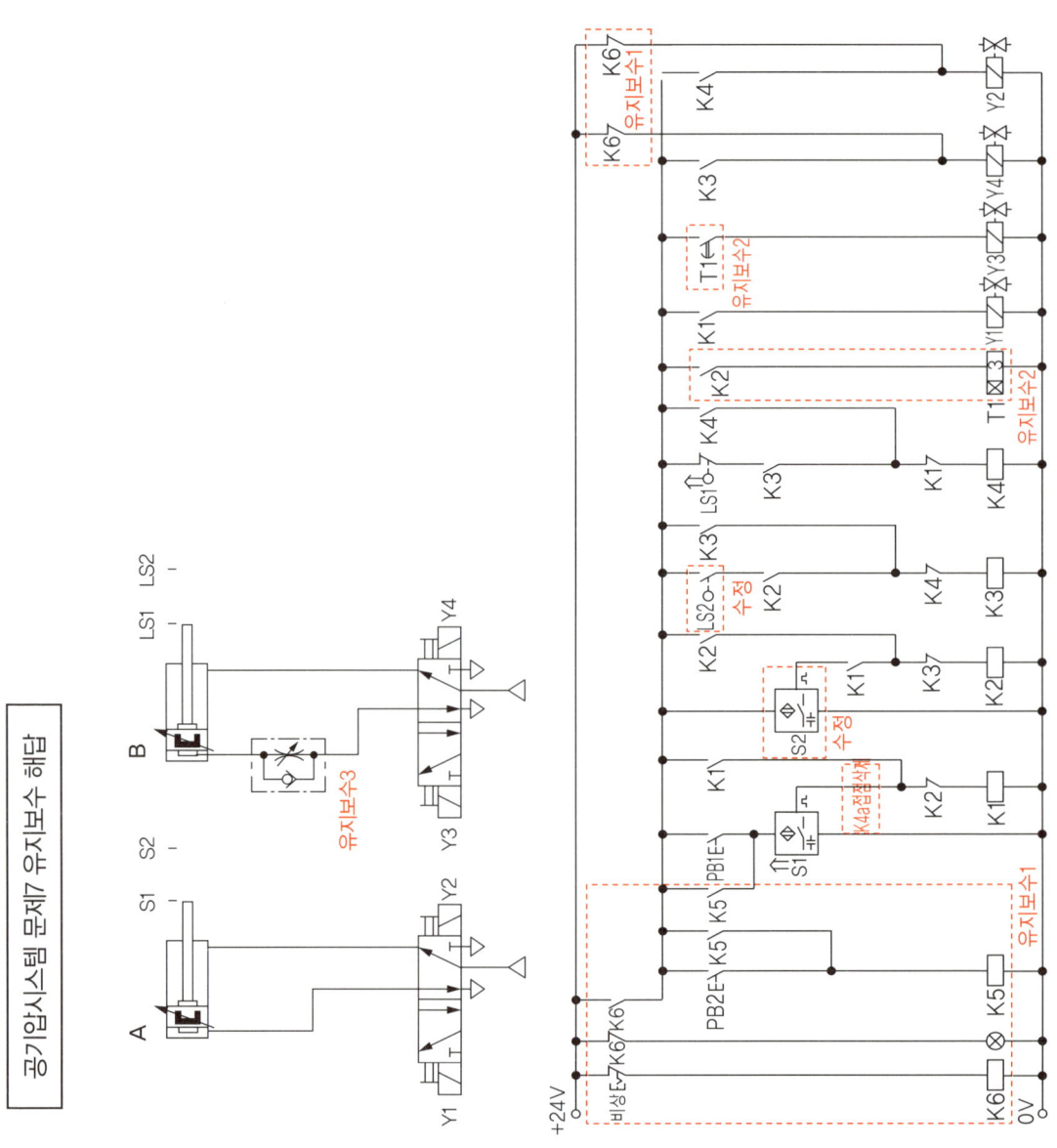

| 자격종목 | 설비보전기사 | 과제명 | 공기압시스템 진단 및 구성 |

문제 ⑧

가. 공기압 회로도

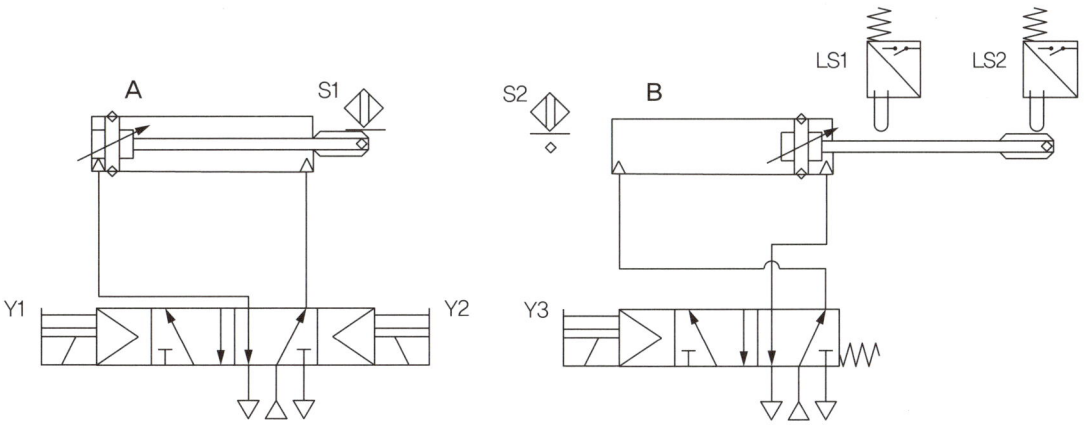

나. 전기 회로도

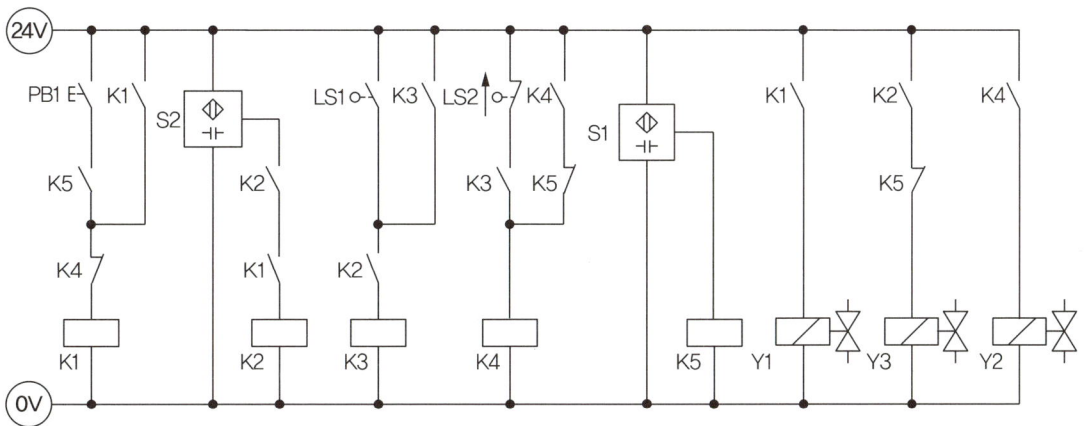

다. 기본제어동작

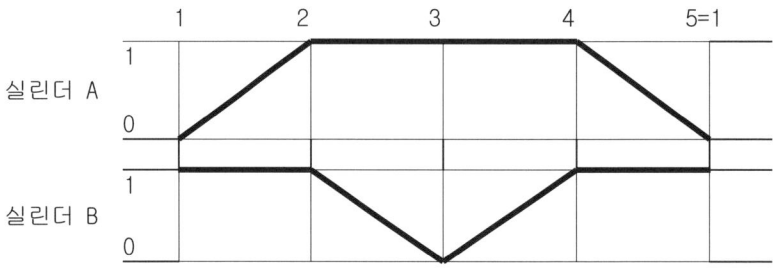

라. 유지보수 계획

1) 연속 스위치(PB2), 비상정지 스위치(유지형 스위치 사용 가능), 램프를 추가하여 다음과 같이 동작하도록 회로를 변경하시오.
  ① PB2를 1회 ON-OFF하면, 기본동작이 연속적으로 동작합니다.
  ② 연속동작 중 비상정지 스위치를 ON하면, 모든 실린더는 후진하며 램프가 점등됩니다.
  ③ 비상정지 스위치를 OFF하면, 램프는 소등되고 시스템이 초기화됩니다.
  ④ 초기화 후 PB2를 1회 ON-OFF하면, 연속동작이 재동작합니다.
2) 실린더 B의 방향제어 밸브를 양측 솔레노이드 밸브로 교체한 후 변위단계선도와 같은 동작을 수행할 수 있도록 회로를 변경하시오.
3) 감압밸브를 사용하여 실린더 B의 작동압력이 0.3±0.05 MPa로 제어되도록 회로를 변경하시오.

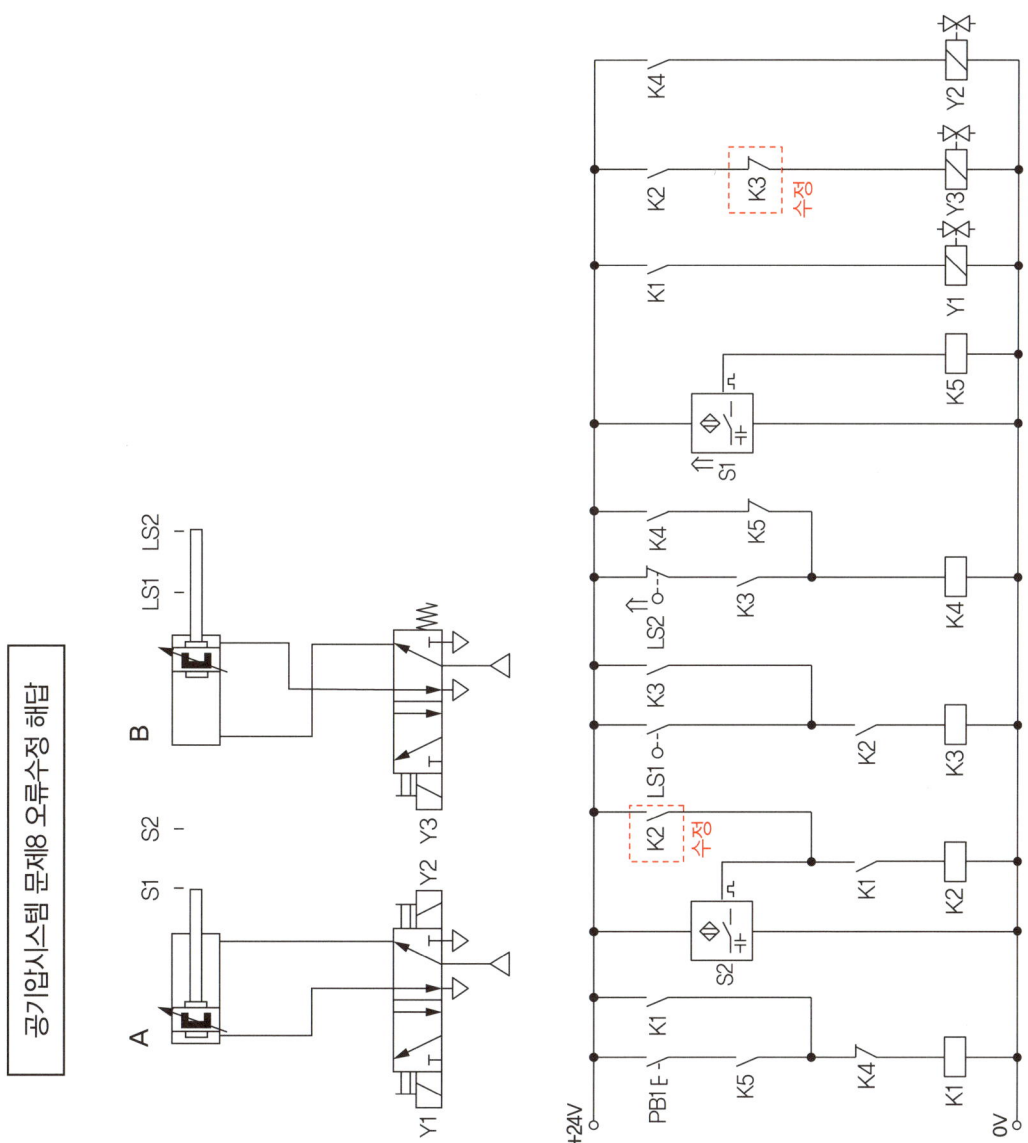

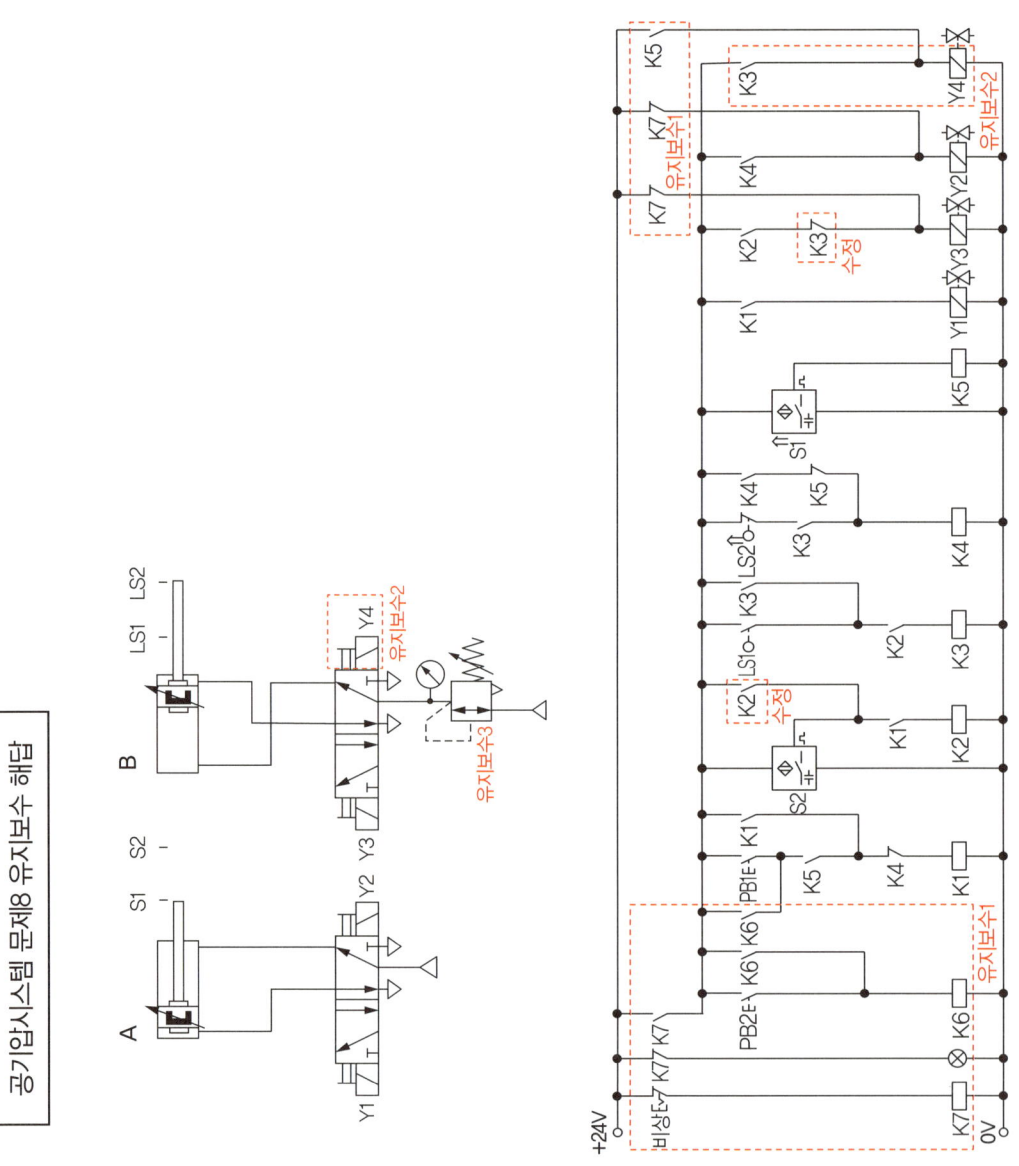

Chapter 02 유압시스템 설계 및 구성 풀이

자격종목	설비보전기사	과제명	유압시스템 진단 및 구성

※문제지는 시험 종료 후 본인이 가져갈 수 있습니다.

비번호		시험일시		시험장명	

※시험시간 : [제2과제] 1시간

1. 요구사항

※ 지급된 재료 및 시설을 사용하여 아래 작업을 완성하시오.

가. 유압회로도 구성
 1) 유압회로도와 같이 기기를 선정하여 고정판에 배치하시오.
  (가) 기기는 수평 또는 수직방향으로 수험자가 임의로 배치하고, 리밋 스위치는 방향성을 고려하여 설치하시오.
 2) 유압호스를 사용하여 기기를 연결하시오.
  (가) 유압호스가 시스템 동작에 영향을 주지 않도록 정리하시오.
 3) 유압회로 내 최고압력을 4±0.2 MPa로 설정하시오.
 4) 작업이 완료된 상태에서 유압을 공급했을 때 유압유의 누설이 발생하지 않도록 하시오.

나. 기본동작
 1) 전기회로도 중 오류부분을 수험자가 정정하고 PB1을 ON-OFF하면 변위단계선도와 같이 동작되도록 시스템을 구성하고 시험감독위원에게 확인받으시오.(단, 주어진 전기회로도에서 릴레이의 개수가 증가되거나 감소되지 않도록 하시오.)
  (가) 전기 배선은 +는 적색으로, -는 청색 또는 흑색으로 연결하고, 전선이 시스템 동작에 영향을 주지 않도록 정리하시오.
  (나) 지정되지 않은 누름버튼 스위치는 자동복귀형 스위치를 사용하시오.

다. 시스템 유지보수
  1) 기본동작을 유지보수 계획과 같이 시스템을 변경하고 시험감독위원에게 확인받으시오.

라. 정리정돈
  1) 평가 종료 후 작업한 자리의 부품 정리, 기름 제거, 유압 배관 정리, 전선 정리 등 모든 상태를 초기 상태로 정리하시오.

2. 수험자 유의사항

※ 다음의 유의사항을 고려하여 요구사항을 완성하시오.
  1) 시험 시작 전 장비의 이상유무를 확인합니다.
  2) 시험 중 반드시 시험감독위원의 지시에 따라야 하며, 시험감독위원의 지시가 없는 한 시험장을 임의로 이탈할 수 없습니다.
  3) 시험에 필요한 기기 이외의 부품이나 장비에 임의로 접촉하지 않도록 주의하시기 바랍니다.
  4) 유압 배관의 제거는 공급 압력을 차단한 후 실시하시기 바랍니다.
  5) 유압 펌프는 OFF상태를 기본으로 하고, 회로 검증 등 필요한 경우에만 동작시키시기 바랍니다.
  6) 유압회로가 무부하회로일 경우 압력 설정에 주의하시기 바랍니다.
  7) 전기 합선 시에는 즉시 전원공급 장치의 전원을 차단하시기 바랍니다.
  8) 실린더의 작동 부분에는 전선 및 호스가 접촉되지 않도록 주의하여야 합니다.
  9) "기본동작→시스템 유지보수" 순서대로 시험감독위원에게 평가받습니다.(단, 각 동작의 평가는 전원이 유지된 상태에서 2회 이상 시도하여 동일하게 정상 동작이 되어야 하며, 1회만 동작하고 정상적으로 재동작하지 않으면 인정하지 않습니다.)
  10) 평가 기회는 한 번만 부여되오니, 이점 유의하여 평가를 요청하시기 바랍니다.(단, 평가가 불명확하여 재확인이 필요한 경우 시험감독위원의 판단에 따라 다시 동작시킬 수 있습니다. 회로를 변경 또는 수정할 수 없고, 동작만 재시도합니다.)
  11) 평가 종료 후 정리정돈 상태에 따라 감점될 수 있음을 유의하시기 바랍니다.
  12) 시험 중 작업복 및 안전보호구를 착용하여 안전수칙을 준수하여야 하며, 안전수칙 미준수로 인해 감점될 수 있음을 유의하시기 바랍니다.(단, 슬리퍼, 샌들 착용 등 복장이 작업에 부적합할 경우 응시가 불가능합니다.)
  13) 다음 사항은 실격에 해당하여 채점 대상에서 제외됩니다.
    (가) 수험자 본인이 수험 도중 시험에 대한 기권 의사를 표현하는 경우
    (나) 실기시험 과정 중 1개 과정이라도 불참한 경우

(다) 시설·장비의 조작 또는 재료의 취급이 미숙하여 위해를 일으킬 것으로 시험감독위원 전원이 합의하여 판단한 경우
(라) 기능이 해당 등급 수준에 전혀 도달하지 못한 것으로 시험감독위원이 판단할 경우
(마) 부정행위를 한 경우
(바) 시험시간 내에 작품을 제출하지 못한 경우
(사) 다른 부품 사용 등으로 주어진 유압회로도와 수험자가 작업한 회로가 일치하지 않는 경우
(아) 기본동작을 완성하지 못한 경우
(자) 기본동작 구성 시 릴레이의 개수가 증가되거나 감소된 경우
(차) 전기회로도의 오류를 찾아 수정하지 않고 임의로 전기회로도를 설계한 경우

| 자격종목 | 설비보전기사 | 과제명 | 유압시스템 진단 및 구성 |

문제 ①

가. 공기압 회로도

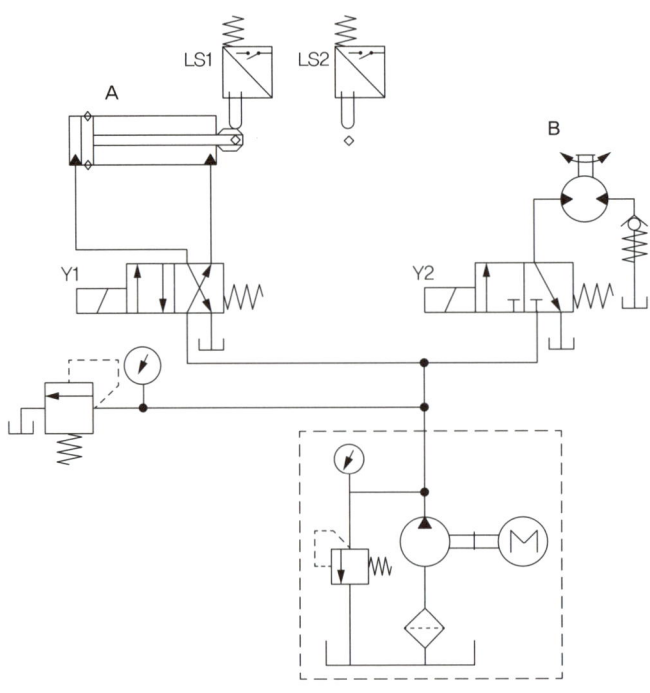

나. 전기 회로도

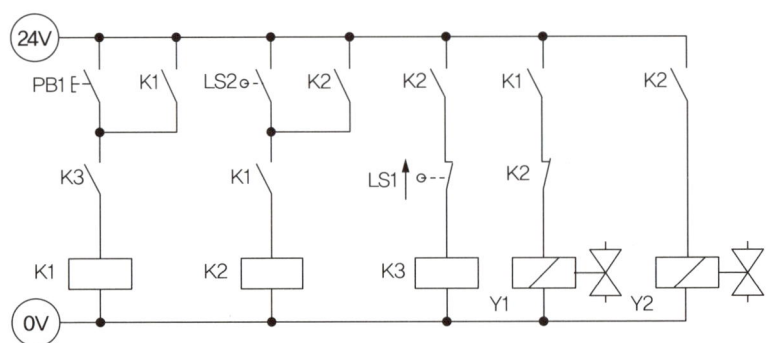

다. 기본제어동작

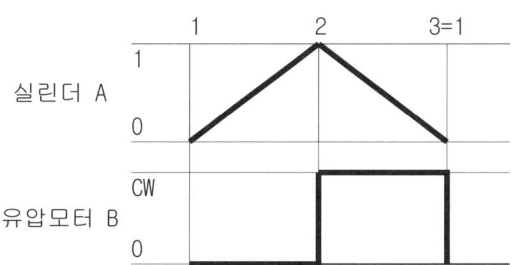

※ 유압모터는 축방향에서 볼 때 시계방향(CW)은 정회전, 반시계방향(CCW)은 역회전이 되도록 작업하시오.

라. 유지보수 계획

1) 연속 스위치(PB2), 카운터 리셋 스위치(PB3), 램프를 추가하여 다음과 같이 동작하도록 회로를 변경하시오.
   ① PB2를 1회 ON-OFF하면, 기본동작을 3회 연속동작한 후 정지합니다.
   ② PB3를 1회 ON-OFF하면, 카운터가 리셋됩니다.
   ③ 카운터 리셋 후 PB2를 1회 ON-OFF하면, 연속동작이 재동작합니다.
   ④ 연속동작을 수행하는 동안 램프1이 점등되고, 동작 완료 후 소등됩니다.
2) 실린더 A 전진 시 카운터 밸런스 밸브와 압력계(3 MPa)를 사용하여 자중낙하방지 회로를 구성하시오.
3) 유압유의 역류를 방지하기 위해 파워유닛의 토출구에 체크밸브를 추가하여 구성하시오.

유압시스템 문제1 오류수정

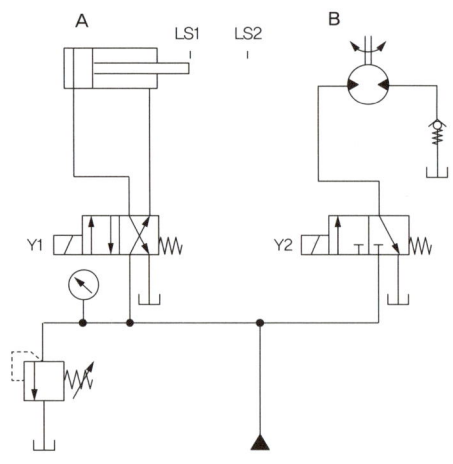

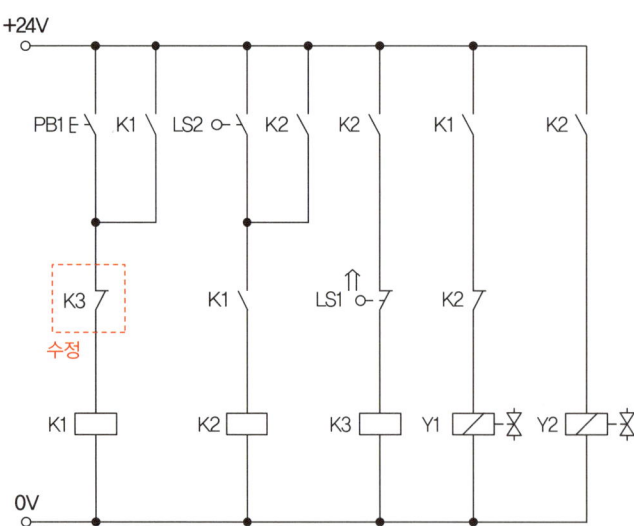

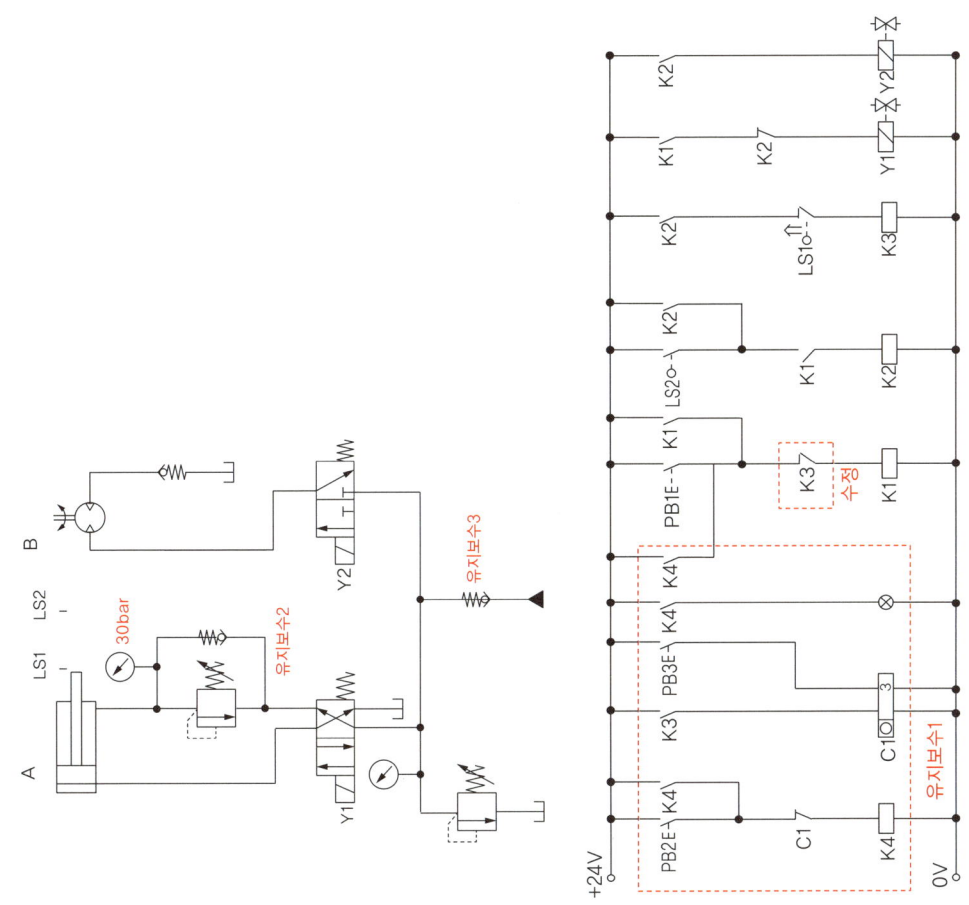

| 자격종목 | 설비보전기사 | 과제명 | 유압시스템 진단 및 구성 |

문제 ②

가. 공기압 회로도

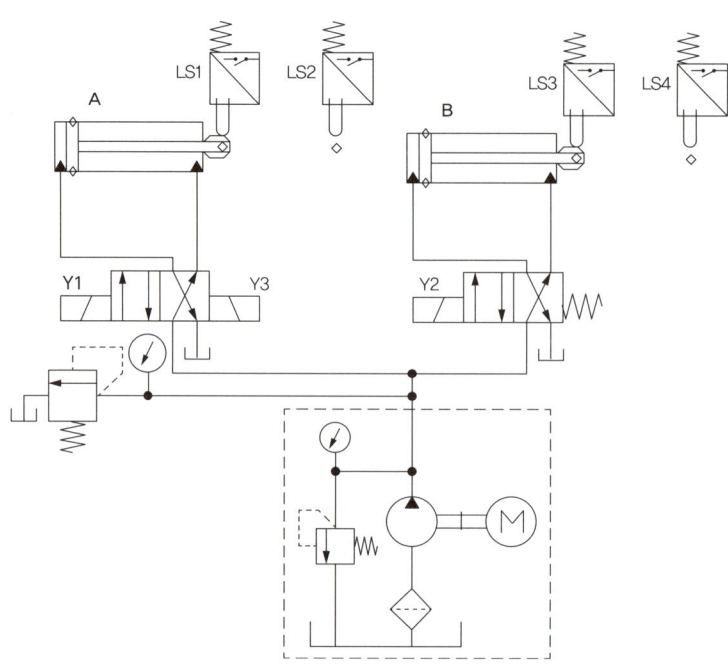

나. 전기 회로도

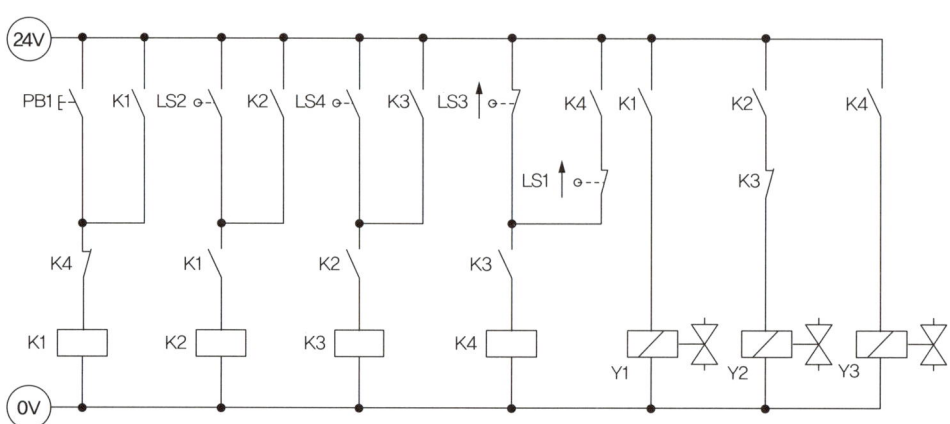

다. 기본제어동작

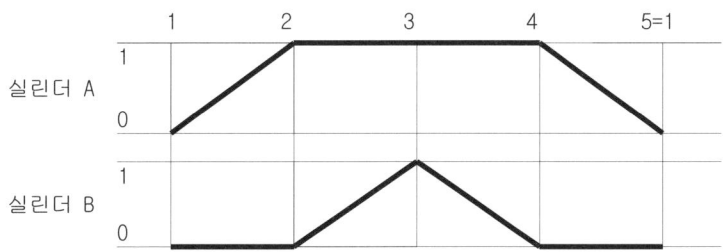

라. 유지보수 계획

1) 연속 스위치(PB2), 연속정지 스위치(PB3), 램프를 추가하여 다음과 같이 동작하도록 변경하시오.
  ① PB2를 1회 ON-OFF하면, 기본동작을 연속적으로 동작합니다.
  ② PB3를 1회 ON-OFF하면, 해당 행정이 완료된 후 동작이 정지합니다.(단, 초기화 및 재동작이 가능하여야 합니다.)
  ③ 연속동작을 수행하는 동안 램프1이 점등되고, 동작 완료 후 소등됩니다.
2) 실린더 A 전진 시 카운터 밸런스 밸브와 압력계(3 MPa)를 사용하여 자중낙하방지 회로를 구성하시오.
3) 실린더 A, B의 전진 속도를 조절하기 위하여 일방향 유량조절밸브를 사용하여 미터인 방식으로 회로를 구성하시오.

유압시스템 문제2 오류수정 해답

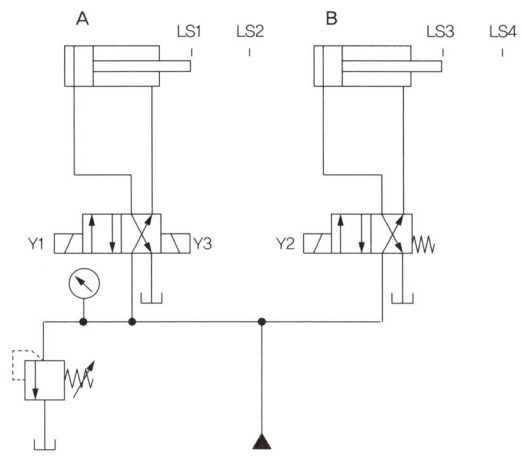
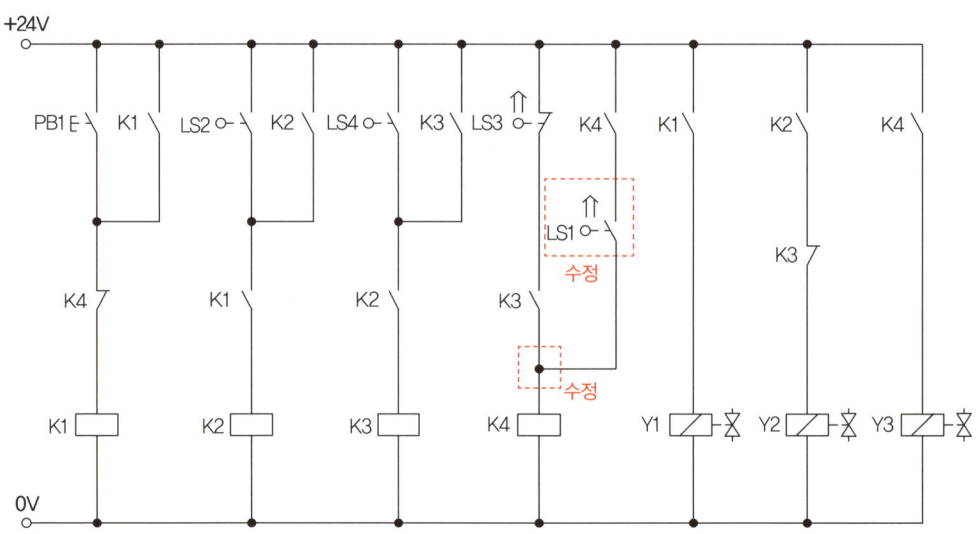

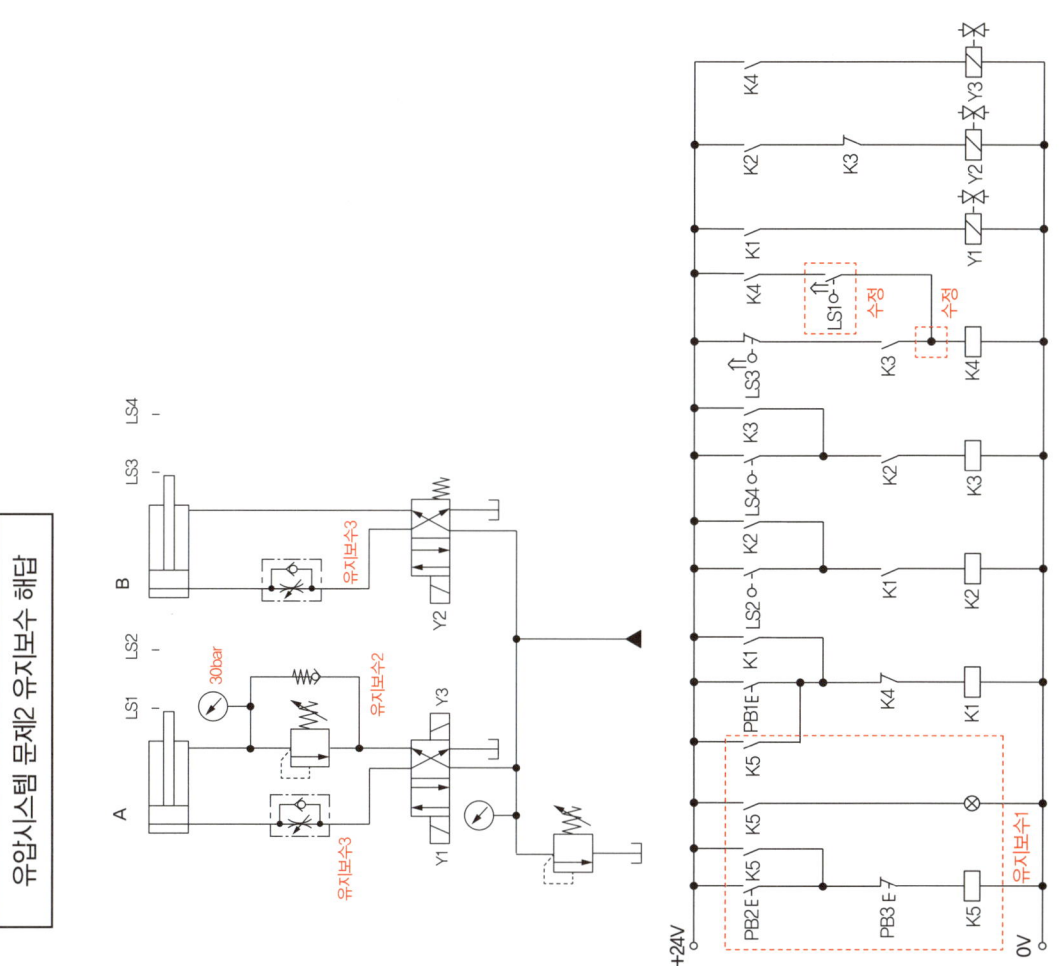

| 자격종목 | 설비보전기사 | 과제명 | 유압시스템 진단 및 구성 |

문제 ③

가. 공기압 회로도

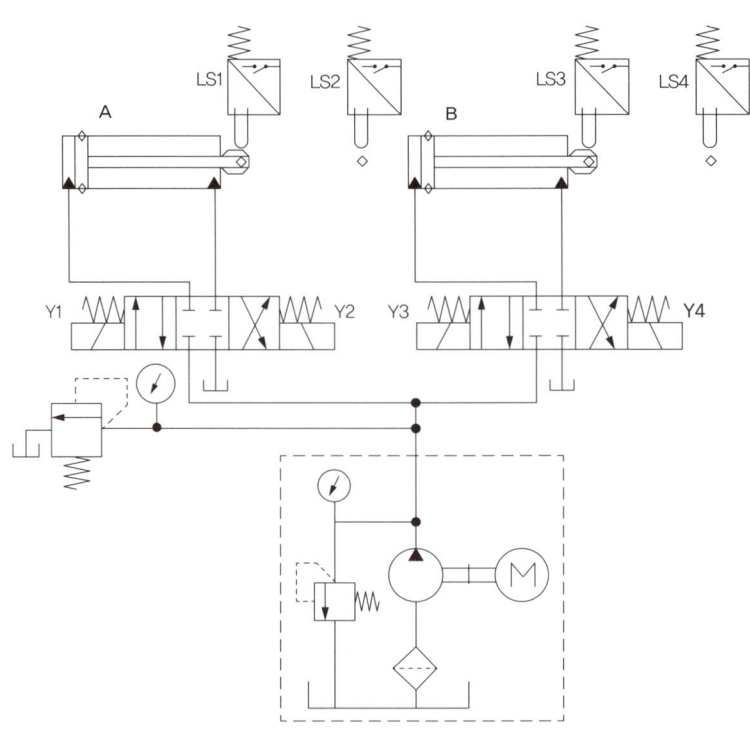

나. 전기 회로도

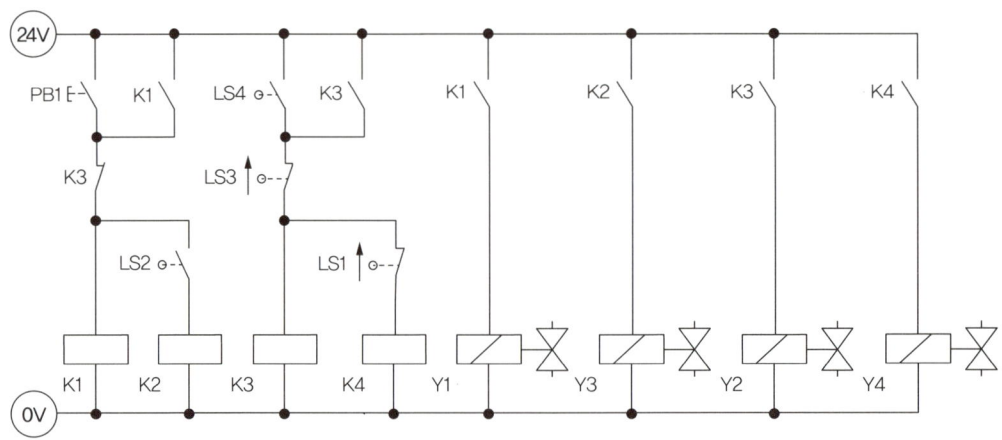

다. 기본제어동작

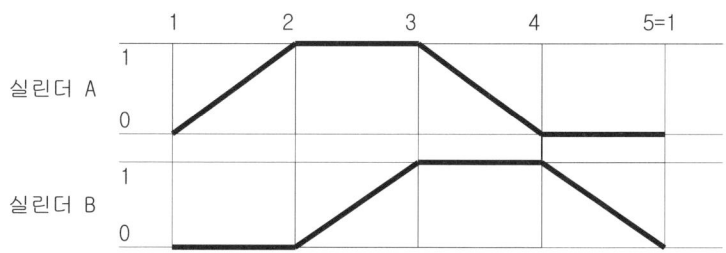

라. 유지보수 계획

1) 실린더 A의 전진이 완료되면 3초 후에 실린더 B가 동작하도록 전기타이머를 사용하여 회로를 변경하시오.
2) 실린더 B의 전진 리밋스위치 LS4를 제거하고 압력스위치 및 압력게이지를 설치하여 전진 완료 후 압력스위치의 설정압력(3MPa)에 도달했을 때 실린더 A가 후진하도록 회로를 변경하시오.
3) 실린더 B의 전·후진 속도가 제어되도록 공급라인에 양방향 유량조절밸브를 사용하여 회로를 구성하시오.

유압시스템 문제3 오류수정 해답

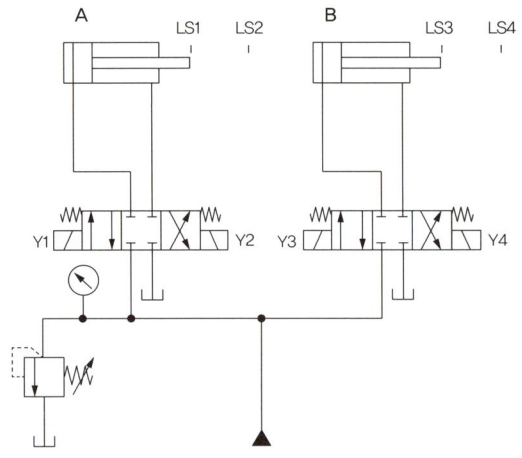

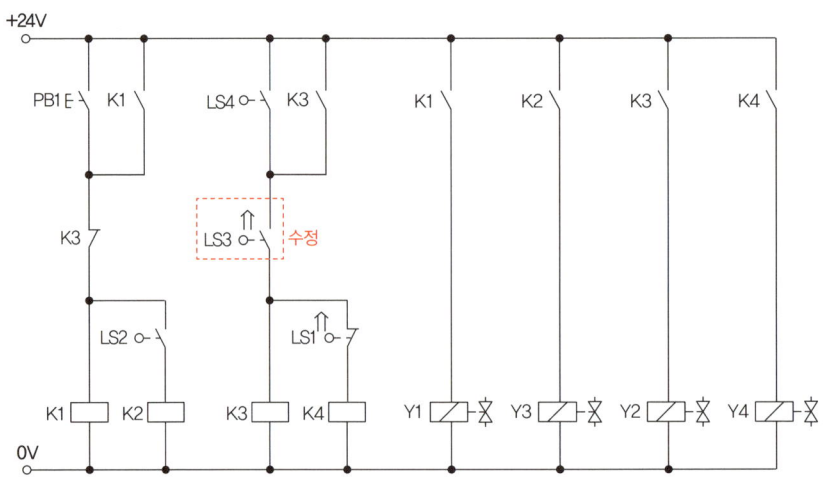

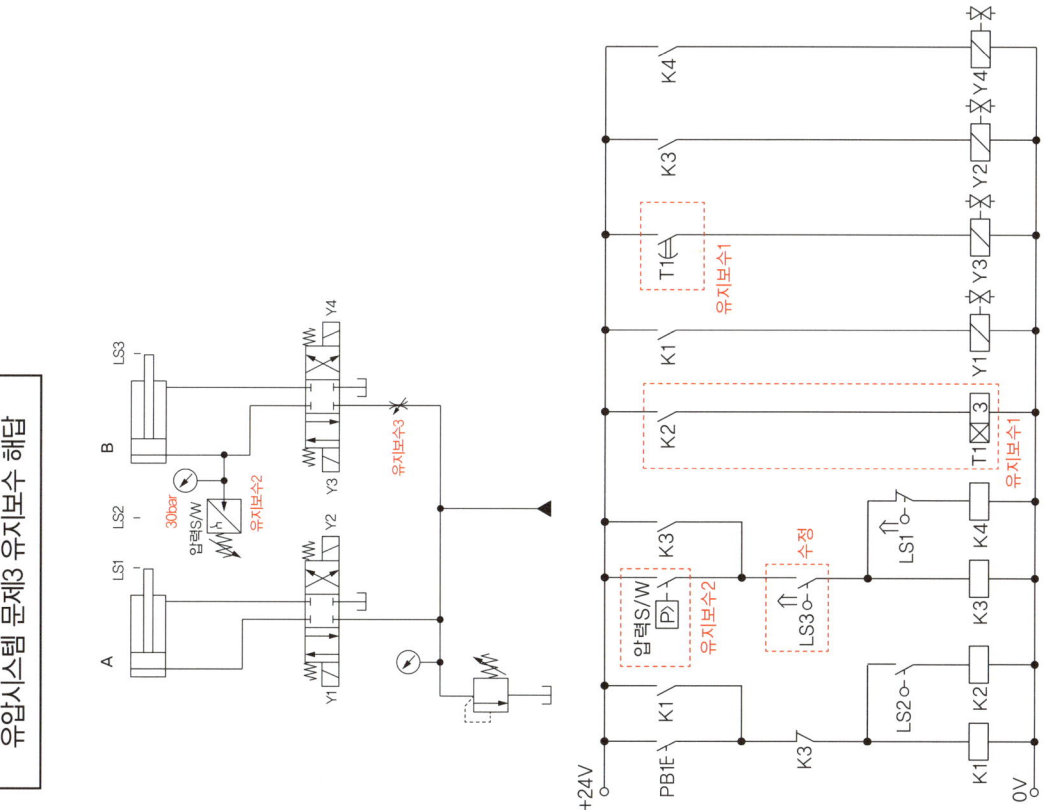

| 자격종목 | 설비보전기사 | 과제명 | 유압시스템 진단 및 구성 |

문제 ④

가. 공기압 회로도

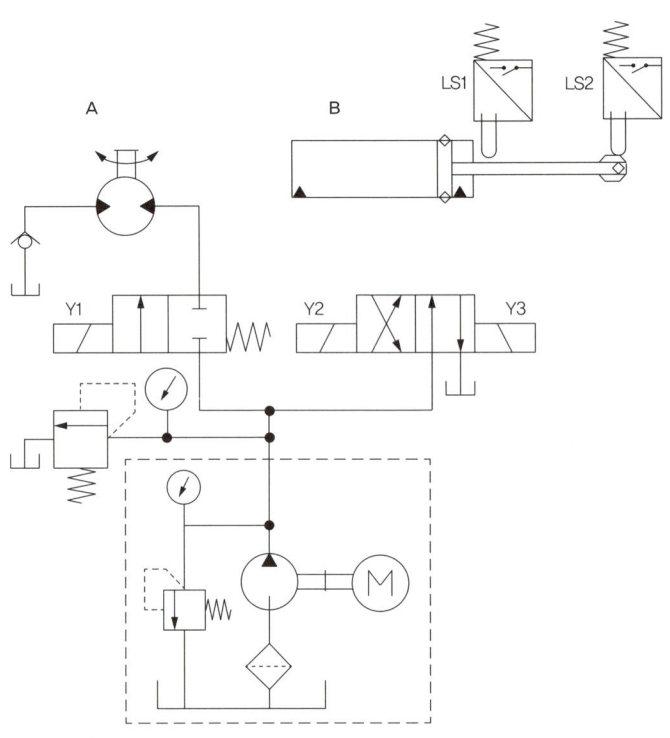

나. 전기 회로도

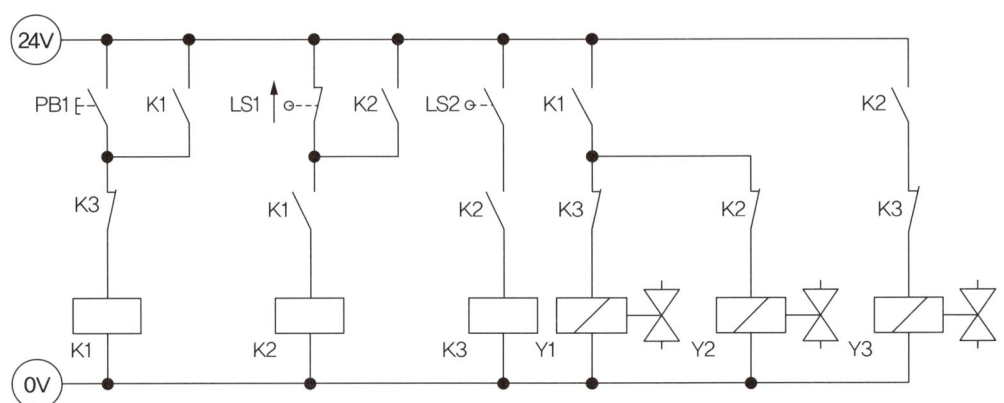

다. 기본제어동작

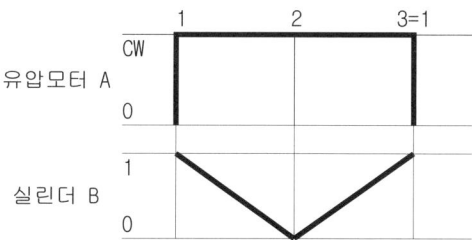

※ 유압모터는 축방향에서 볼 때 시계방향(CW)은 정회전, 반시계방향(CCW)은 역회전이 되도록 작업하시오.

라. 유지보수 계획

1) 연속 스위치(PB2), 카운터 리셋 스위치(PB3), 램프를 추가하여 다음과 같이 동작하도록 회로를 변경하시오.
   ① PB2를 1회 ON-OFF하면, 기본동작을 3회 연속동작한 후 정지합니다.
   ② PB3를 1회 ON-OFF하면, 카운터가 리셋됩니다.
   ③ 카운터 리셋 후 PB2를 1회 ON-OFF하면, 연속동작이 재동작합니다.
   ④ 연속동작을 수행하는 동안 램프1이 점등되고, 동작 완료 후 소등됩니다.
2) 실린더 B의 압력라인(P)에 감압밸브와 압력계를 설치하여 유압 회로도를 변경하고, 2차측의 압력이 2 MPa(오차 ±0.1 MPa)이 되도록 조정하시오.
3) 유압유의 역류를 방지하기 위해 파워유닛의 토출구에 체크밸브를 추가하여 구성하시오.

유압시스템 문제4 오류수정 해답

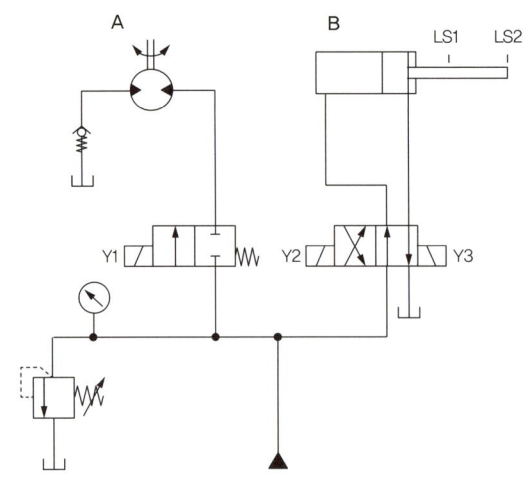

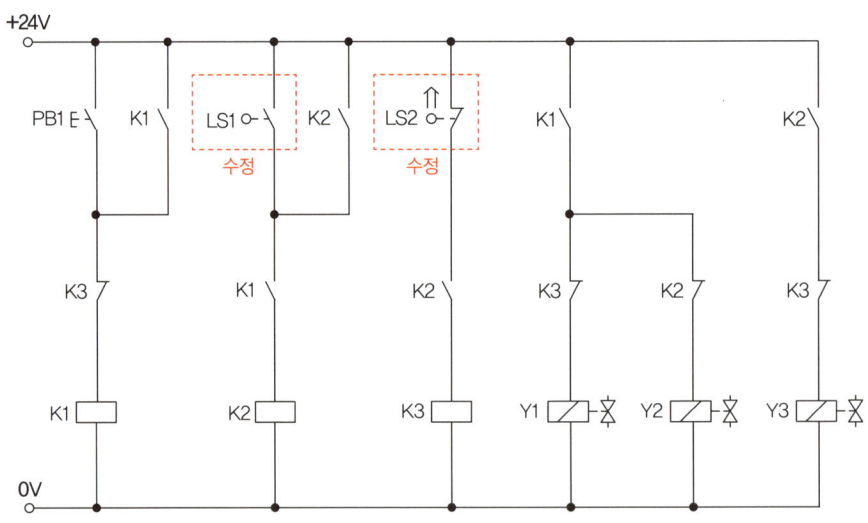

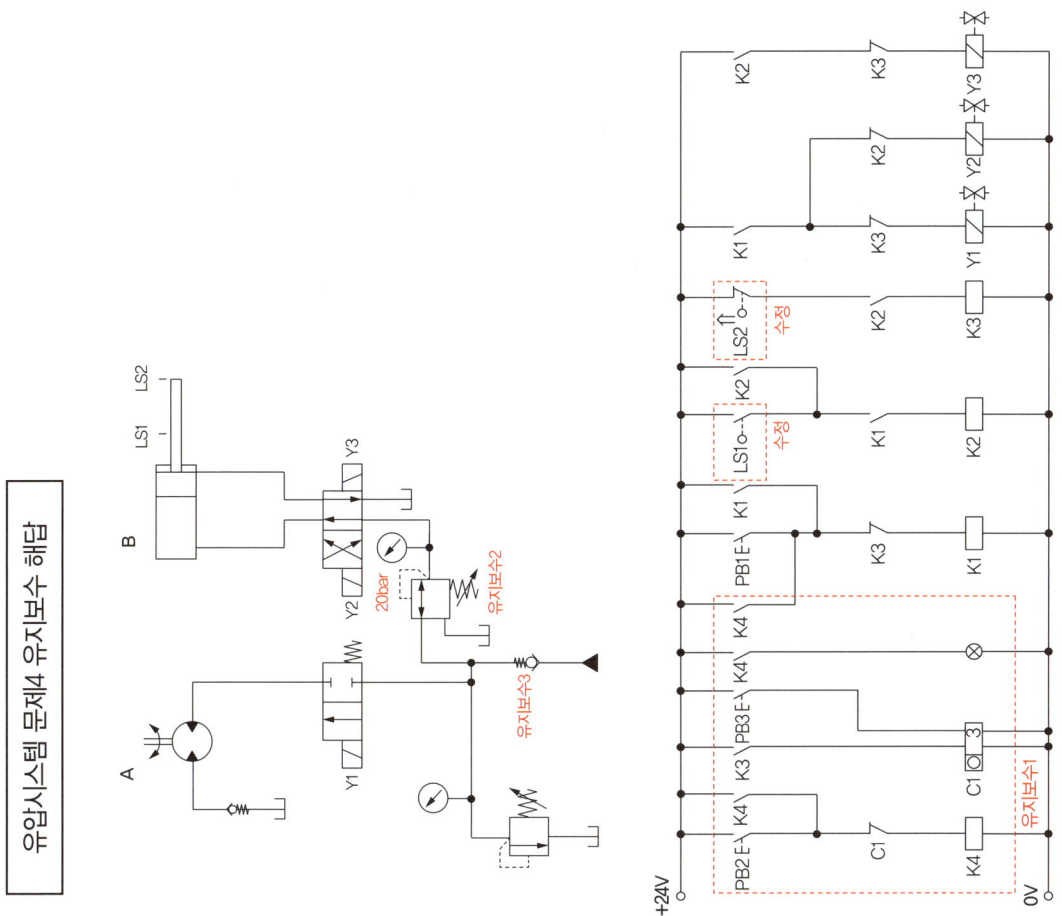

| 자격종목 | 설비보전기사 | 과제명 | 유압시스템 진단 및 구성 |

문제 ⑤

가. 공기압 회로도

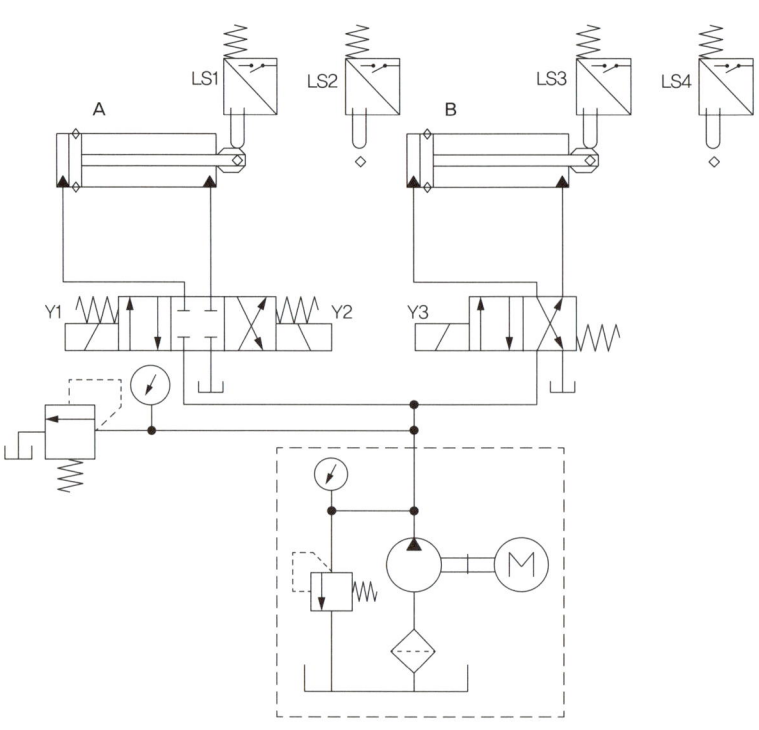

나. 전기 회로도

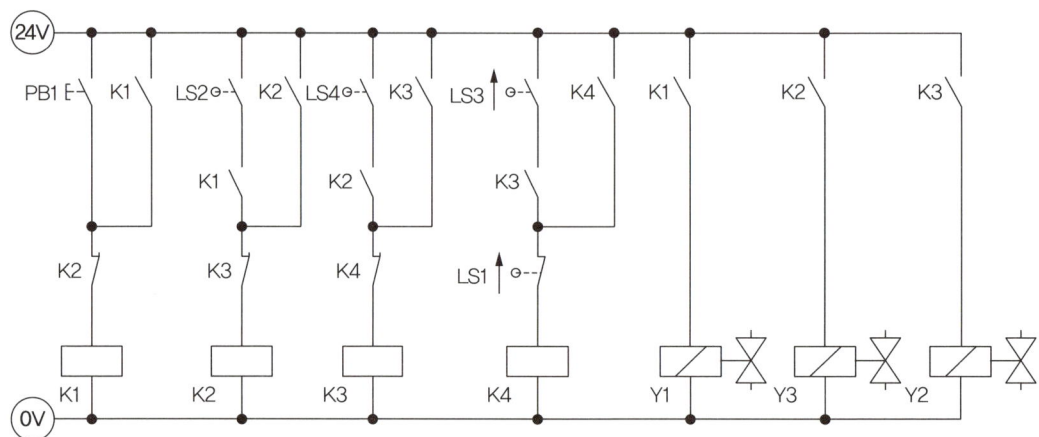

다. 기본제어동작

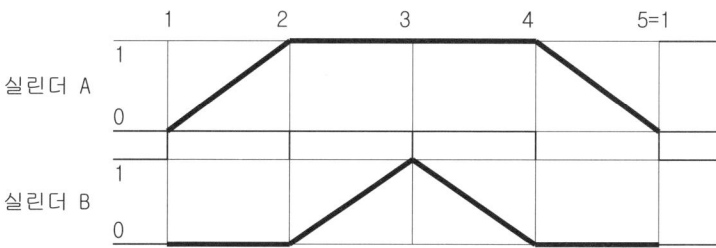

라. 유지보수 계획

1) 실린더 A의 로드측에 파일럿 조작 체크 밸브와 3포트 2위치 편측 솔레노이드밸브(N/C)를 이용하여 로킹회로가 되도록 변경하시오.(단, 파일럿 체크밸브의 작동은 솔레노이드밸브를 이용한다.)
2) 실린더 B의 전진 리밋스위치 LS4를 제거하고 압력스위치를 설치하여 전진 완료 후 압력스위치의 설정압력(3 MPa)에 도달했을 때 실린더 B가 작동하도록 회로를 변경하시오.
3) 실린더 A, B의 전진 속도를 조절하기 위하여 일방향 유량조절밸브를 사용하여 미터인 방식으로 회로를 구성하시오.

유압시스템 문제5 오류수정 해답

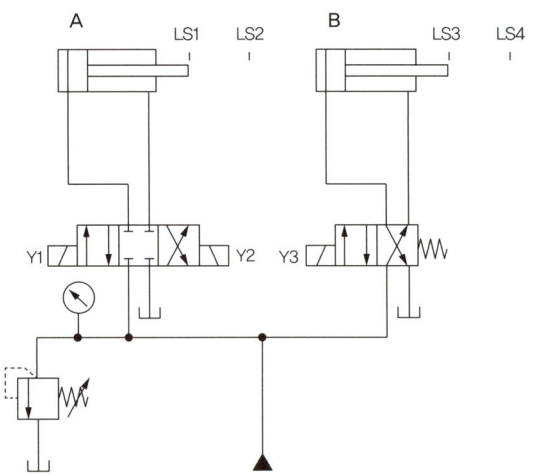
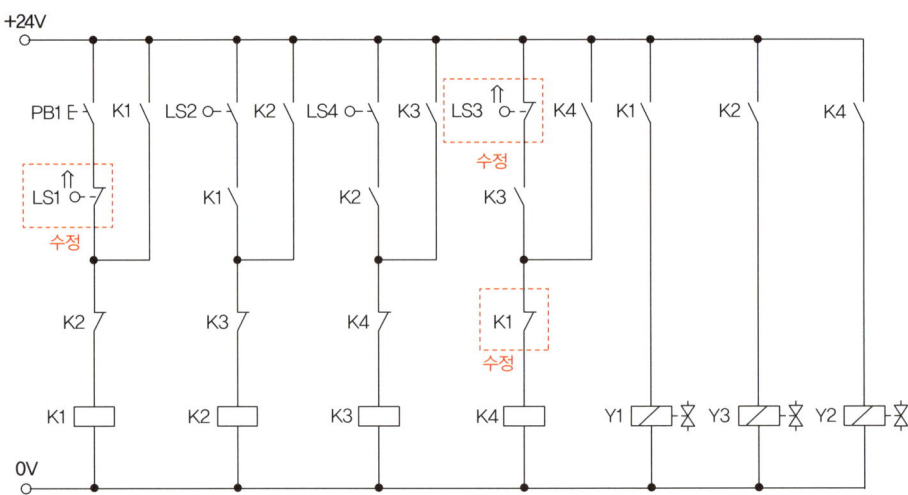

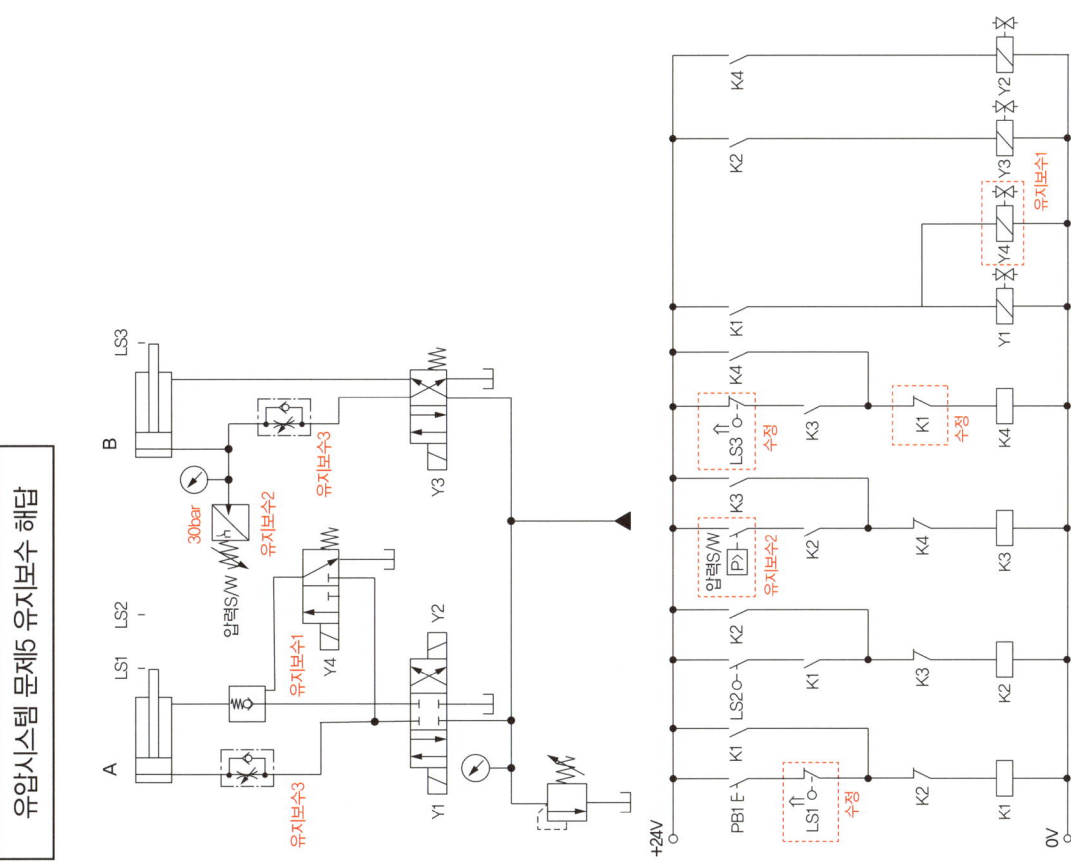

| 자격종목 | 설비보전기사 | 과제명 | 유압시스템 진단 및 구성 |

문제 ⑥

가. 공기압 회로도

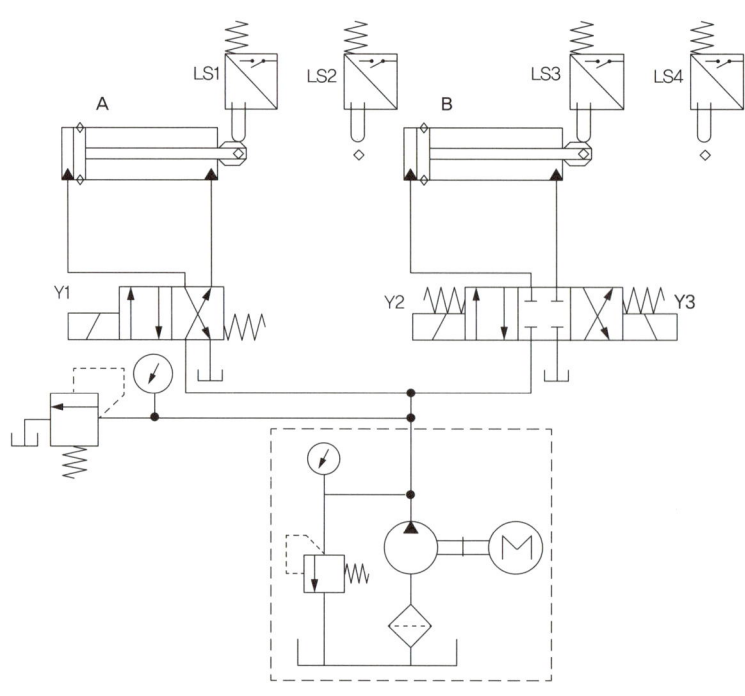

나. 전기 회로도

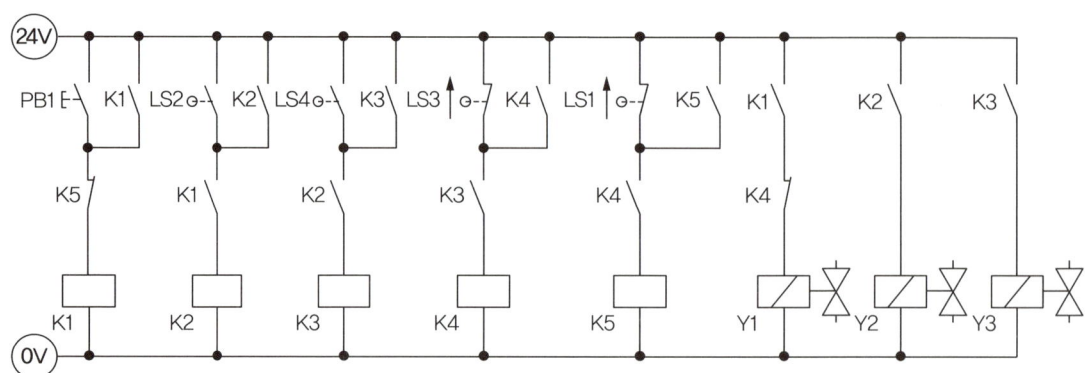

다. 기본제어동작

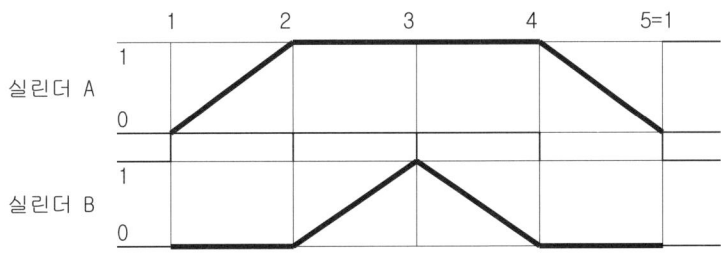

라. 유지보수 계획

1) 연속 스위치(PB2), 카운터 리셋 스위치(PB3), 램프를 추가하여 다음과 같이 동작하도록 회로를 변경하시오.
   ① PB2를 1회 ON-OFF하면, 기본동작을 3회 연속동작한 후 정지합니다.
   ② PB3를 1회 ON-OFF하면, 카운터가 리셋됩니다.
   ③ 카운터 리셋 후 PB2를 1회 ON-OFF하면, 연속동작이 재동작합니다.
   ④ 연속동작을 수행하는 동안 램프1이 점등되고, 동작 완료 후 소등됩니다.
2) 실린더 B 전진 시 카운터 밸런스 밸브와 압력계(3 MPa)를 사용하여 자중낙하방지 회로를 구성하시오.
3) 실린더 B의 전·후진 속도가 제어되도록 공급라인에 양방향 유량조절밸브를 사용하여 회로를 구성하시오.

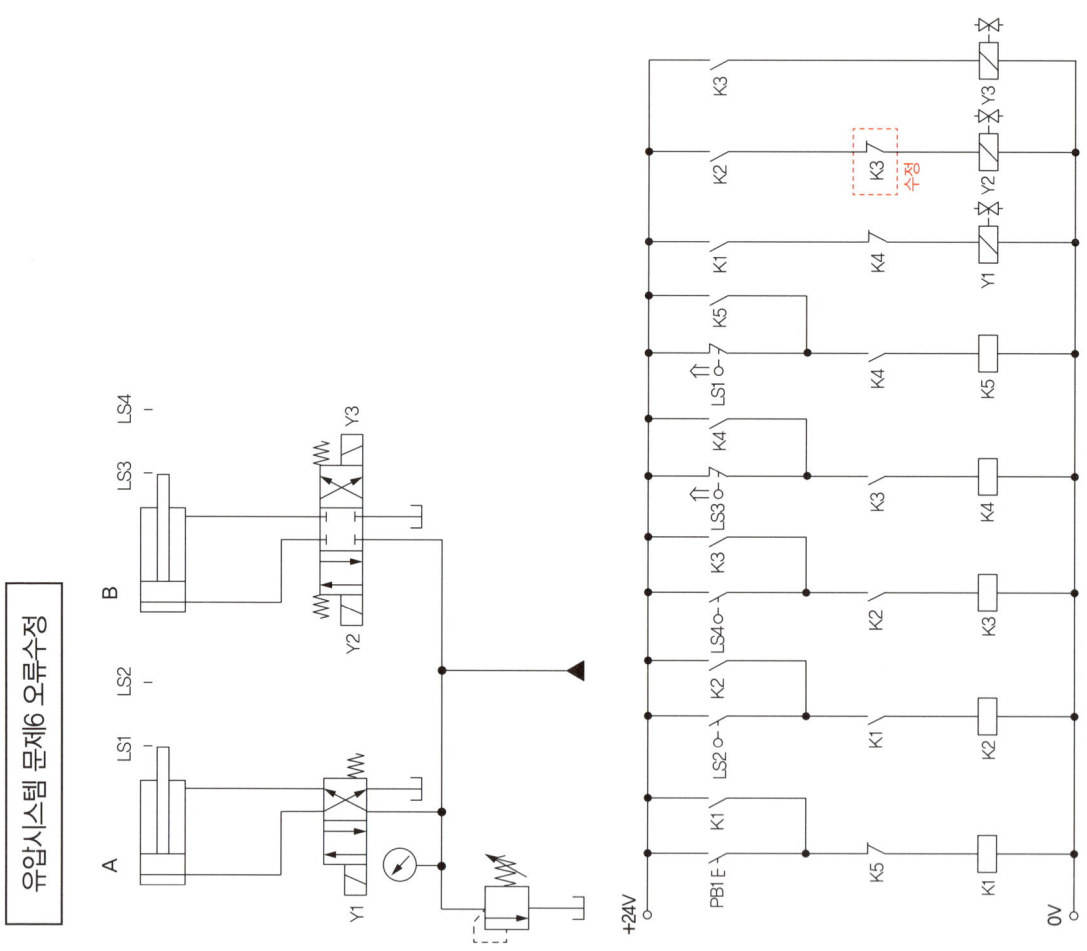

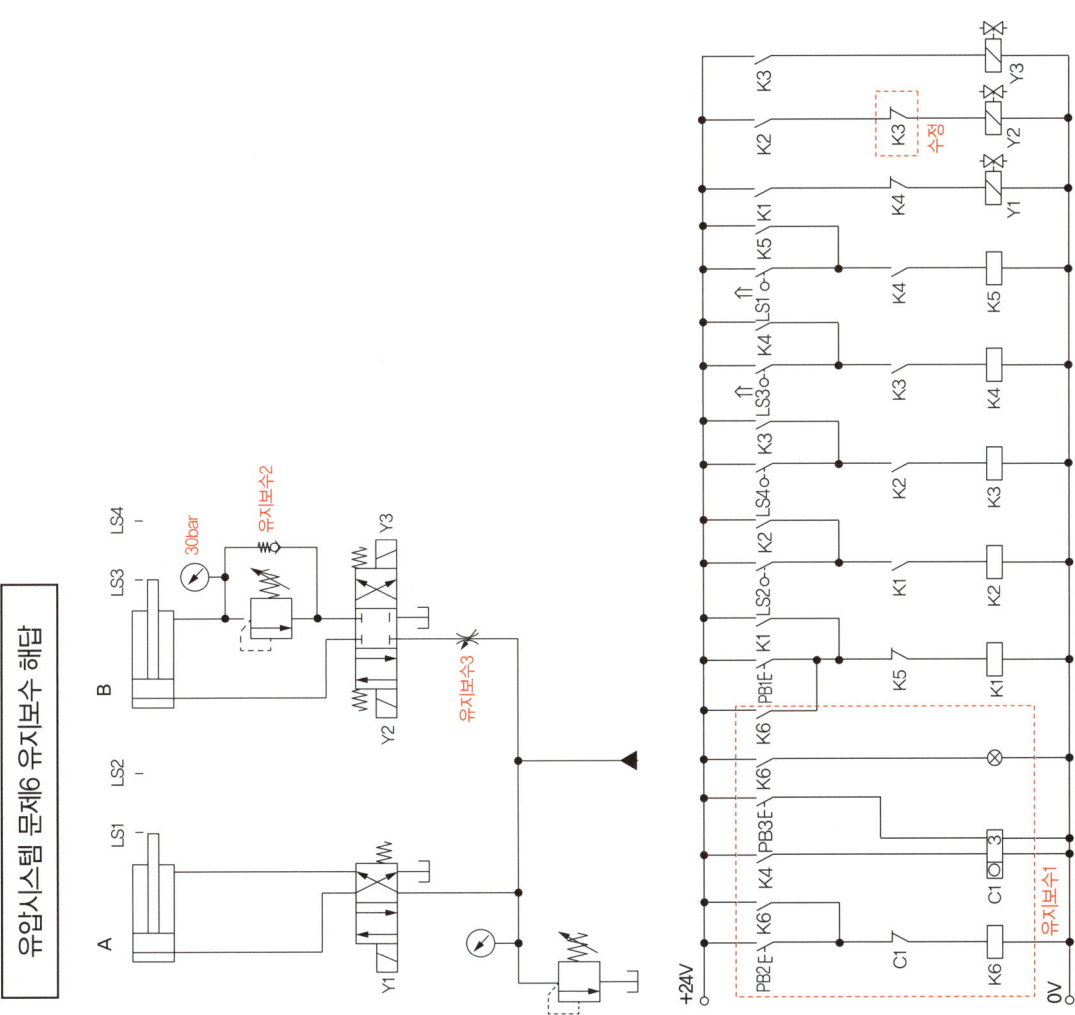

| 자격종목 | 설비보전기사 | 과제명 | 유압시스템 진단 및 구성 |

문제 ⑦

가. 공기압 회로도

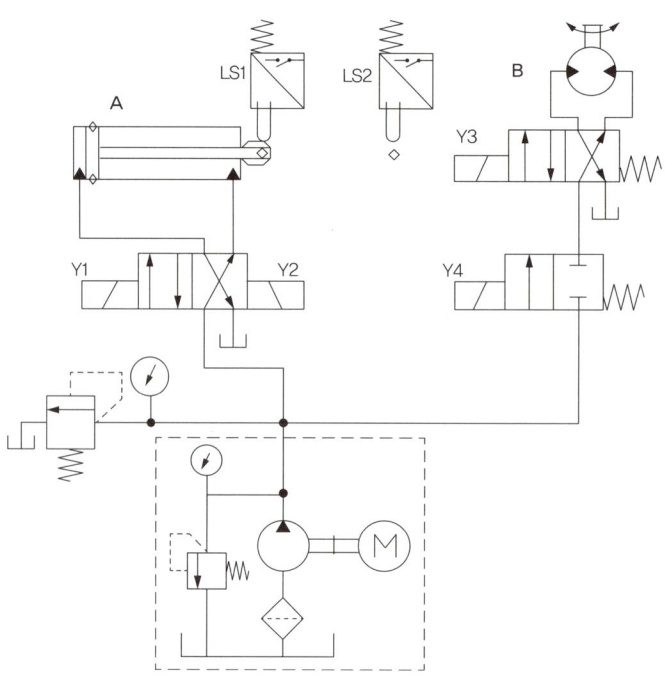

나. 전기 회로도

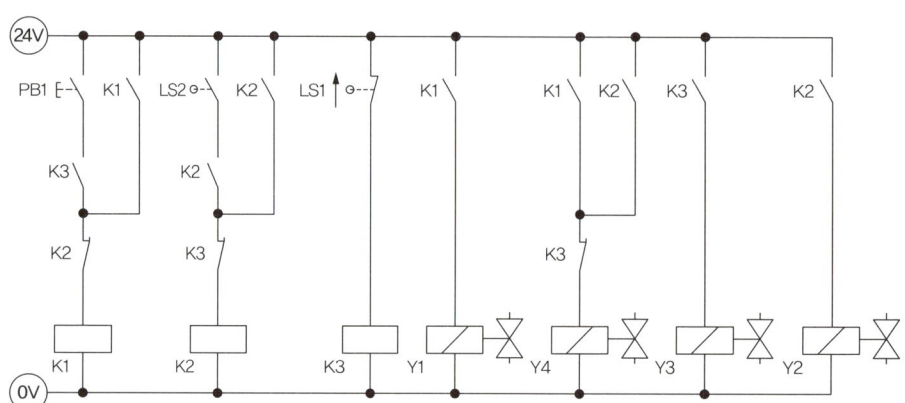

다. 기본제어동작

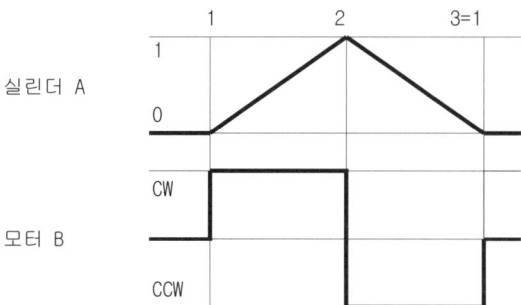

※ 유압모터는 축방향에서 볼 때 시계방향(CW)은 정회전, 반시계방향(CCW)은 역회전이 되도록 작업하시오.

라. 유지보수 계획

1) 실린더 A의 로드측에 파일럿 조작 체크 밸브와 3포트 2위치 편측 솔레노이드밸브(N/C)를 이용하여 로킹회로가 되도록 변경하시오.(단, 파일럿 체크밸브의 작동은 솔레노이드밸브를 이용한다.)
2) 유압모터 B의 압력라인(P)에 감압밸브와 압력계를 설치하여 유압 회로도를 변경하고, 2차측의 압력이 2 MPa(오차 ±0.1 MPa)이 되도록 조정하시오.
3) 실린더 A의 전진속도가 제어되도록 블리드오프 회로를 구성하시오.

유압시스템 문제7 오류수정 해답

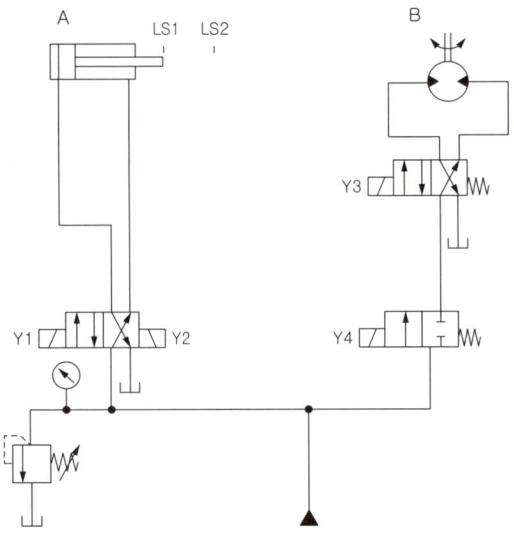
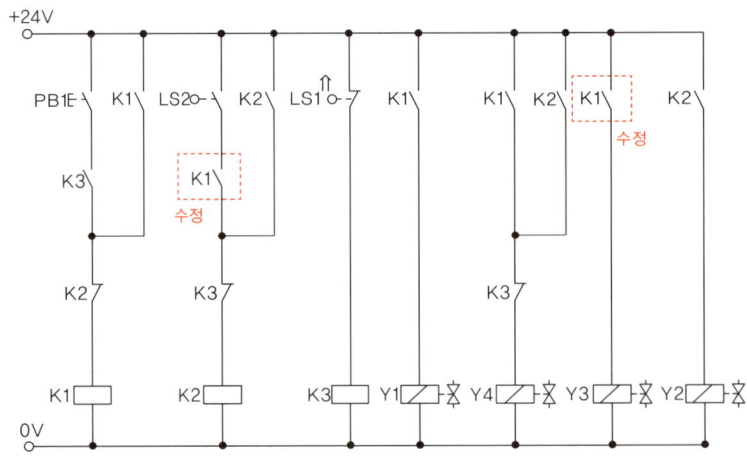

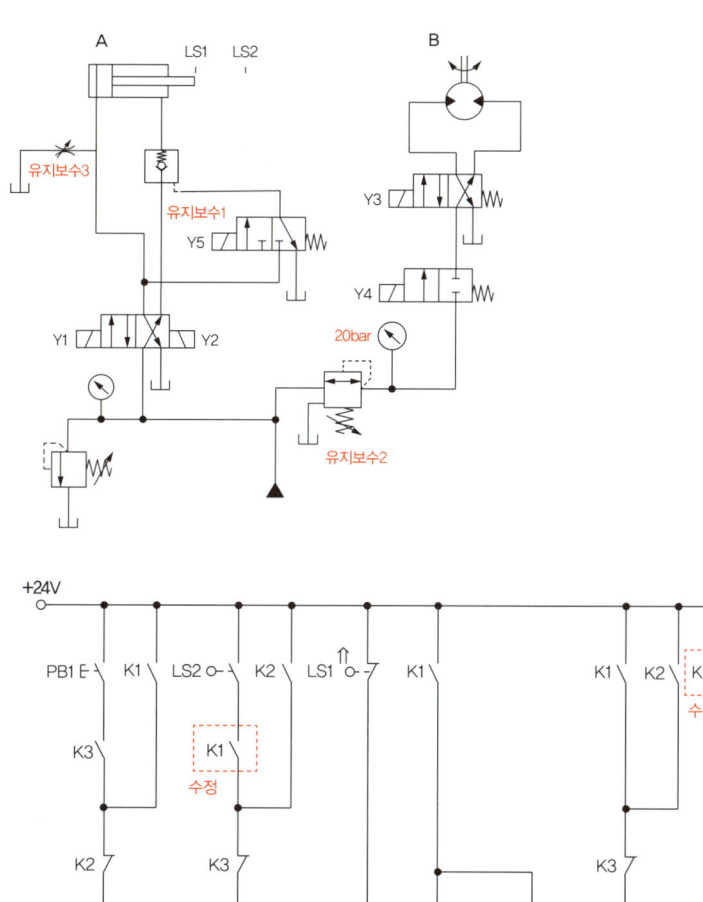

| 자격종목 | 설비보전기사 | 과제명 | 유압시스템 진단 및 구성 |

문제 ⑧

가. 공기압 회로도

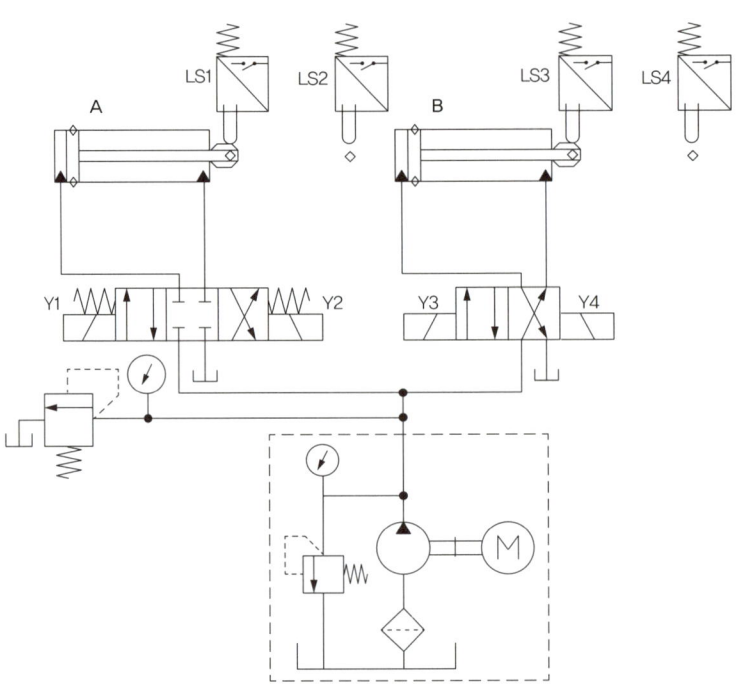

나. 전기 회로도

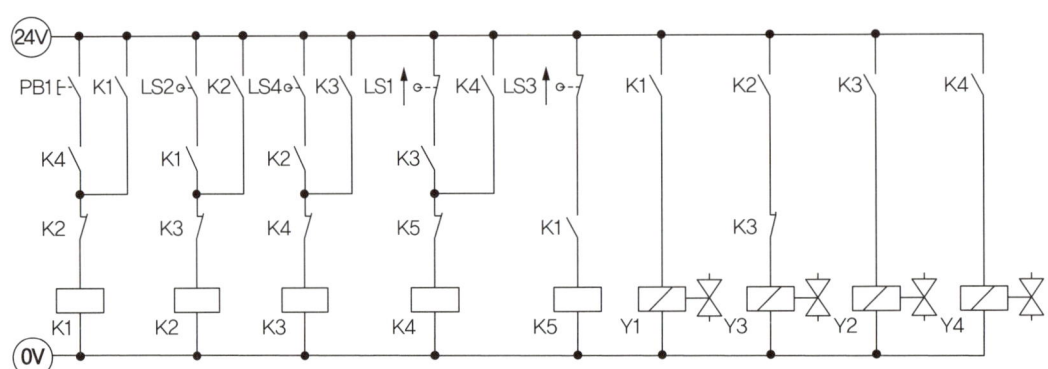

다. 기본제어동작

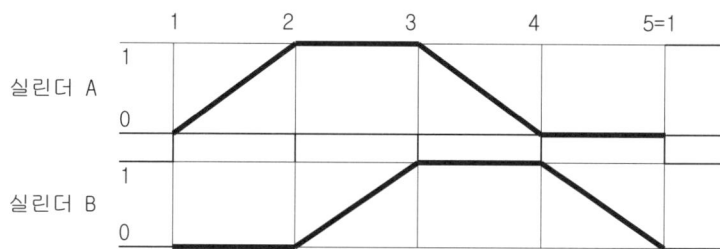

라. 유지보수 계획

1) 연속 스위치(PB2), 카운터 리셋 스위치(PB3), 램프를 추가하여 다음과 같이 동작하도록 회로를 변경하시오.
   ① PB2를 1회 ON-OFF하면, 기본동작을 3회 연속동작한 후 정지합니다.
   ② PB3를 1회 ON-OFF하면, 카운터가 리셋됩니다.
   ③ 카운터 리셋 후 PB2를 1회 ON-OFF하면, 연속동작이 재동작합니다.
   ④ 연속동작을 수행하는 동안 램프1이 점등되고, 동작 완료 후 소등됩니다.
2) 실린더 B 전진 시 카운터 밸런스 밸브와 압력계(3 MPa)를 사용하여 자중낙하방지 회로를 구성하시오.
3) 실린더 A의 전진 속도가 제어되도록 블리드오프 회로를 구성하시오.

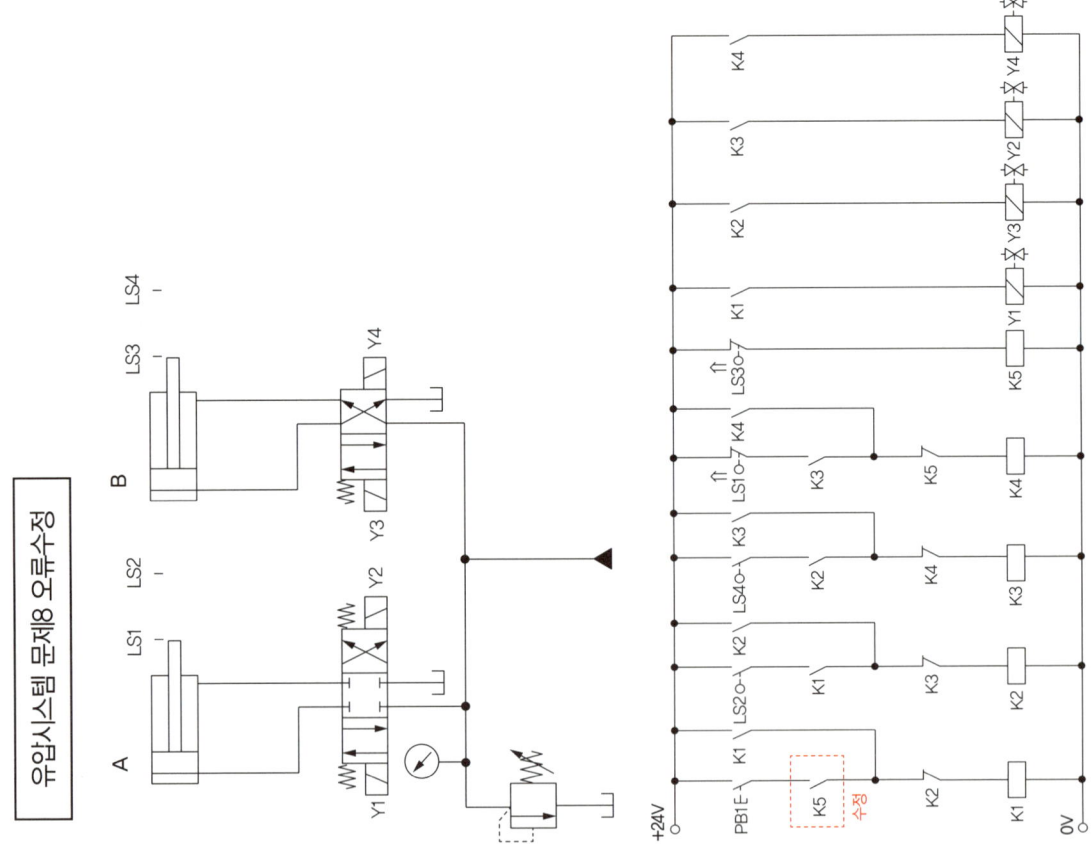

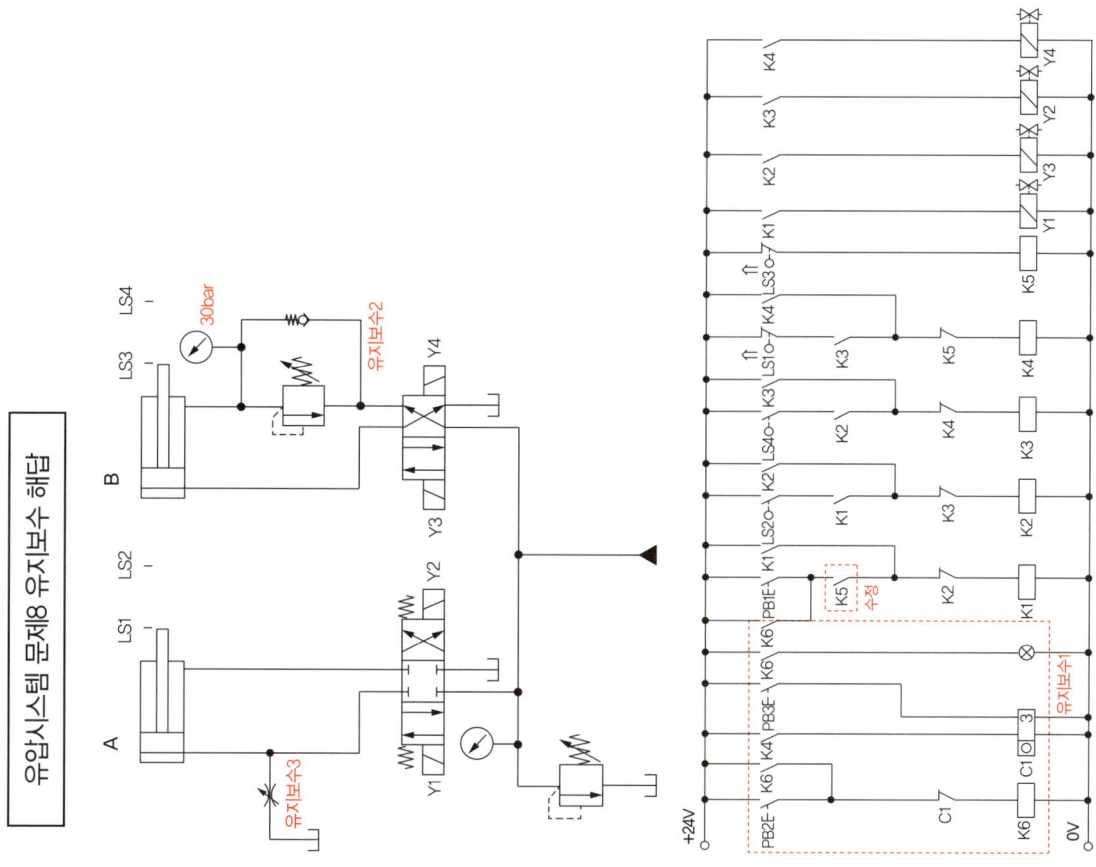

Chapter 03 보수용접 및 누수시험

| 자격종목 | 설비보전기사 | 과제명 | 보수 용접 및 누수 시험 |

※ 문제지는 시험 종료 후 본인이 가져갈 수 있습니다.

| 비번호 | | 시험일시 | | 시험장명 | |

※ 시험시간 : [제3과제] 1시간

1. 요구사항

※ 지급된 재료 및 시설을 사용하여 아래 작업을 완성하시오.

※ 작업 시작 전 지급된 연강판에 각인 여부를 반드시 확인하시오.

※ 구멍 가공 → 보수 용접 → 가용접 → 가용접 검사 → 일주용접 → 누수 시험 → 정리정돈 순서로 작업하시오.

가. 구멍 가공 및 보수 용접

 1) 주어진 연강판을 도면과 같이 구멍 가공하시오.
 2) 도면에 지시된 보수 용접 HOLE(1개소)의 상단을 빈틈없이 메우기 위해 용접하시오.
 (단, HOLE에 지급된 용접봉 외에 보충물을 임의로 추가하여 용접하지 않습니다.)
   (가) 보수 용접 판재 후면에 용락(처짐)이 없도록 용접하시오.

나. 일주용접

 1) 가공한 연강판 및 주어진 연강파이프를 도면과 같이 용접하여 작품을 완성하시오.
 (가) 용접전류·전압 등 작업에 필요한 조건은 수험자가 직접 결정하여 설정하시오.
 (나) 파이프 온둘레 필릿 용접(일주용접)은 시험감독위원에게 가용접 후 확인받으시오.
 (다) 파이프 온둘레 필릿 용접(일주용접)의 가용접은 4곳 이하, 가용접 길이는 10mm 이내로 용접하시오.
 (라) 파이프 온둘레 필릿 용접(일주용접)에서 비드 폭과 높이가 각각 요구된 목길이(각장)의 −20 ~ +50% 범위에서 용접하시오.

다. 누수 시험
  1) 용접된 파이프 내측에 물을 부어 누수 여부를 시험감독위원에게 확인받으시오.

라. 정리정돈
  1) 평가 종료 후 작업한 자리의 장비, 부품, 공기구 등을 초기 상태로 정리하시오.

2. 수험자 유의사항

※ 다음의 유의사항을 고려하여 요구사항을 완성하시오.

1) 시험 시작 전 장비 이상유무를 확인합니다.
2) 시험 중에는 반드시 시험감독위원의 지시에 따라야 하며, 시험시간 동안 시험감독위원의 지시가 없는 한 시험장을 임의로 이탈할 수 없습니다.
3) 시험에 필요한 기기 이외에 임의로 접촉하지 않도록 주의하시기 바랍니다.
4) 구멍 가공 시 보안경을 반드시 착용하시기 바랍니다.
5) 전기 용접 작업 시 감전 및 화상 등의 재해가 발생하지 않도록 전기 케이블 및 안전보호구를 사전에 점검하여 사용하며, 필요한 안전수칙을 반드시 준수하시기 바랍니다. (단, 슬리퍼·샌들 착용, 보안경 미착용 등 복장이 작업에 부적합할 경우 응시가 불가능합니다.)
6) 공단에서 지정한 각인이 날인된 강판으로 작업하여야 합니다.
7) 작업 중 안전수칙 준수여부를 채점하므로, 안전수칙을 준수하여 작업합니다.
8) 수험자는 작업이 완료되면 시험감독위원의 확인을 받아야 합니다.
9) 다음 사항은 실격에 해당하여 채점 대상에서 제외됩니다.

   (가) 수험자 본인이 수험 도중 시험에 대한 기권 의사를 표현하는 경우
   (나) 실기시험 과정 중 1개 과정이라도 불참한 경우
   (다) 시설·장비의 조작 또는 재료의 취급이 미숙하여 위해를 일으킬 것으로 시험감독위원 전원이 합의하여 판단한 경우
   (라) 기능이 해당 등급 수준에 전혀 도달하지 못한 것으로 시험감독위원이 판단할 경우
   (마) 부정행위를 한 경우
   (바) 시험시간 내에 작품을 제출하지 못한 경우
   (사) 용접봉을 포함한 지급된 재료 이외의 재료를 사용한 경우
   (아) 강판에 각인이 날인되지 않은 경우
   (자) 결과물이 주어진 도면과 상이한 작품
   (차) 결과물의 치수가 한 부분이라도 ±5mm를 초과한 경우

(카) 파이프 온둘레 필릿 용접(일주용접)의 비드 폭과 높이가 각각 요구된 목길이(각장)의 범위를 벗어나는 작품

(타) 본 용접구간 내에 모두 용접하지 않은 경우

(파) 시험감독위원이 판단하여 전원 합의 하에 용접의 상태(언더컷, 오버랩, 비드상태 등 구조상의 결함 등)가 채점기준에서 제시한 항목 이외의 사항과 관련하여 용접작품으로 인정할 수 없는 작품

(하) 온둘레 용접 완료 후 치수 오차가 5mm 이상 벗어난 작품

(거) 보수 용접 후 표면비드의 높이가 10mm를 초과하거나 용락(처짐)이 발생한 작품

(너) 외관 평가 전에 줄이나 그라인더 등으로 가공한 경우

(더) 누수 시험 시 누수가 발생한 작품

| 자격종목 | 설비보전기사 | 과제명 | 보수 용접 및 누수 시험 |

문제 ①

구분	재료명	규격	수량	비고
1	연강판	200 X 80, 6t	1개	
2	연강파이프	40A KS, 3.2t, H:50 mm	1개	
3	전기용접봉	E4313, Ø3.2	3개	-
4	용접기	교류	-	
5	드릴	Ø12	1개	

가. 가공 및 용접 도면

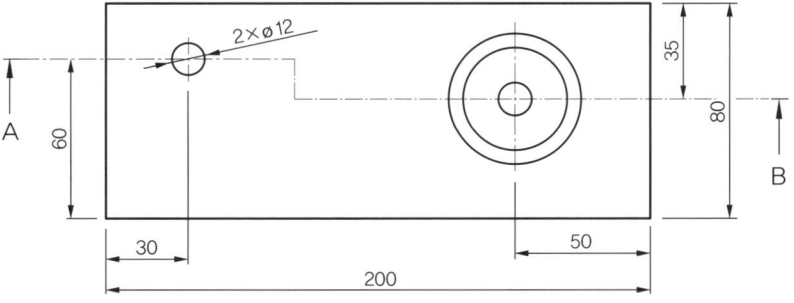

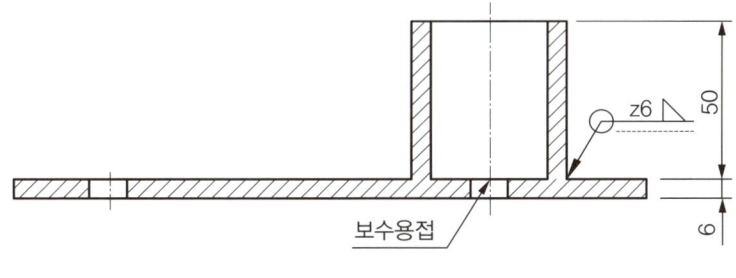

A − B

자격종목	설비보전기사	과제명	보수 용접 및 누수 시험

문제 ②

구분	재료명	규격	수량	비고
1	연강판	200 X 80, 6t	1개	
2	연강파이프	40A KS, 3.2t, H:50 mm	1개	
3	전기용접봉	E4313, Ø3.2	3개	-
4	용접기	교류	-	
5	드릴	Ø12	1개	

가. 가공 및 용접 도면

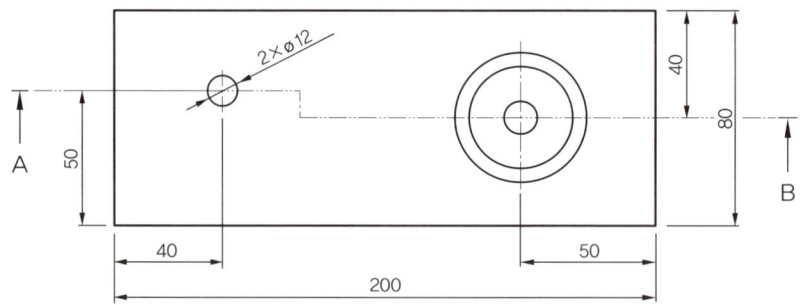

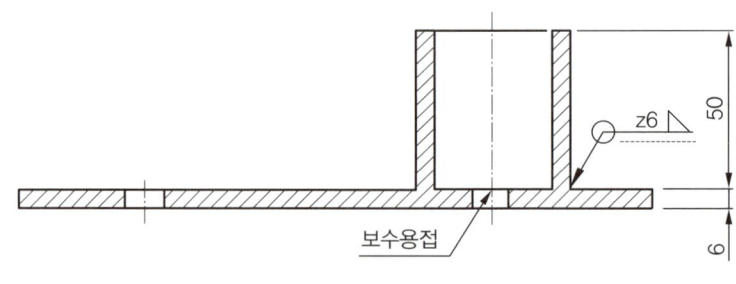

A − B

자격종목	설비보전기사	과제명	보수 용접 및 누수 시험

문제 ③

구분	재료명	규격	수량	비고
1	연강판	200 X 80, 6t	1개	-
2	연강파이프	40A KS, 3.2t, H:50 mm	1개	
3	전기용접봉	E4313, Ø3.2	3개	
4	용접기	교류	-	
5	드릴	Ø12	1개	

가. 가공 및 용접 도면

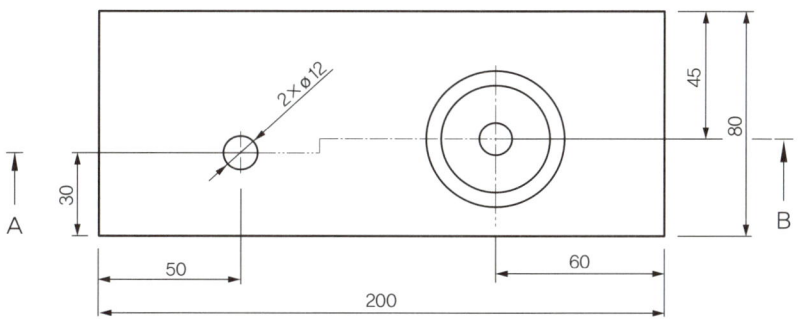

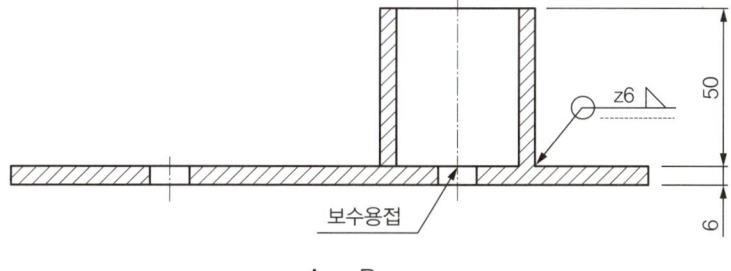

A - B

| 자격종목 | 설비보전기사 | 과제명 | 보수 용접 및 누수 시험 |

문제 ④

구분	재료명	규격	수량	비고
1	연강판	200 X 80, 6t	1개	
2	연강파이프	40A KS, 3.2t, H:50 mm	1개	
3	전기용접봉	E4313, Ø3.2	3개	-
4	용접기	교류	-	
5	드릴	Ø12	1개	

가. 가공 및 용접 도면

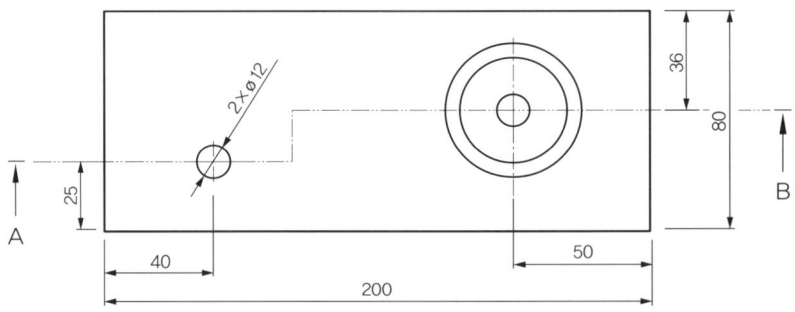

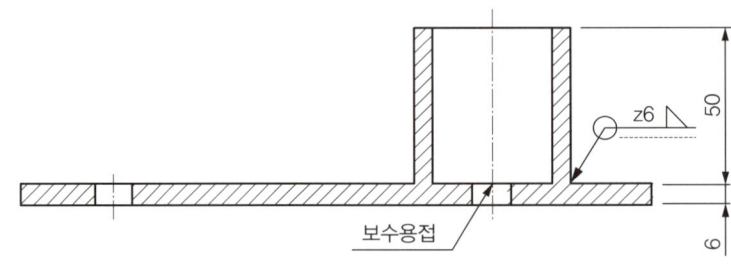

A - B

| 자격종목 | 설비보전기사 | 과제명 | 보수 용접 및 누수 시험 |

문제 ⑤

구분	재료명	규격	수량	비고
1	연강판	200 X 80, 6t	1개	
2	연강파이프	40A KS, 3.2t, H:50 mm	1개	
3	전기용접봉	E4313, Ø3.2	3개	-
4	용접기	교류	-	
5	드릴	Ø12	1개	

가. 가공 및 용접 도면

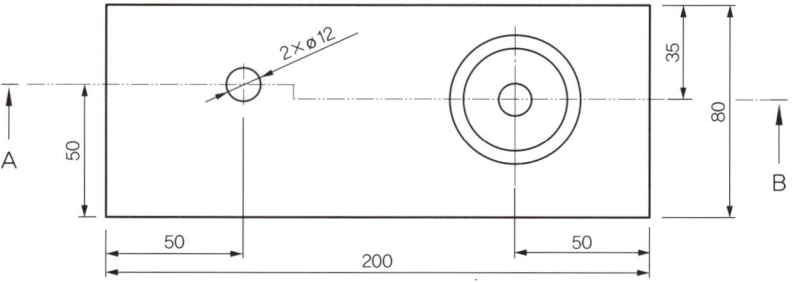

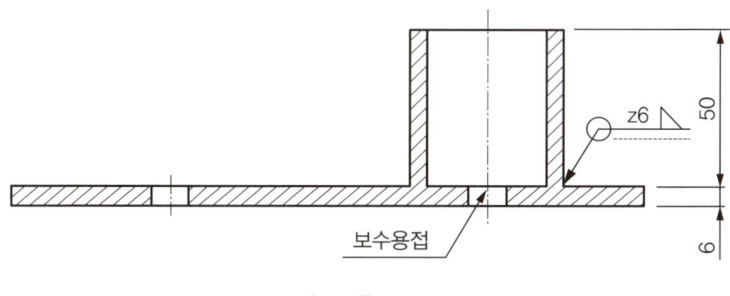

A − B

| 자격종목 | 설비보전기사 | 과제명 | 보수 용접 및 누수 시험 |

문제 ⑥

구분	재료명	규격	수량	비고
1	연강판	200 X 80, 6t	1개	
2	연강파이프	40A KS, 3.2t, H:50 mm	1개	
3	전기용접봉	E4313, Ø3.2	3개	-
4	용접기	교류	-	
5	드릴	Ø12	1개	

가. 가공 및 용접 도면

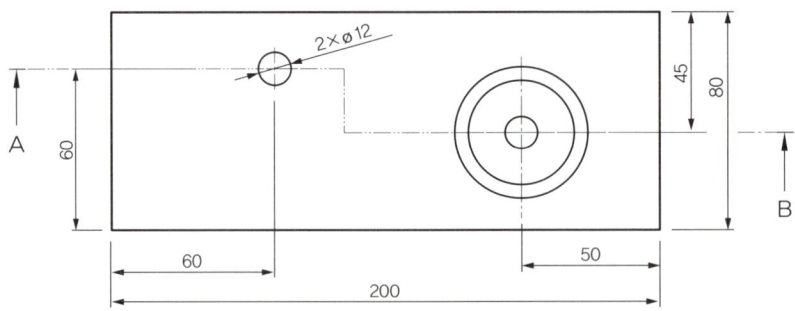

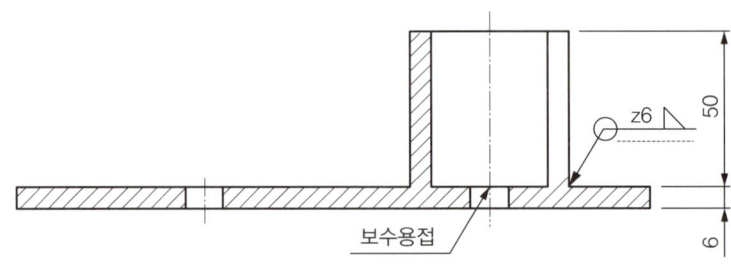

A - B

| 자격종목 | 설비보전기사 | 과제명 | 보수 용접 및 누수 시험 |

문제 ⑦

구분	재료명	규격	수량	비고
1	연강판	200 X 80, 6t	1개	
2	연강파이프	40A KS, 3.2t, H:50 mm	1개	
3	전기용접봉	E4313, Ø3.2	3개	-
4	용접기	교류	-	
5	드릴	Ø12	1개	

가. 가공 및 용접 도면

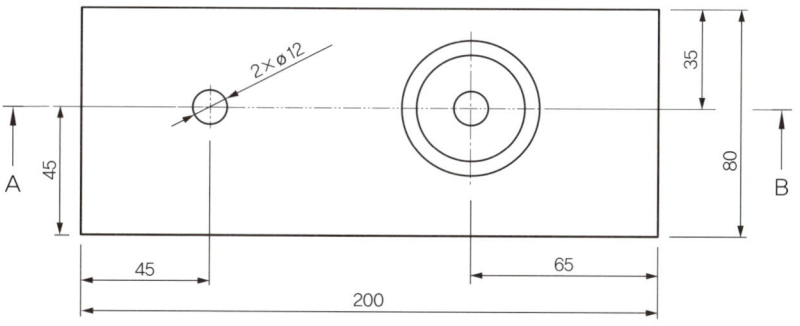

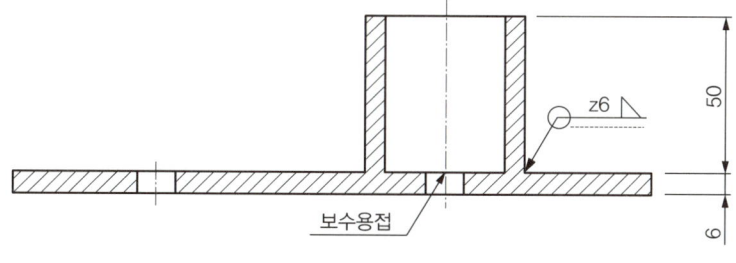

A – B

| 자격종목 | 설비보전기사 | 과제명 | 보수 용접 및 누수 시험 |

문제 ⑧

구분	재료명	규격	수량	비고
1	연강판	200 X 80, 6t	1개	-
2	연강파이프	40A KS, 3.2t, H:50 mm	1개	
3	전기용접봉	E4313, Ø3.2	3개	
4	용접기	교류	-	
5	드릴	Ø12	1개	

가. 가공 및 용접 도면

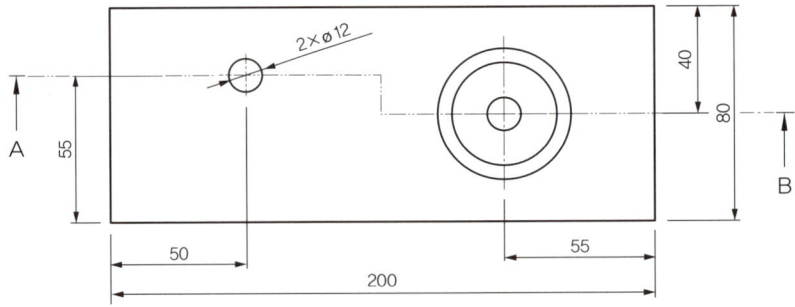

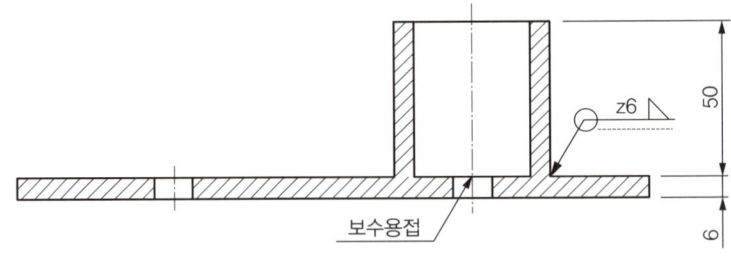

A – B

CRAFTSMAN PLANT MAINTENANCE

PART

설비보전산업기사 공개문제

Chapter 01 공기압시스템 설계 및 구성 풀이

Chapter 02 유압시스템 설계 및 구성 풀이

Chapter 03 가스절단 및 용접

모든 문제 풀이는 V-AMT 시뮬레이션 소프트웨어를 기반으로 제작되었습니다.

Chapter 01 공기압시스템 설계 및 구성 풀이

| 자격종목 | 설비보전산업기사 | 과제명 | 공기압시스템 진단 및 구성 |

※ 문제지는 시험 종료 후 본인이 가져갈 수 있습니다.

| 비번호 | | 시험일시 | | 시험장명 | |

※ 시험시간 : [제1과제] 1시간

1. 요구사항

※ 지급된 재료 및 시설을 사용하여 아래 작업을 완성하시오.

가. 공기압회로도 구성
 1) 공기압회로도와 같이 기기를 선정하여 고정판에 배치하시오.
   (가) 기기는 수평 또는 수직방향으로 수험자가 임의로 배치하고, 리밋 스위치는 방향성을 고려하여 설치하시오.
 2) 공기압호스를 적절한 길이로 절단 및 사용하여 기기를 연결하시오.
   (가) 공기압호스가 시스템 동작에 영향을 주지 않도록 정리하시오.
 3) 작업압력(서비스 유닛)을 0.5±0.05MPa로 설정하시오.

나. 기본동작
 1) PB1을 1회 ON-OFF하면 변위단계선도(타이머 포함)와 같이 1사이클 단속 동작되도록 전기회로도를 설계하여 시스템을 구성하고 시험감독위원에게 확인받으시오.
   (가) 전기 배선은 +는 적색으로, −는 청색 또는 흑색으로 연결하고, 전선이 시스템 동작에 영향을 주지 않도록 정리하시오.
   (나) 지정되지 않은 누름버튼 스위치는 자동복귀형 스위치를 사용하시오.

다. 시스템 유지보수
 1) 동작 확인 후 유지보수 계획과 같이 시스템을 변경하고 시험감독위원에게 확인받으시오.

라. 정리정돈
 1) 평가 종료 후 작업한 자리의 부품 정리, 공기압 호스 정리, 전선 정리 등 모든 상태를 초기 상태로 정리하시오.

2. 수험자 유의사항

※ 다음의 유의사항을 고려하여 요구사항을 완성하시오.
 1) 시험 시작 전 장비의 이상유무를 확인합니다.
 2) 시험 중 반드시 시험감독위원의 지시에 따라야 하며, 시험감독위원의 지시가 없는 한 시험장을 임의로 이탈할 수 없습니다.
 3) 시험에 필요한 기기 이외의 부품이나 장비에 임의로 접촉하지 않도록 주의하시기 바랍니다.
 4) 공기압 호스의 제거는 공급 압력을 차단한 후 실시하시기 바랍니다.
 5) 전기 합선 시에는 즉시 전원공급 장치의 전원을 차단하시기 바랍니다.
 6) 실린더의 작동 부분에는 전선 및 호스가 접촉되지 않도록 주의하여야 합니다.
 7) "기본동작→시스템 유지보수" 순서대로 시험감독위원에게 평가받습니다.(단, 각 동작의 평가는 전원이 유지된 상태에서 2회 이상 시도하여 동일하게 정상 동작이 되어야 하며, 1회만 동작하고 정상적으로 재동작하지 않으면 인정하지 않습니다.)
 8) 평가 기회는 한 번만 부여되오니, 이점 유의하여 평가를 요청하시기 바랍니다.(단, 평가가 불명확하여 재확인이 필요한 경우 시험감독위원의 판단에 따라 다시 동작시킬 수 있습니다. 회로를 변경 또는 수정할 수 없고, 동작만 재시도 합니다.)
 9) 평가 종료 후 정리정돈 상태에 따라 감점될 수 있음을 유의하시기 바랍니다.
 10) 시험 중 작업복 및 안전보호구를 착용하여 안전수칙을 준수하여야 하며, 안전수칙 미준수로 인해 감점될 수 있음을 유의하시기 바랍니다.(단, 슬리퍼, 샌들 착용 등 복장이 작업에 부적합할 경우 응시가 불가능합니다.)
 11) 다음 사항은 실격에 해당하여 채점 대상에서 제외됩니다.
  (가) 수험자 본인이 수험 도중 시험에 대한 기권 의사를 표현하는 경우
  (나) 실기시험 과정 중 1개 과정이라도 불참한 경우
  (다) 시설·장비의 조작 또는 재료의 취급이 미숙하여 위해를 일으킬 것으로 시험감독위원 전원이 합의하여 판단한 경우
  (라) 기능이 해당 등급 수준에 전혀 도달하지 못한 것으로 시험감독위원이 판단할 경우
  (마) 부정행위를 한 경우
  (바) 시험시간 내에 작품을 제출하지 못한 경우

(사) 공기압회로도와 다른 부품을 사용하거나 부품을 누락한 경우

(아) 기본동작이 변위단계선도와 일치하지 않는 경우

| 자격종목 | 설비보전산업기사 | 과제명 | 공기압시스템 설계 및 구성 |

문제 ①

가. 공기압 회로도

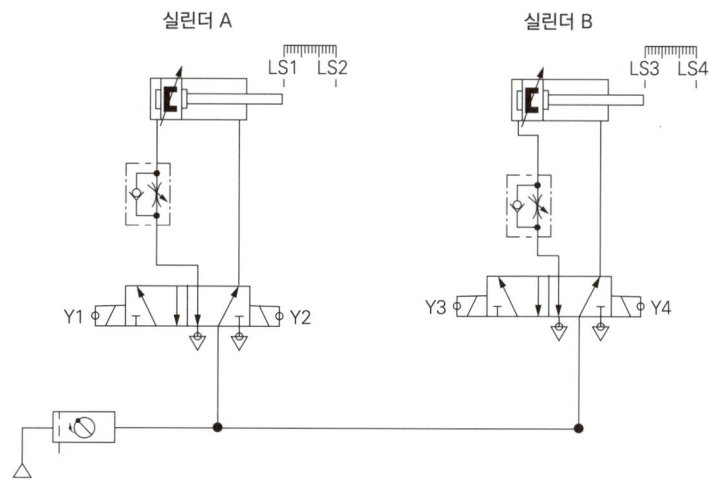

나. 변위단계선도

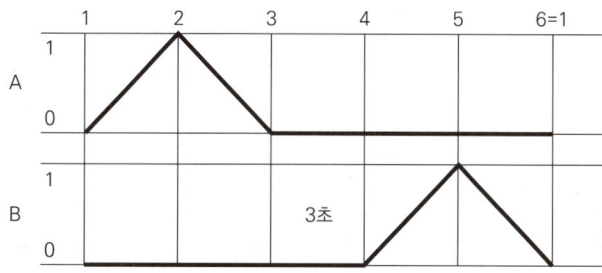

다. 유지보수 계획

1) 연속 스위치(PB2), 카운터 리셋 스위치(PB3), 램프를 추가하여 다음과 같이 동작하도록 회로를 변경하시오.
   ① PB2를 1회 ON-OFF하면, 기본동작을 3회 연속동작한 후 정지합니다.
   ② PB3를 1회 ON-OFF하면, 카운터가 리셋됩니다.
   ③ 카운터 리셋 후 PB2를 1회 ON-OFF하면, 연속동작이 재동작합니다.
   ④ 연속동작을 수행하는 동안 램프1이 점등되고, 동작 완료 후 소등됩니다.
2) 리밋스위치 LS2은 정전용량형 센서로, LS4은 유도형 센서로 교체한 후 변위단계선도와 같은 동작을 수행할 수 있도록 회로를 변경하시오.

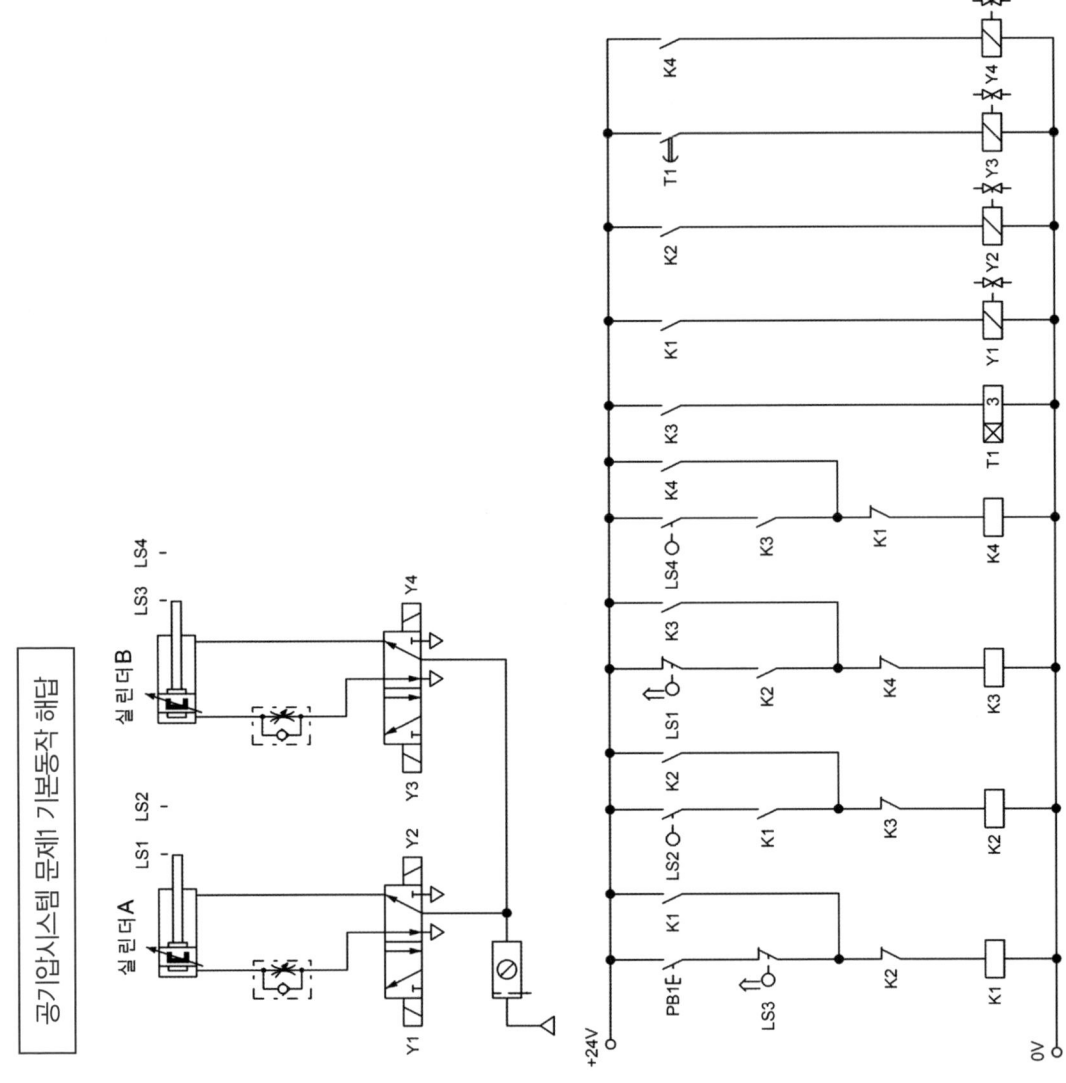

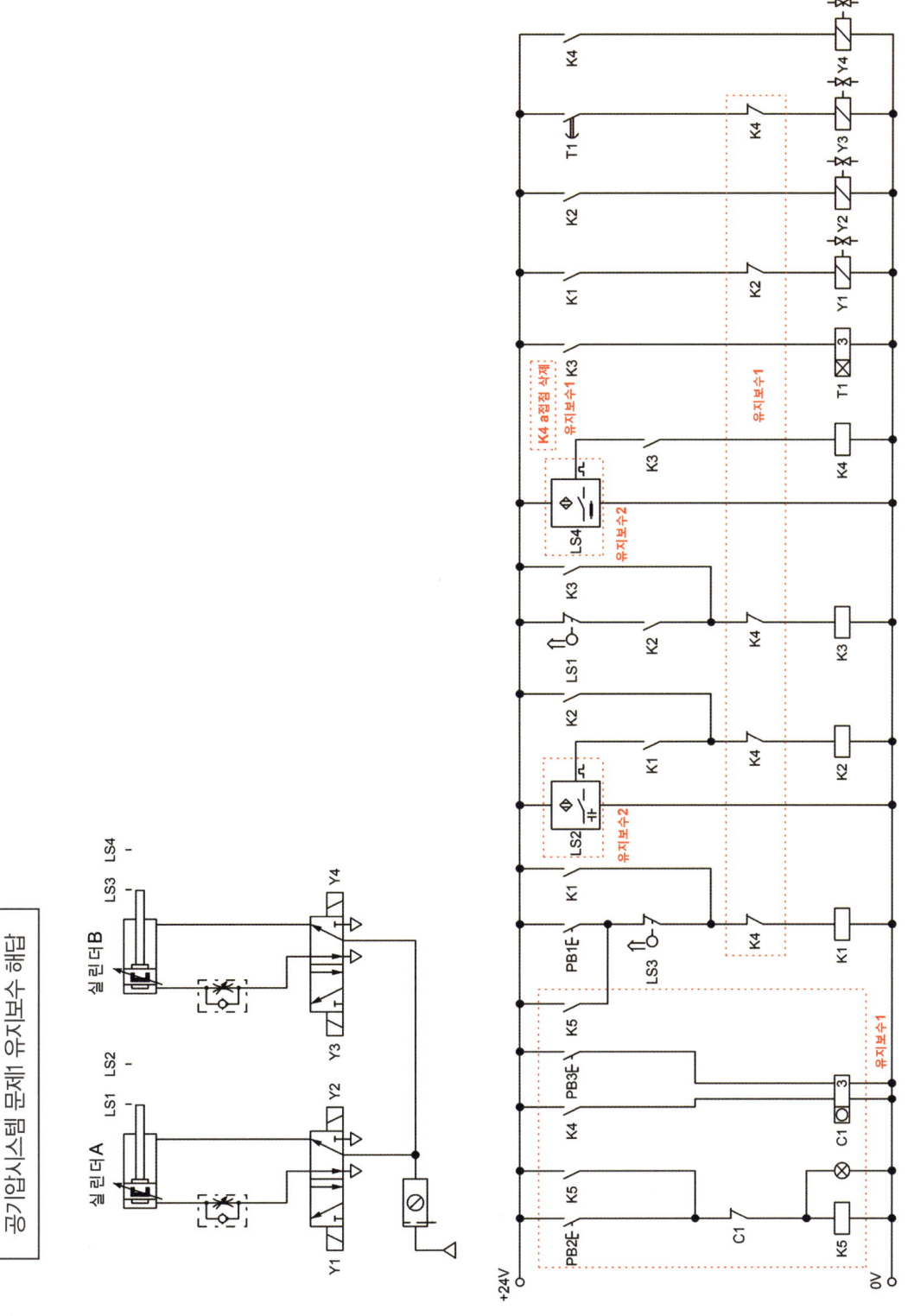

| 자격종목 | 설비보전산업기사 | 과제명 | 공기압시스템 설계 및 구성 |

문제 ②

가. 공기압 회로도

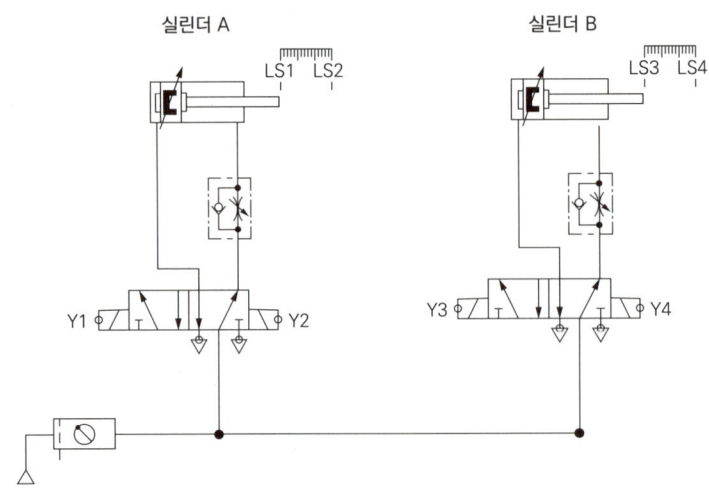

나. 변위단계선도

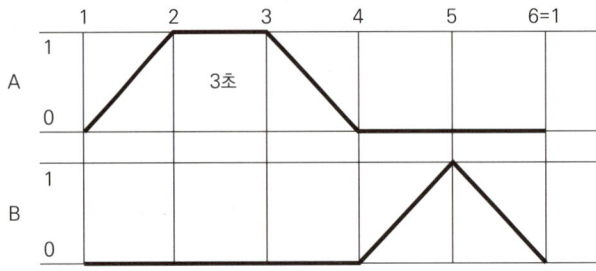

다. 유지보수 계획

1) 연속 스위치(PB2), 카운터 리셋 스위치(PB3), 램프를 추가하여 다음과 같이 동작하도록 회로를 변경하시오.
   ① PB2를 1회 ON-OFF하면, 기본동작을 3회 연속동작한 후 정지합니다.
   ② PB3를 1회 ON-OFF하면, 카운터가 리셋됩니다.
   ③ 카운터 리셋 후 PB2를 1회 ON-OFF하면, 연속동작이 재동작합니다.
   ④ 연속동작을 수행하는 동안 램프1이 점등되고, 동작 완료 후 소등됩니다.
2) 리밋스위치 LS2은 정전용량형 센서로, LS3은 유도형 센서로 교체한 후 변위단계선도와 같은 동작을 수행할 수 있도록 회로를 변경하시오.

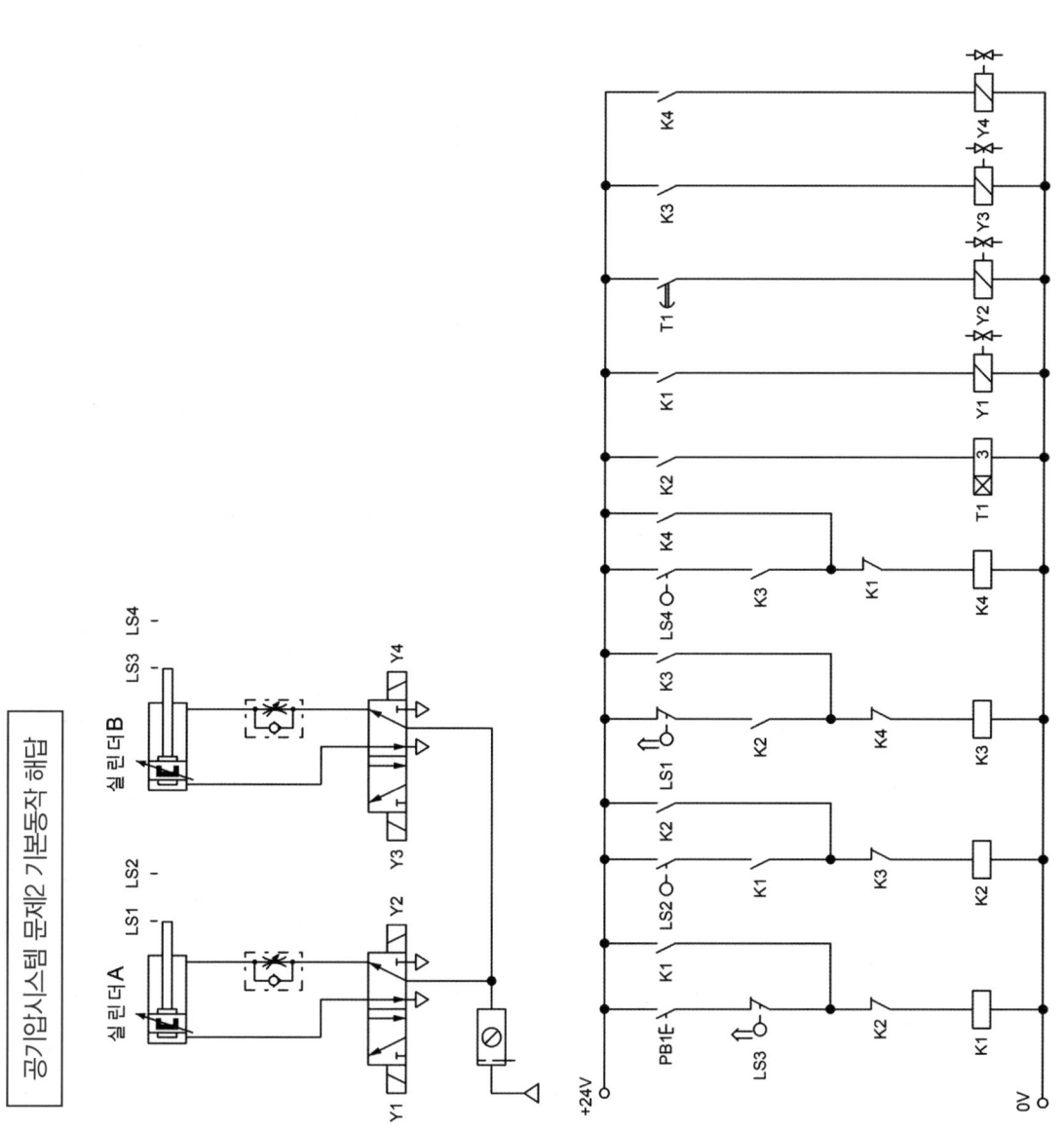

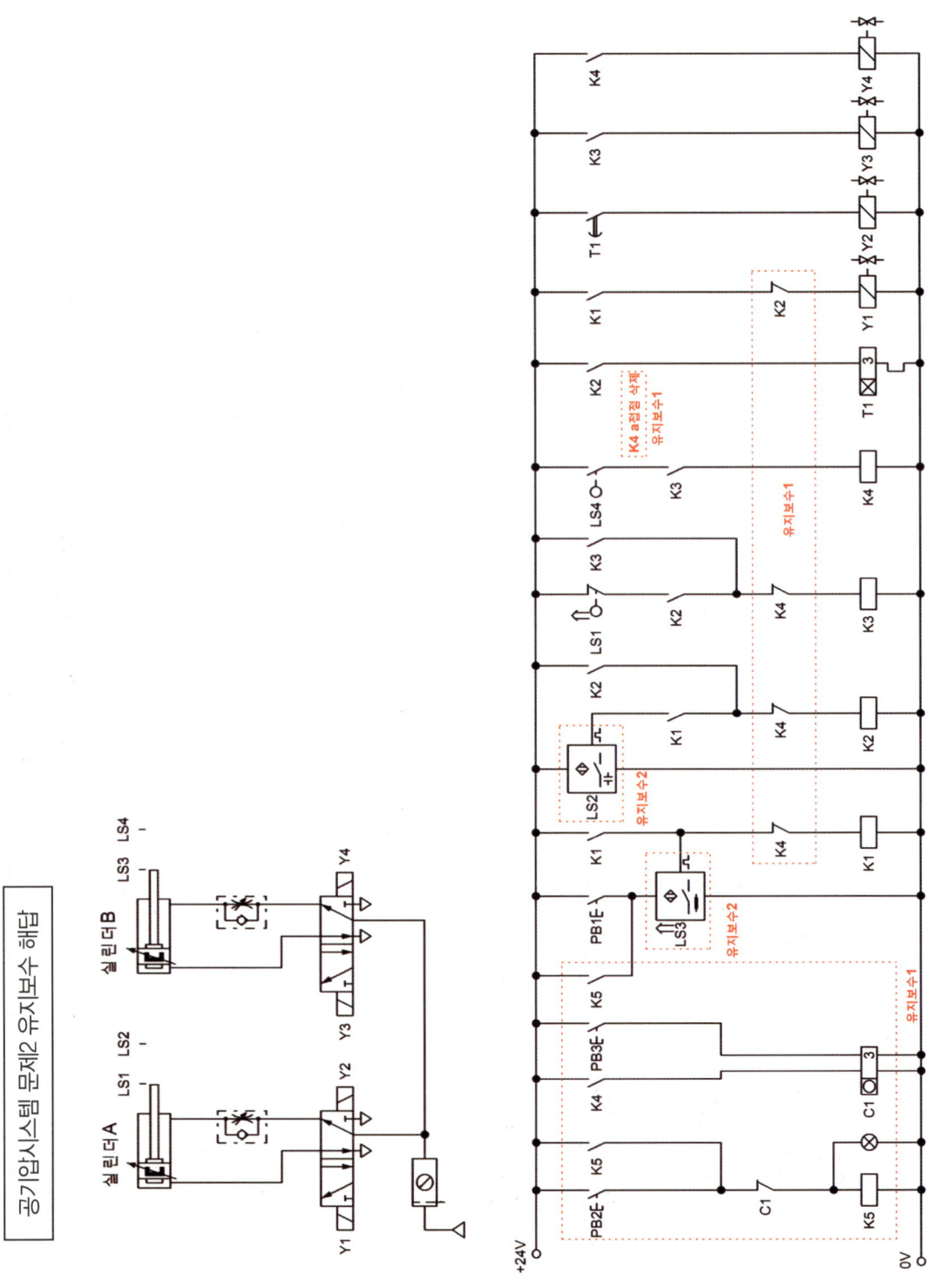

| 자격종목 | 설비보전산업기사 | 과제명 | 공기압시스템 설계 및 구성 |

문제 ③

가. 공기압 회로도

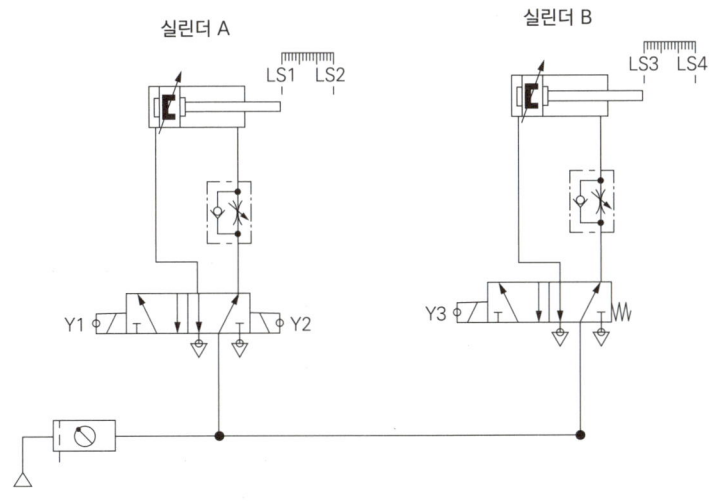

나. 변위단계선도

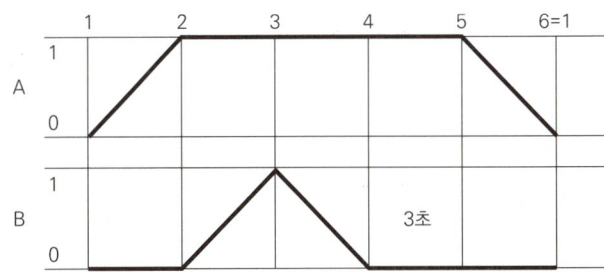

다. 유지보수 계획

1) 연속 스위치(PB2), 비상정지 스위치(유지형 스위치 사용 가능), 램프를 추가하여 다음과 같이 동작하도록 회로를 변경하시오.
   ① PB2를 1회 ON-OFF하면, 기본동작이 연속적으로 동작합니다.
   ② 연속동작 중 비상정지 스위치를 ON하면, 모든 실린더는 후진하며 램프가 점등됩니다.
   ③ 비상정지 스위치를 OFF하면, 램프는 소등되고 시스템은 초기화됩니다.
   ④ 초기화 후 PB2를 1회 ON-OFF하면, 연속동작이 재동작합니다.
2) 리밋스위치 LS1은 정전용량형 센서로, LS4는 유도형 센서로 교체한 후 변위단계선도와 같은 동작을 수행할 수 있도록 회로를 변경하시오.

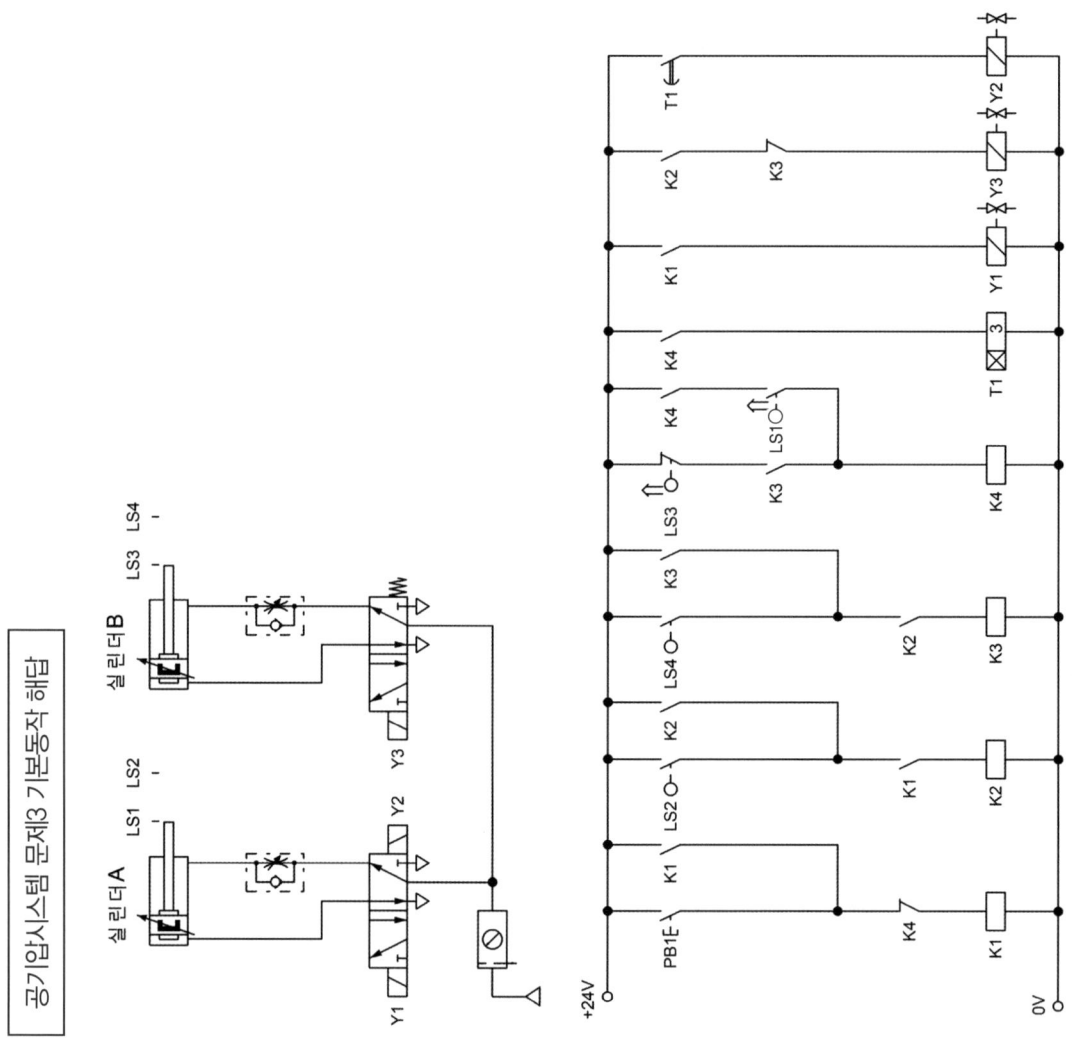

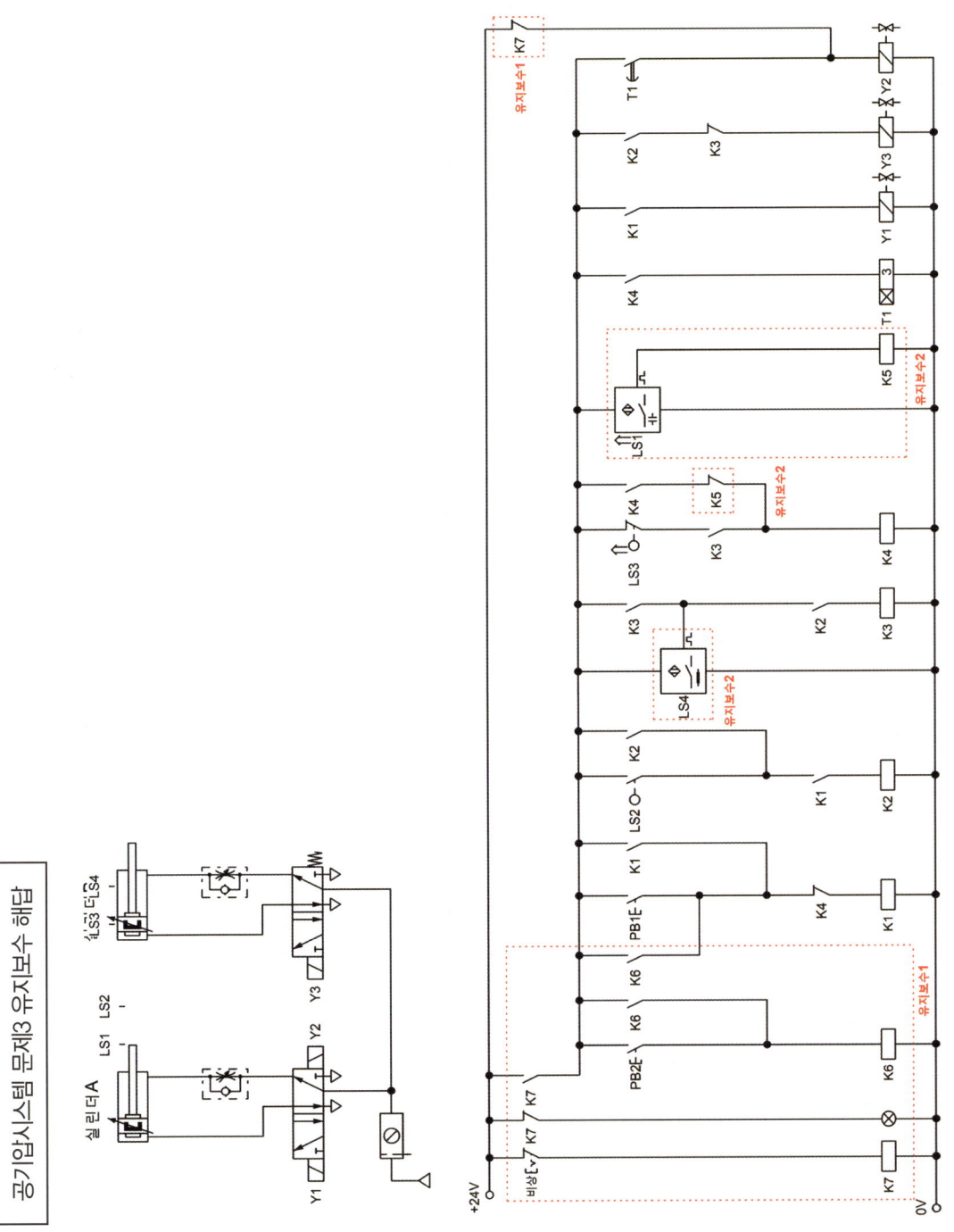

| 자격종목 | 설비보전산업기사 | 과제명 | 공기압시스템 설계 및 구성 |

문제 ④

가. 공기압 회로도

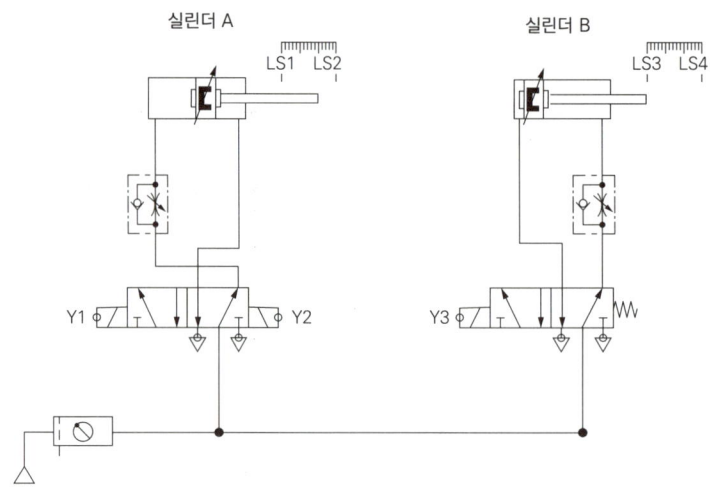

나. 변위단계선도

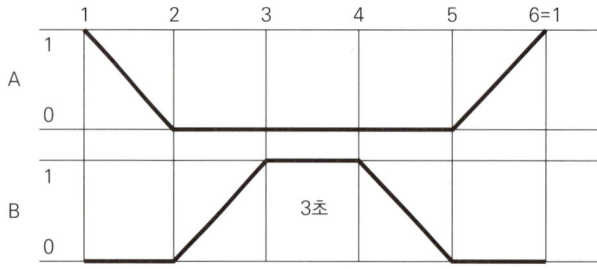

다. 유지보수 계획

1) 연속 스위치(PB2), 카운터 리셋 스위치(PB3), 램프를 추가하여 다음과 같이 동작하도록 회로를 변경하시오.
   ① PB2를 1회 ON-OFF하면, 기본동작을 3회 연속동작한 후 정지합니다.
   ② PB3를 1회 ON-OFF하면, 카운터가 리셋됩니다.
   ③ 카운터 리셋 후 PB2를 1회 ON-OFF하면, 연속동작이 재동작합니다.
   ④ 연속동작을 수행하는 동안 램프1이 점등되고, 동작 완료 후 소등됩니다.
2) 리밋스위치 LS2은 정전용량형 센서로, LS3은 유도형 센서로 교체한 후 변위단계선도와 같은 동작을 수행할 수 있도록 회로를 변경하시오.

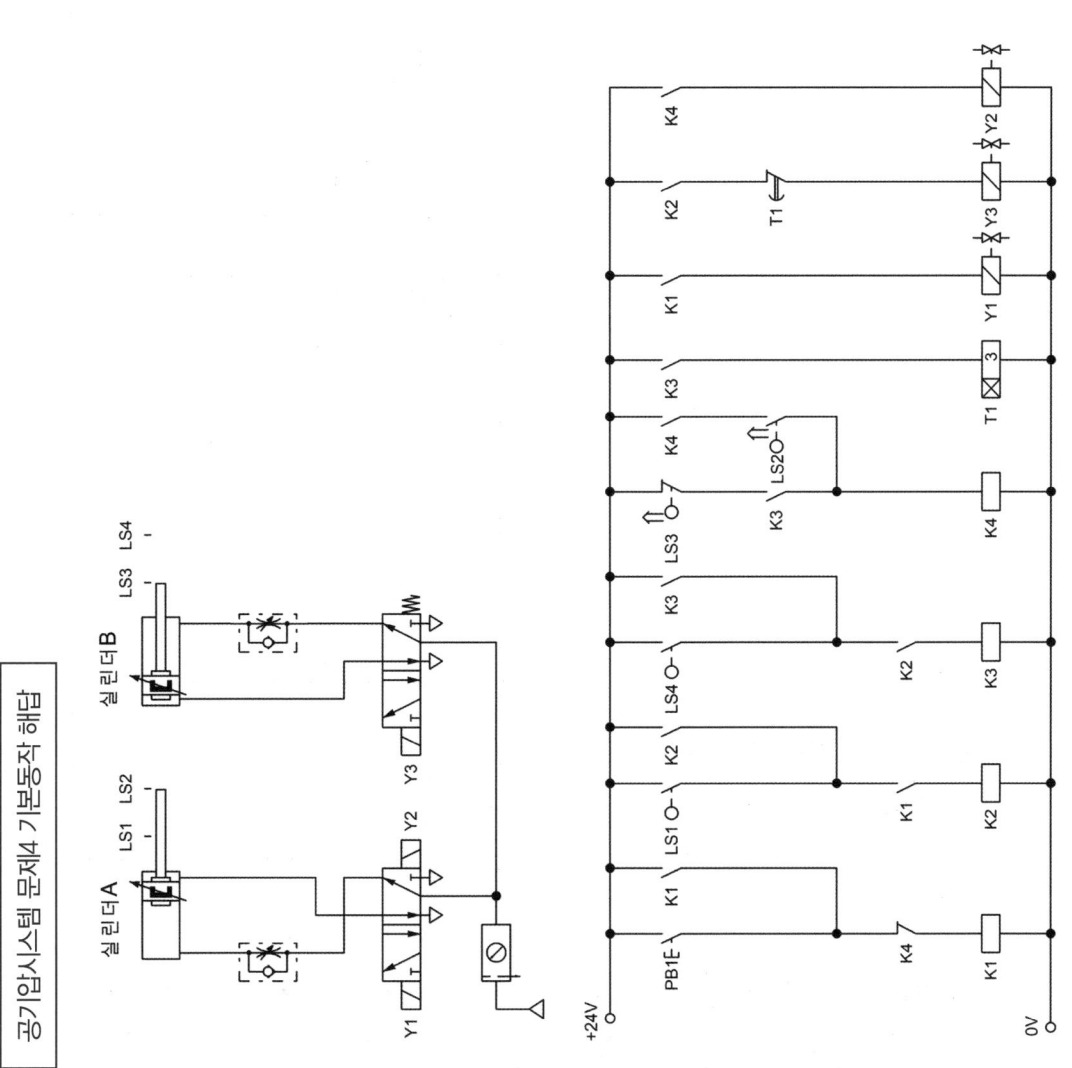

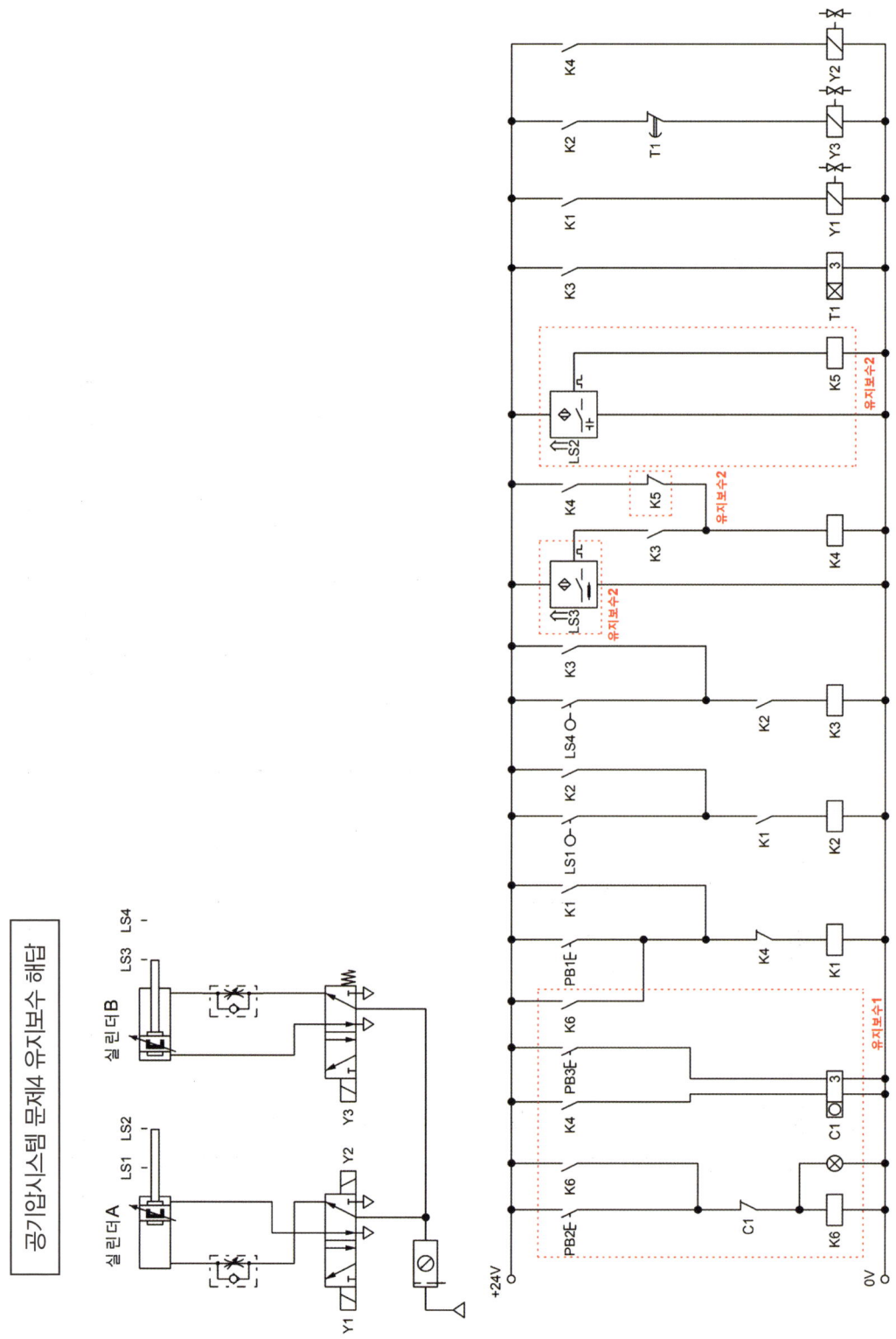

자격종목	설비보전산업기사	과제명	공기압시스템 설계 및 구성

문제 ⑤

가. 공기압 회로도

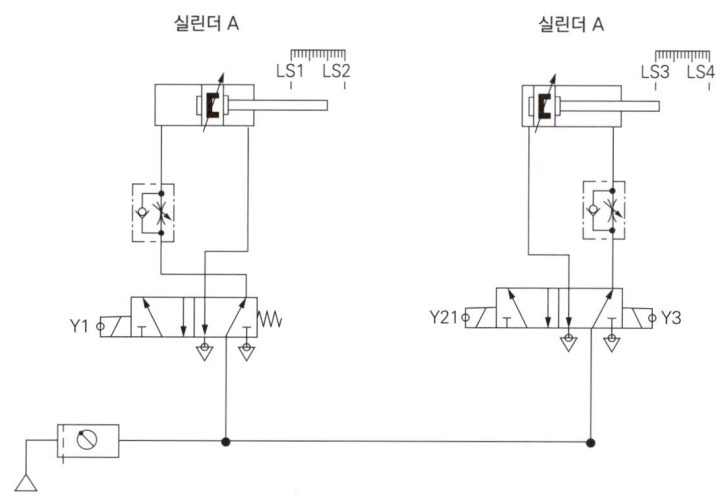

나. 변위단계선도

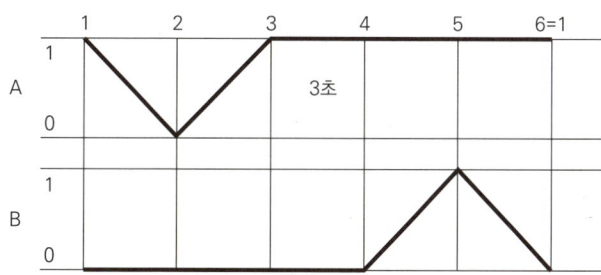

다. 유지보수 계획

1) 연속 스위치(PB2), 카운터 리셋 스위치(PB3), 램프를 추가하여 다음과 같이 동작하도록 회로를 변경하시오.
   ① PB2를 1회 ON-OFF하면, 기본동작을 3회 연속동작한 후 정지합니다.
   ② PB3를 1회 ON-OFF하면, 카운터가 리셋됩니다.
   ③ 카운터 리셋 후 PB2를 1회 ON-OFF하면, 연속동작이 재동작합니다.
   ④ 연속동작을 수행하는 동안 램프1이 점등되고, 동작 완료 후 소등됩니다.
2) 실린더 A의 방향제어 밸브를 양측 솔레노이드 밸브로 교체한 후 변위단계선도와 같은 동작을 수행할 수 있도록 회로를 변경하시오.

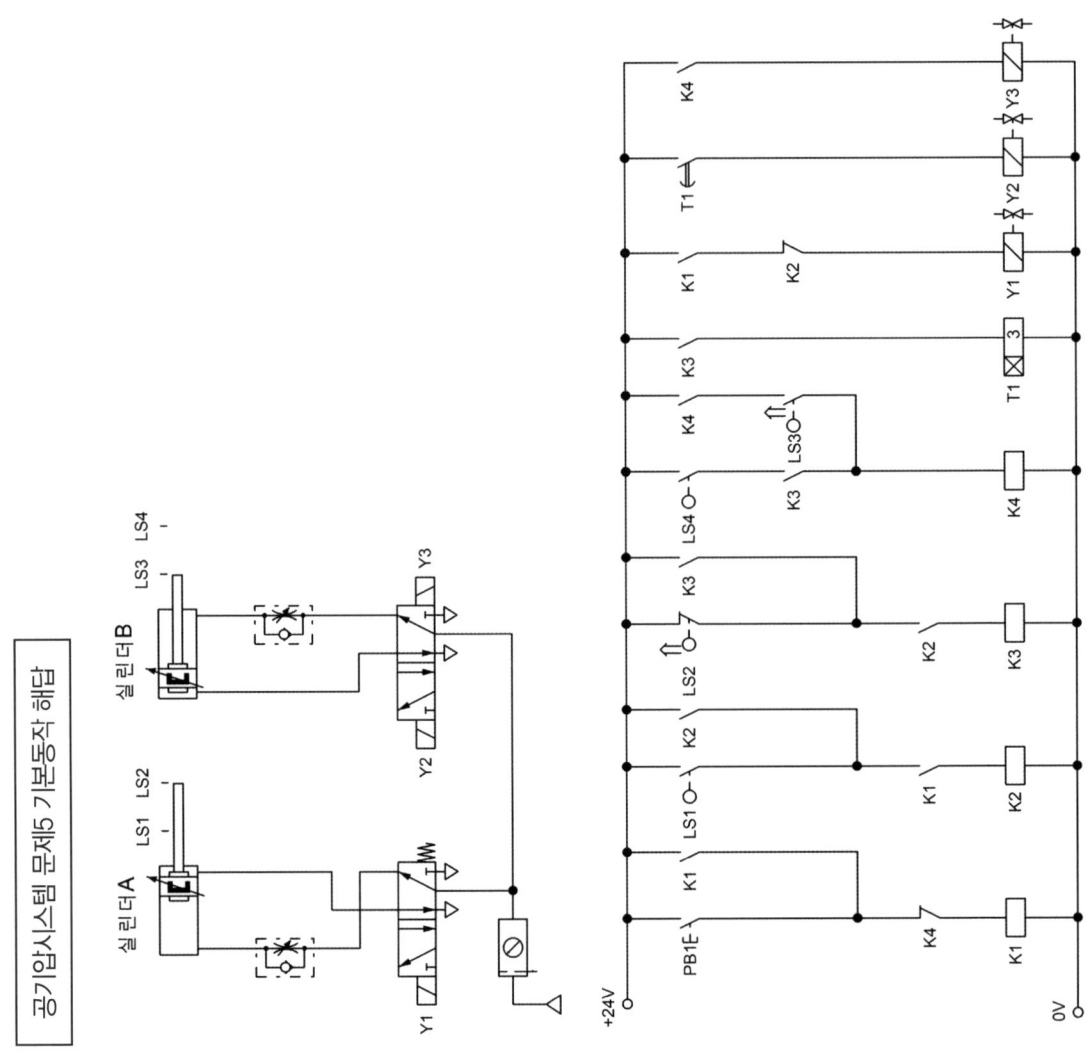

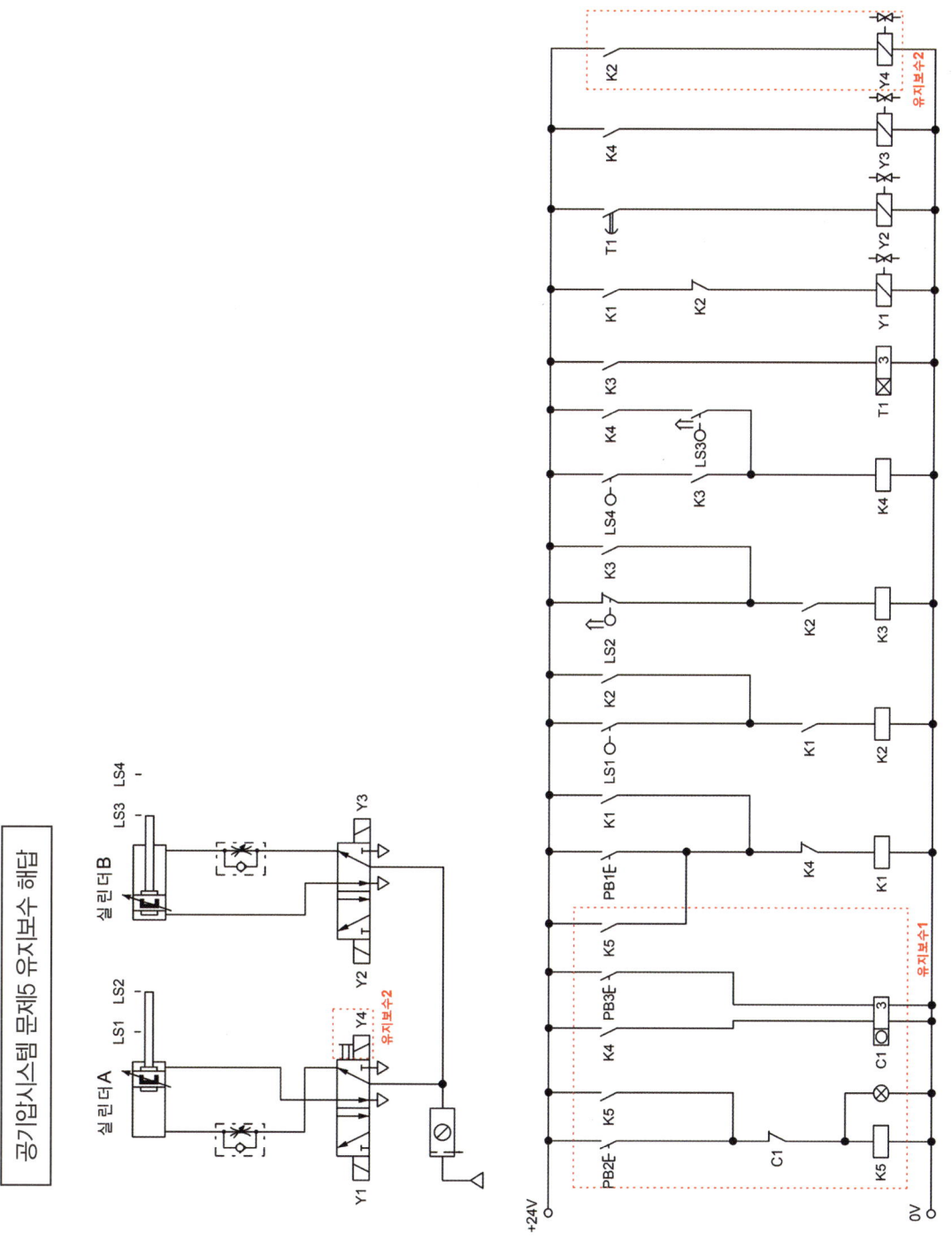

| 자격종목 | 설비보전산업기사 | 과제명 | 공기압시스템 설계 및 구성 |

문제 ⑥

가. 공기압 회로도

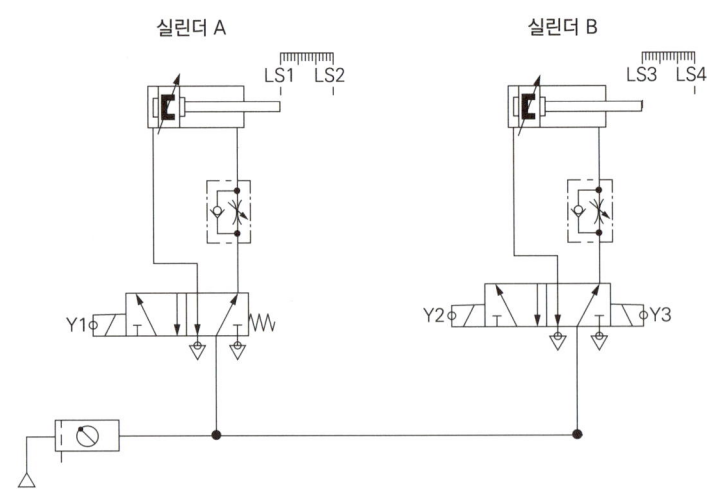

나. 변위단계선도

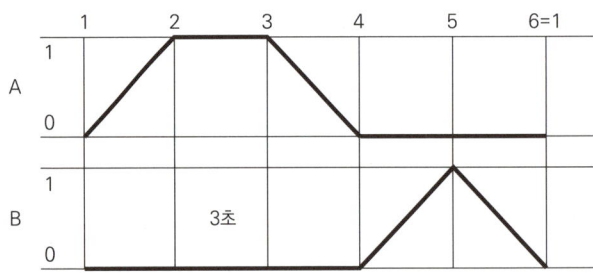

다. 유지보수 계획

1) 연속 스위치(PB2), 비상정지 스위치(유지형 스위치 사용 가능), 램프를 추가하여 다음과 같이 동작하도록 회로를 변경하시오.
   ① PB2를 1회 ON-OFF하면, 기본동작이 연속적으로 동작합니다.
   ② 연속동작 중 비상정지 스위치를 ON하면, 모든 실린더는 후진하며 램프가 점등됩니다.
   ③ 비상정지 스위치를 OFF하면, 램프는 소등되고 시스템은 초기화됩니다.
   ④ 초기화 후 PB2를 1회 ON-OFF하면, 연속동작이 재동작합니다.
2) 실린더 A의 방향제어 밸브를 양측 솔레노이드 밸브로 교체한 후 변위단계선도와 같은 동작을 수행할 수 있도록 회로를 변경하시오.

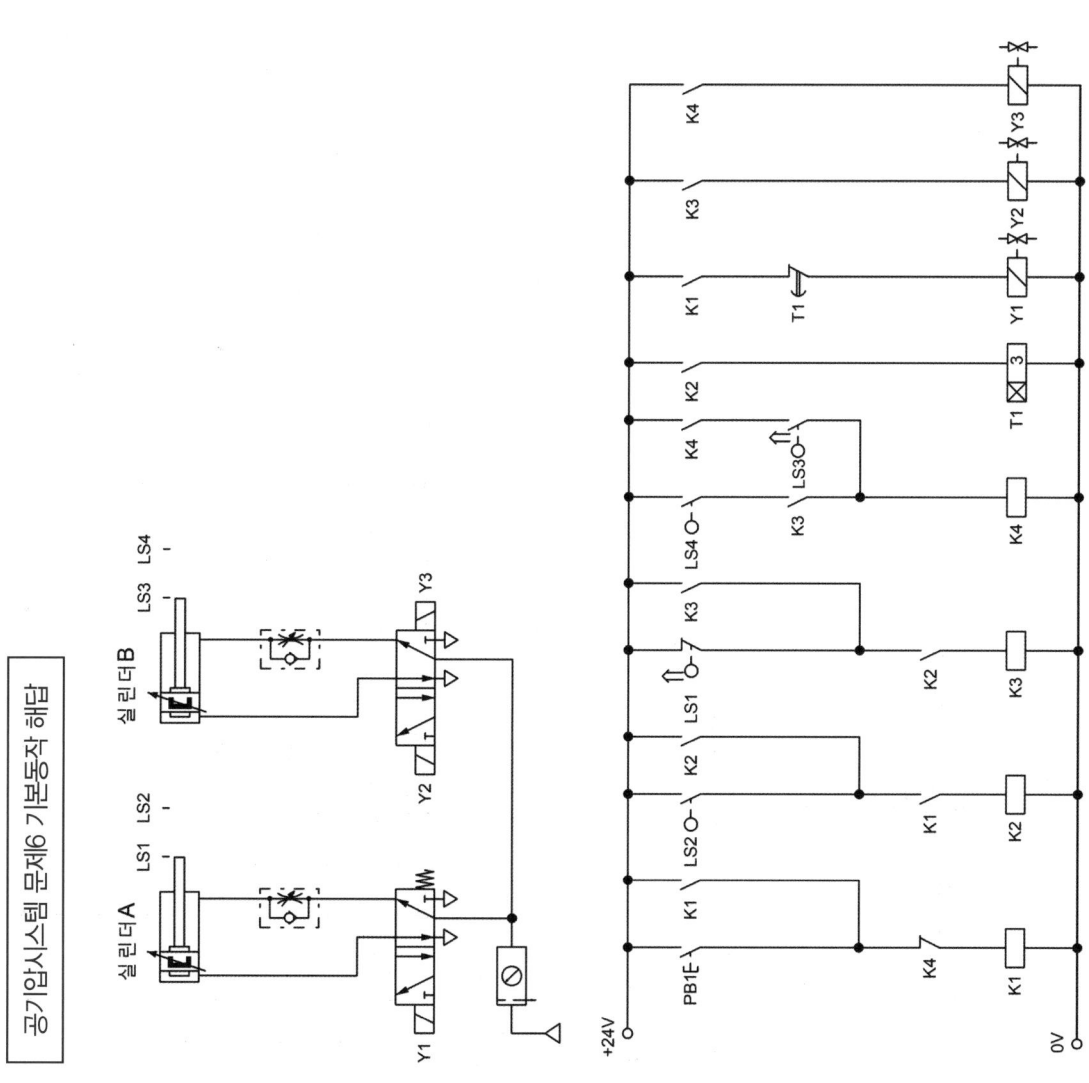

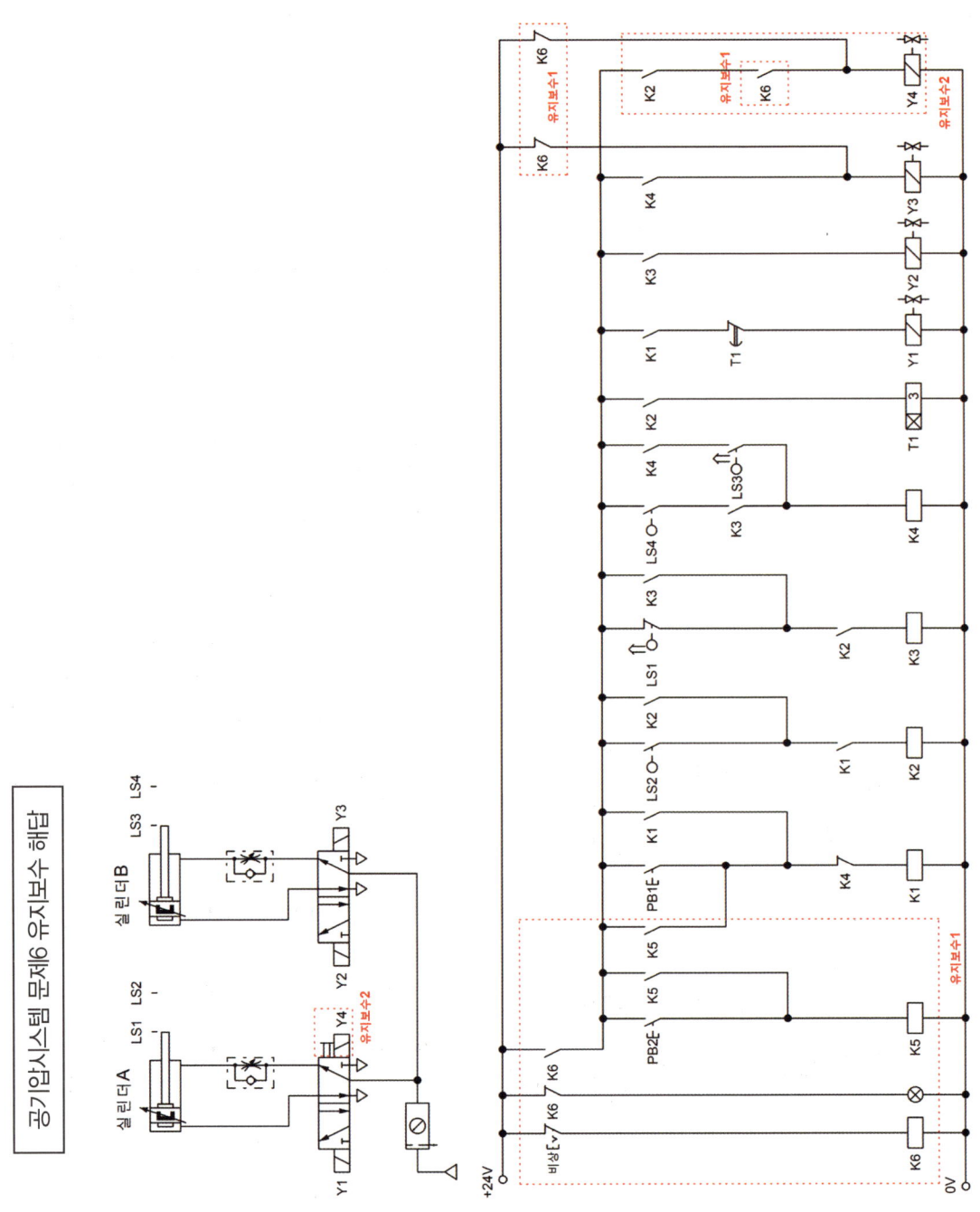

자격종목	설비보전산업기사	과제명	공기압시스템 설계 및 구성

문제 ⑦

가. 공기압 회로도

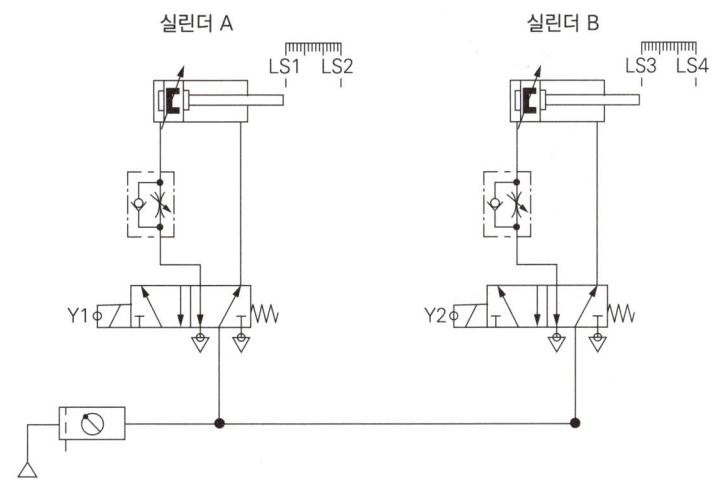

나. 변위단계선도

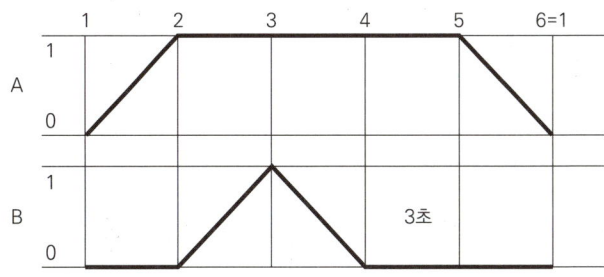

다. 유지보수 계획

1) 연속 스위치(PB2), 비상정지 스위치(유지형 스위치 사용 가능), 램프를 추가하여 다음과 같이 동작하도록 회로를 변경하시오.
   ① PB2를 1회 ON-OFF하면, 기본동작이 연속적으로 동작합니다.
   ② 연속동작 중 비상정지 스위치를 ON하면, 모든 실린더는 후진하며 램프가 점등됩니다.
   ③ 비상정지 스위치를 OFF하면, 램프는 소등되고 시스템은 초기화됩니다.
   ④ 초기화 후 PB2를 1회 ON-OFF하면, 연속동작이 재동작합니다.
2) 실린더 B의 방향제어 밸브를 양측 솔레노이드 밸브로 교체한 후 변위단계선도와 같은 동작을 수행할 수 있도록 회로를 변경하시오.

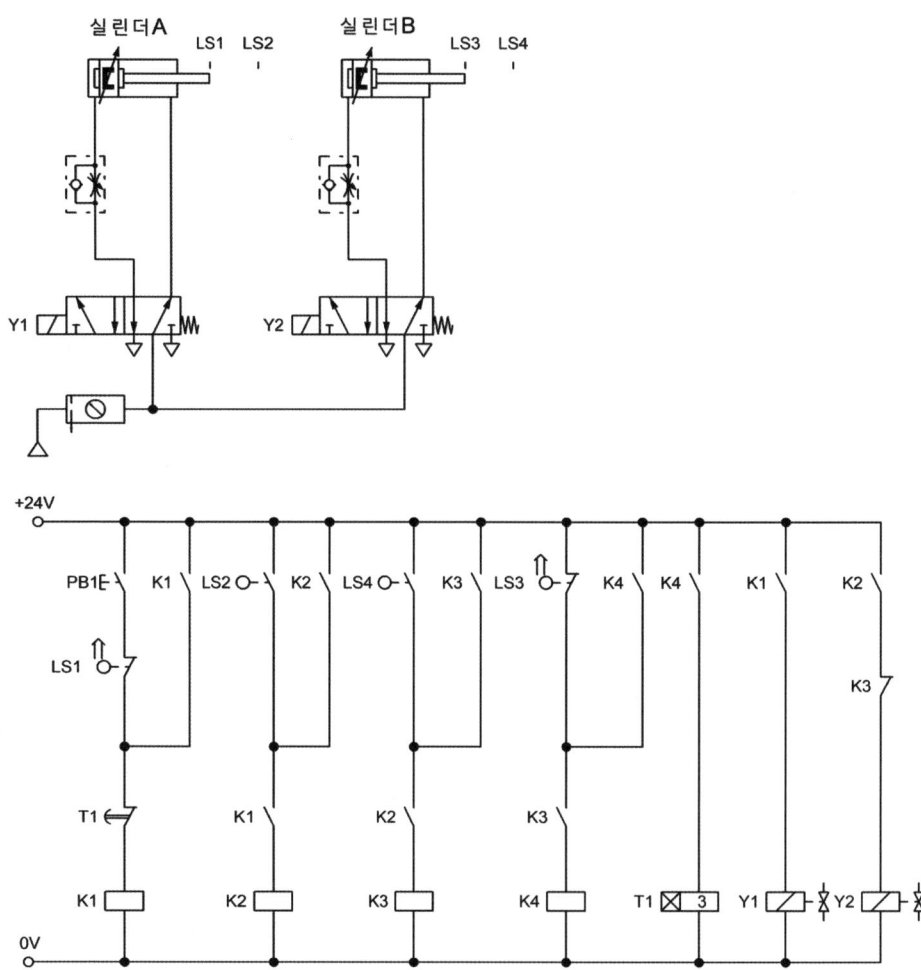

공기압시스템 문제7 기본동작 해답

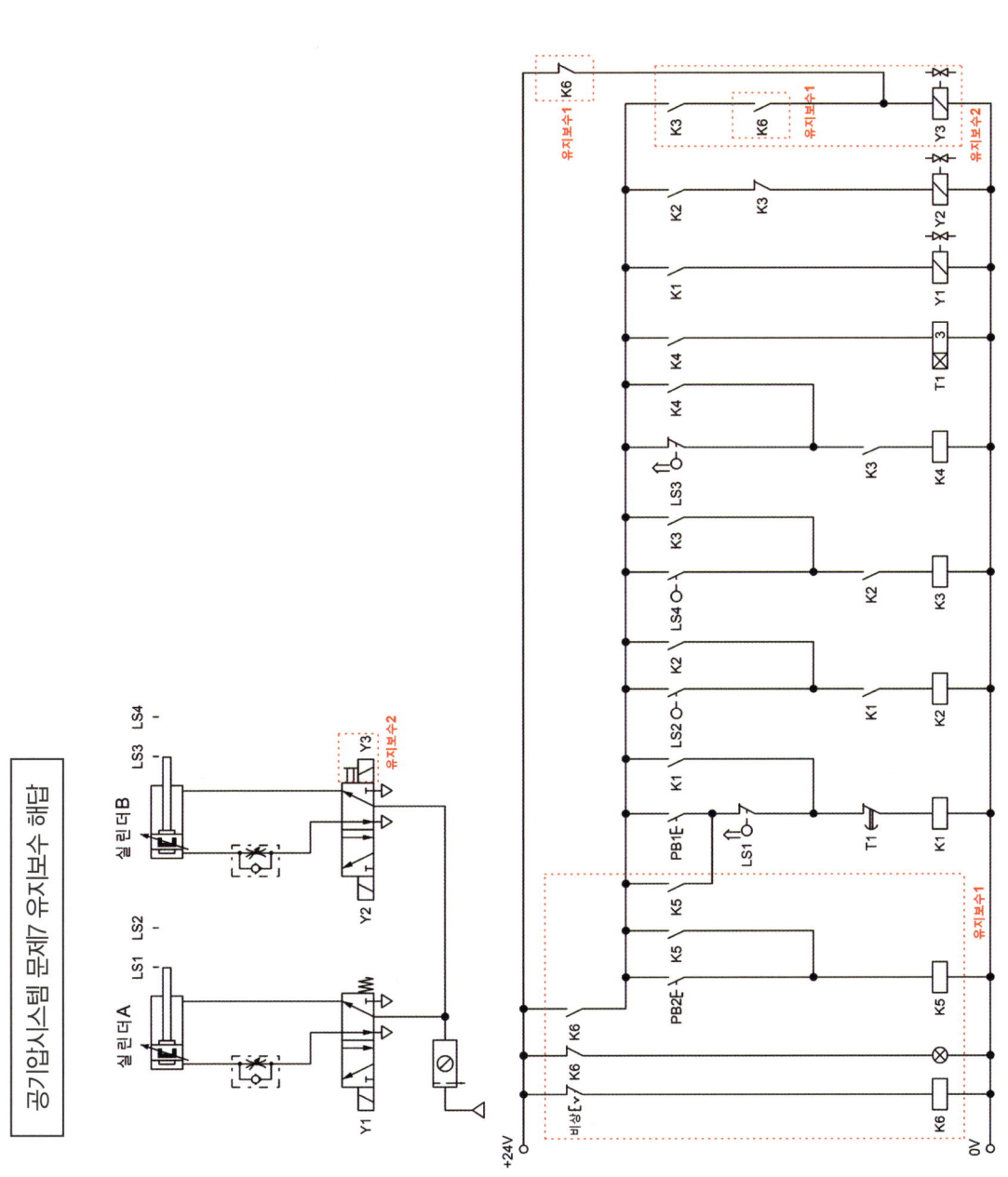

| 자격종목 | 설비보전산업기사 | 과제명 | 공기압시스템 설계 및 구성 |

문제 ⑧

가. 공기압 회로도

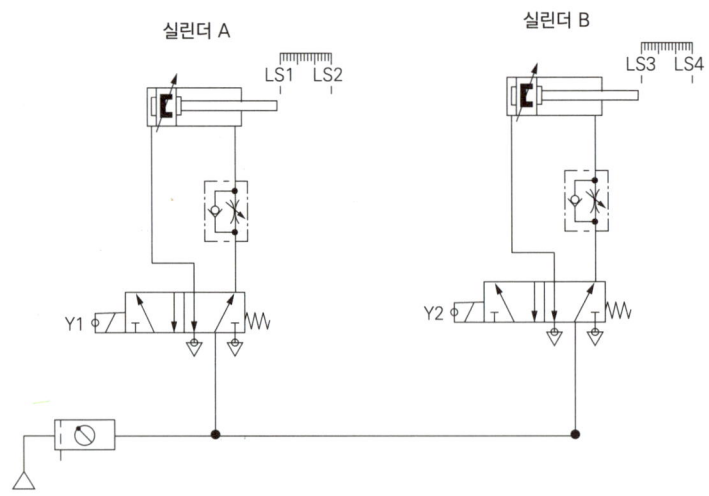

나. 변위단계선도

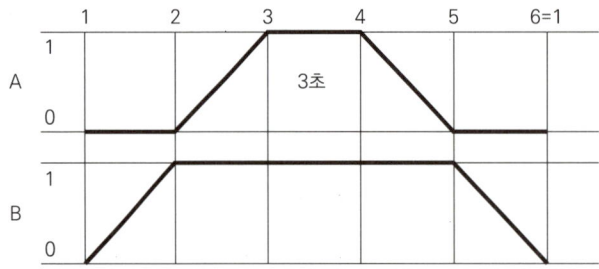

다. 유지보수 계획

1) 연속 스위치(PB2), 비상정지 스위치(유지형 스위치 사용 가능), 램프를 추가하여 다음과 같이 동작하도록 회로를 변경하시오.
   ① PB2를 1회 ON-OFF하면, 기본동작이 연속적으로 동작합니다.
   ② 연속동작 중 비상정지 스위치를 ON하면, 모든 실린더는 후진하며 램프가 점등됩니다.
   ③ 비상정지 스위치를 OFF하면, 램프는 소등되고 시스템은 초기화됩니다.
   ④ 초기화 후 PB2를 1회 ON-OFF하면, 연속동작이 재동작합니다.

2) 실린더 B의 방향제어 밸브를 양측 솔레노이드 밸브로 교체한 후 변위단계선도와 같은 동작을 수행할 수 있도록 회로를 변경하시오.

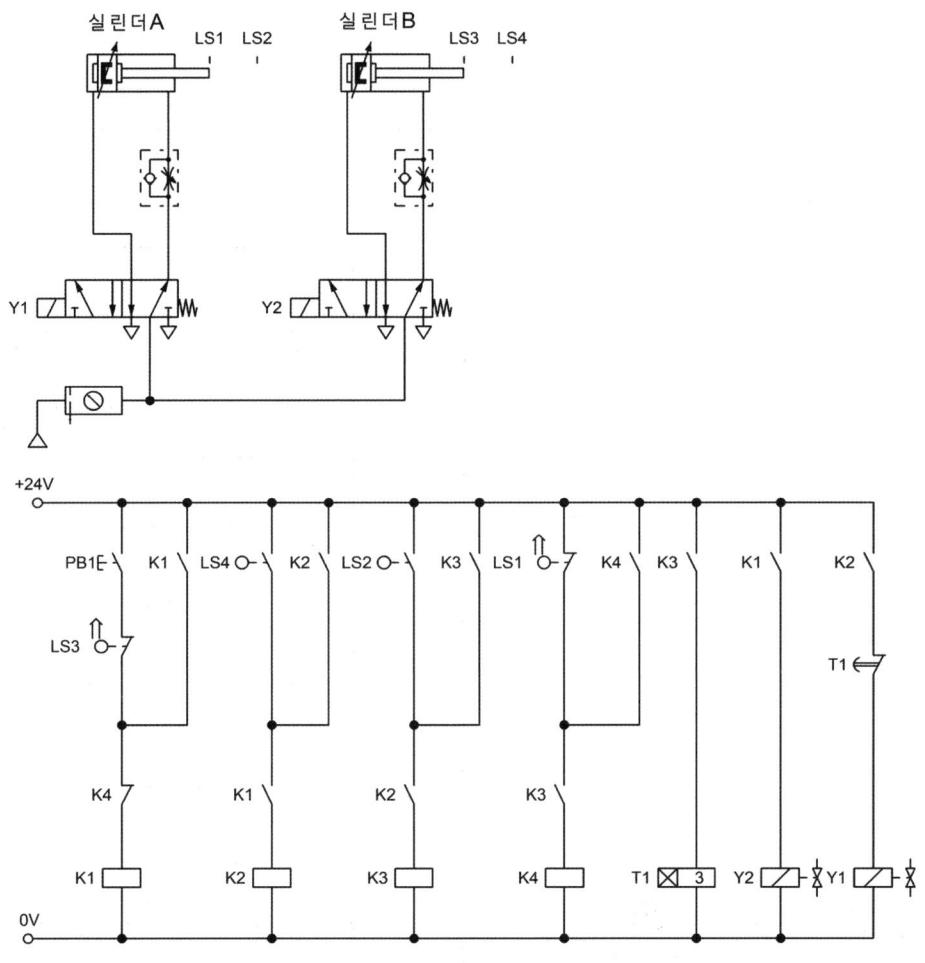

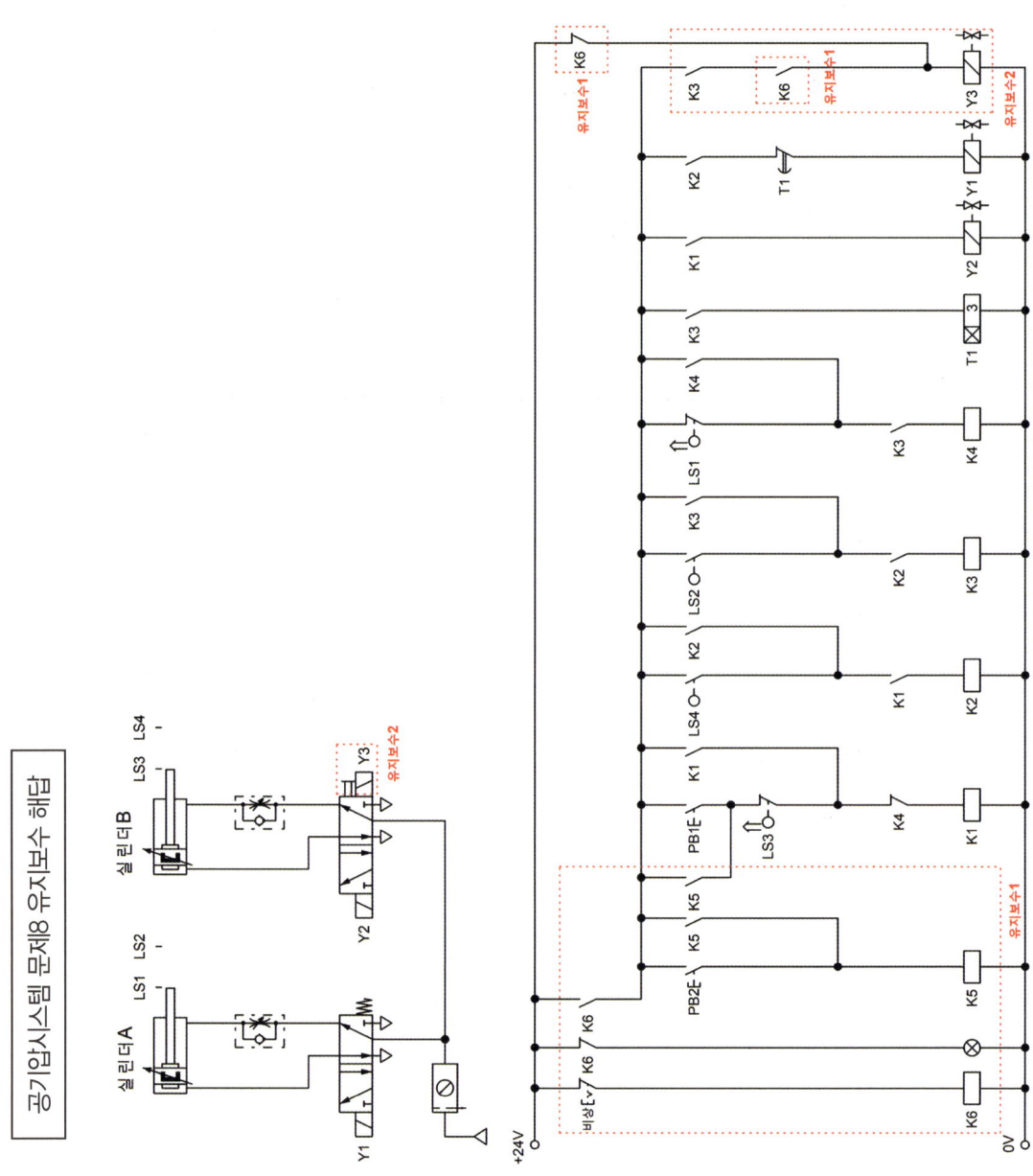

Chapter 02 유압시스템 설계 및 구성 풀이

자격종목	설비보전산업기사	과제명	유압시스템 설계 및 구성

※문제지는 시험 종료 후 본인이 가져갈 수 있습니다.

비번호		시험일시		시험장명	

※시험시간 : [제2과제] 1시간

1. 요구사항

※ 지급된 재료 및 시설을 사용하여 아래 작업을 완성하시오.

가. 유압회로도 구성
 1) 유압회로도와 같이 기기를 선정하여 고정판에 배치하시오.
  (가) 기기는 수평 또는 수직방향으로 수험자가 임의로 배치하고, 리밋 스위치는 방향성을 고려하여 설치하시오.
 2) 유압호스를 사용하여 기기를 연결하시오.
  (가) 유압호스가 시스템 동작에 영향을 주지 않도록 정리하시오.
 3) 유압회로 내 최고압력을 4±0.2MPa로 설정하시오.

나. 기본동작
 1) PB1을 1회 ON-OFF하면 변위단계선도와 같이 1사이클 단속 동작되도록 전기회로도를 설계하여 시스템을 구성하고 시험감독위원에게 확인받으시오.
  (가) 전기 배선은 + 는 적색으로, - 는 청색 또는 흑색으로 연결하고, 전선이 시스템 동작에 영향을 주지 않도록 정리하시오.
  (나) 지정되지 않은 누름버튼 스위치는 자동복귀형 스위치를 사용하시오.

다. 시스템 유지보수
 1) 동작 확인 후 유지보수 계획과 같이 시스템을 변경하고 시험감독위원에게 확인받으시오.

라. 정리정돈
  1) 평가 종료 후 작업한 자리의 부품 정리, 기름 제거, 유압 배관 정리, 전선 정리 등 모든 상태를 초기 상태로 정리하시오.

2. 수험자 유의사항

※ 다음의 유의사항을 고려하여 요구사항을 완성하시오.

1) 시험 시작 전 장비의 이상유무를 확인합니다.
2) 시험 중 반드시 시험감독위원의 지시에 따라야 하며, 시험감독위원의 지시가 없는 한 시험장을 임의로 이탈할 수 없습니다.
3) 시험에 필요한 기기 이외의 부품이나 장비에 임의로 접촉하지 않도록 주의하시기 바랍니다.
4) 유압 배관의 제거는 공급 압력을 차단한 후 실시하시기 바랍니다.
5) 유압 펌프는 OFF상태를 기본으로 하고, 회로 검증 등 필요한 경우에만 동작시키시기 바랍니다.
6) 유압회로가 무부하회로일 경우 압력 설정에 주의하시기 바랍니다.
7) 전기 합선 시에는 즉시 전원공급 장치의 전원을 차단하시기 바랍니다.
8) 실린더의 작동 부분에는 전선 및 호스가 접촉되지 않도록 주의하여야 합니다.
9) "기본동작 → 시스템 유지보수"순서대로 시험감독위원에게 평가받습니다.(단, 각 동작의 평가는 전원이 유지된 상태에서 2회 이상 시도하여 동일하게 정상 동작이 되어야 하며, 1회만 동작하고 정상적으로 재동작하지 않으면 인정하지 않습니다.)
10) 평가 기회는 한 번만 부여되오니, 이점 유의하여 평가를 요청하시기 바랍니다.(단, 평가가 불명확하여 재확인이 필요한 경우 시험감독위원의 판단에 따라 다시 동작시킬 수 있습니다. 회로를 변경 또는 수정할 수 없고, 동작만 재시도 합니다.)
11) 평가 종료 후 정리정돈 상태에 따라 감점될 수 있음을 유의하시기 바랍니다.
12) 시험 중 작업복 및 안전보호구를 착용하여 안전수칙을 준수하여야 하며, 안전수칙 미준수로 인해 감점될 수 있음을 유의하시기 바랍니다.(단, 슬리퍼, 샌들 착용 등 복장이 작업에 부적합할 경우 응시가 불가능합니다.)
13) 다음 사항은 실격에 해당하여 채점 대상에서 제외됩니다.
    (가) 수험자 본인이 수험 도중 시험에 대한 기권 의사를 표현하는 경우
    (나) 실기시험 과정 중 1개 과정이라도 불참한 경우
    (다) 시설·장비의 조작 또는 재료의 취급이 미숙하여 위해를 일으킬 것으로 시험감독위원 전원이 합의하여 판단한 경우
    (라) 기능이 해당 등급 수준에 전혀 도달하지 못한 것으로 시험감독위원이 판단할 경우

(마) 부정행위를 한 경우

(바) 시험시간 내에 작품을 제출하지 못한 경우

(사) 유압회로도와 다른 부품을 사용하거나 부품을 누락한 경우

(아) 기본동작이 변위단계선도와 일치하지 않는 경우

| 자격종목 | 설비보전산업기사 | 과제명 | 유압시스템 설계 및 구성 |

문제 ①

가. 공기압 회로도

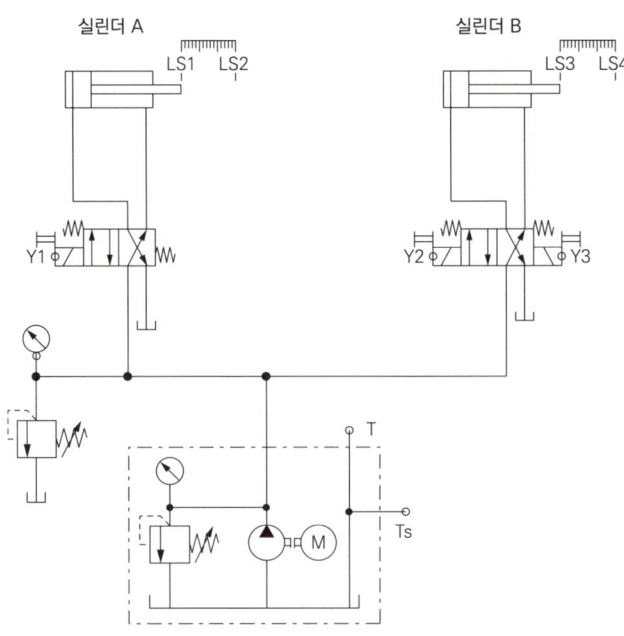

나. 변위단계선도

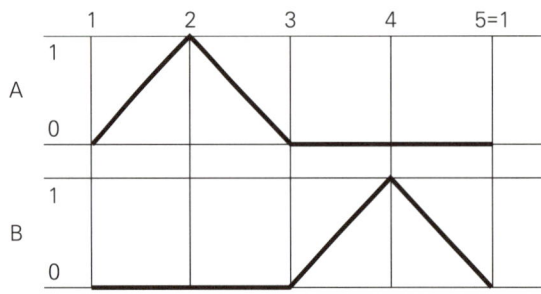

다. 유지보수 계획

1) 실린더 B 전진 시 카운터 밸런스 밸브와 압력계(3 MPa)를 사용하여 자중낙하방지 회로를 구성하시오.
2) 실린더 B의 압력라인(P)에 감압밸브와 압력계를 설치하여 유압 회로도를 변경하고, 2차측의 압력이 2 MPa(오차 ±0.1 MPa)이 되도록 조정하시오.
3) 유압유의 역류를 방지하기 위해 파워유닛의 토출구에 체크밸브를 추가하여 구성하시오.

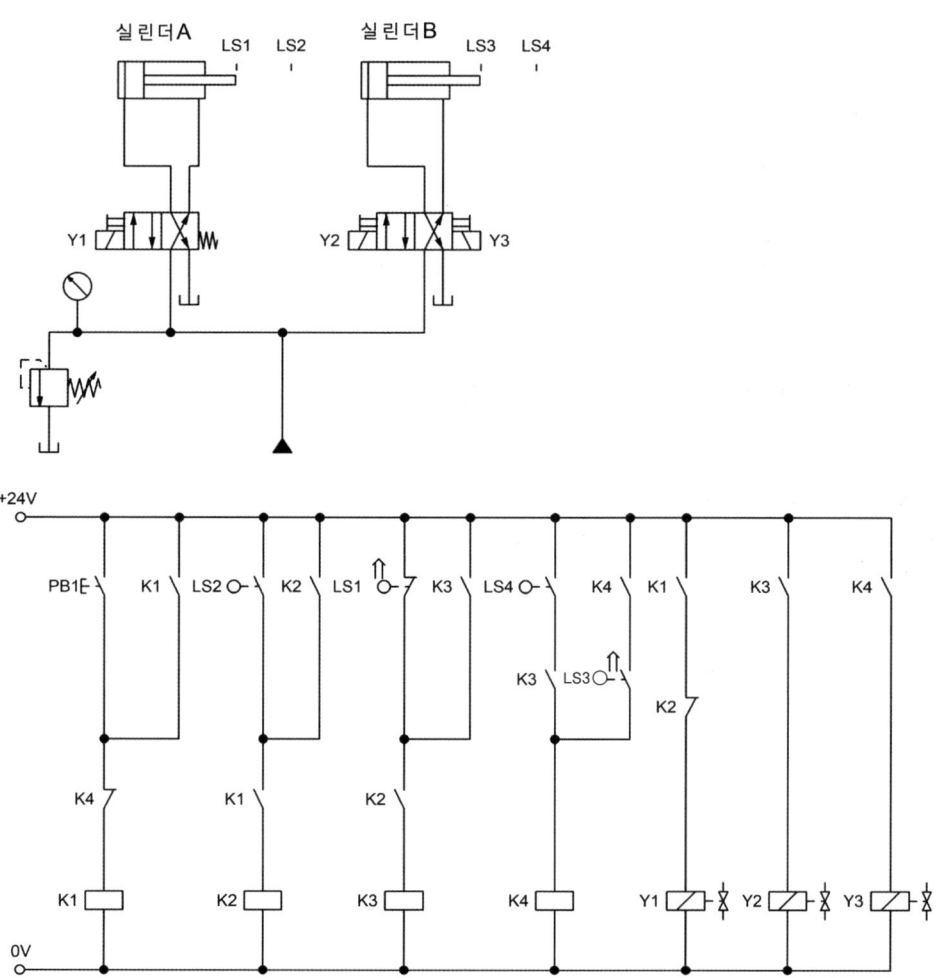

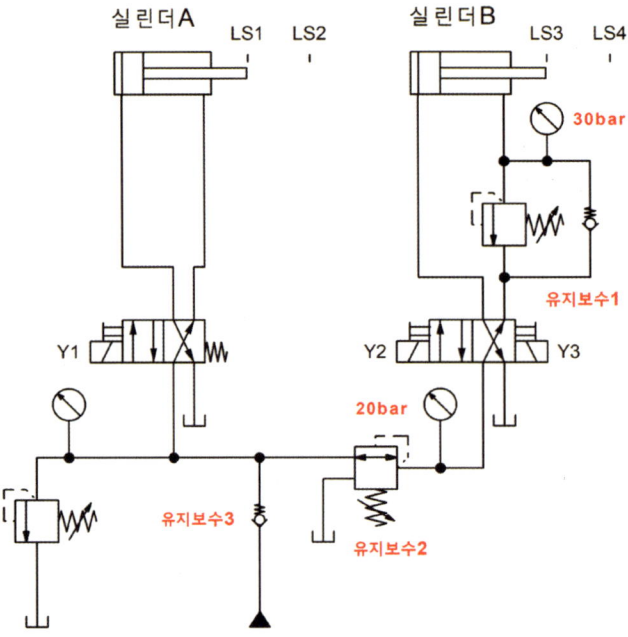

자격종목	설비보전산업기사	과제명	유압시스템 설계 및 구성

문제 ②

가. 공기압 회로도

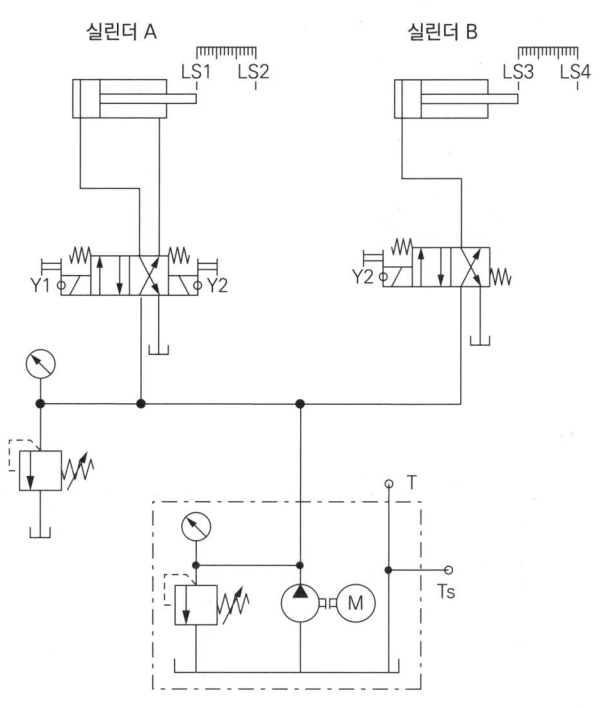

나. 변위단계선도

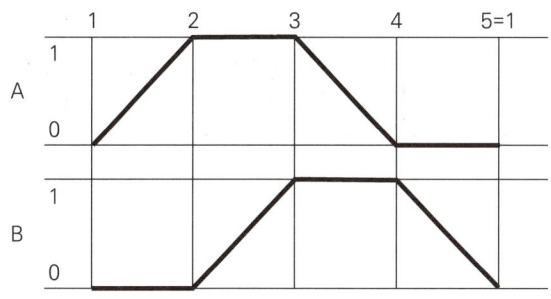

다. 유지보수 계획

1) 실린더 B 전진 시 카운터 밸런스 밸브와 압력계(3 MPa)를 사용하여 자중낙하방지 회로를 구성하시오.

2) 실린더 A의 전진 속도가 제어되도록 블리드오프 회로를 구성하시오.

3) 유압유의 역류를 방지하기 위해 파워유닛의 토출구에 체크밸브를 추가하여 구성하시오.

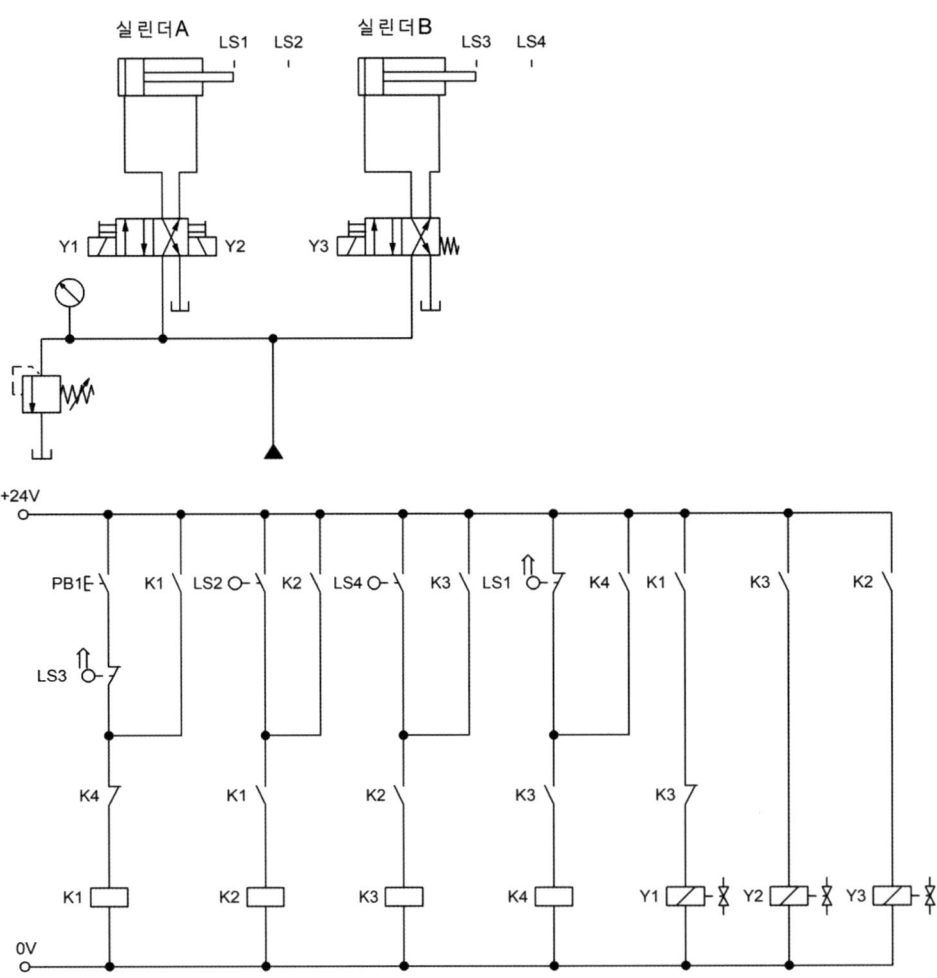

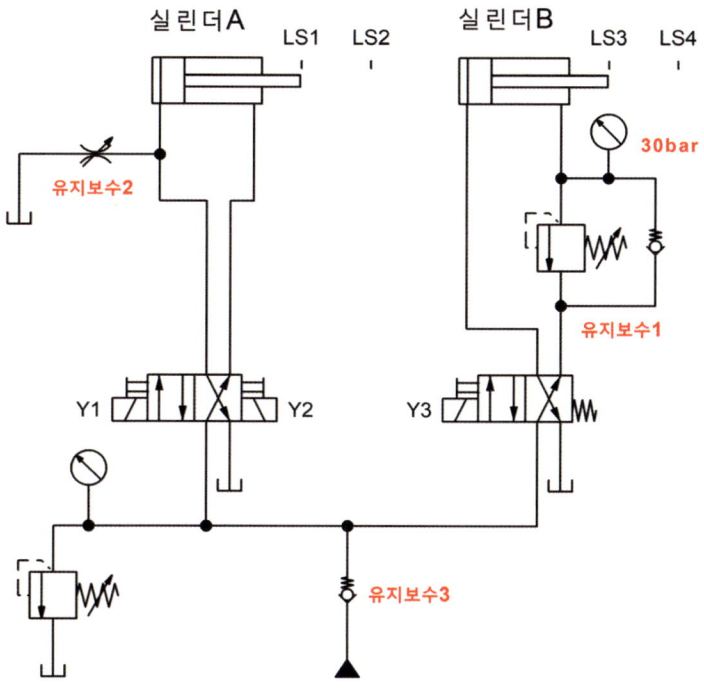

| 자격종목 | 설비보전산업기사 | 과제명 | 유압시스템 설계 및 구성 |

문제 ③

가. 공기압 회로도

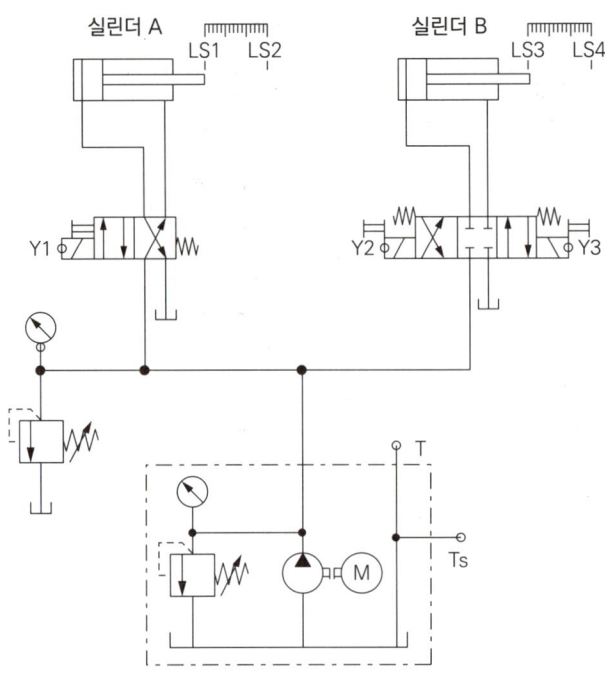

나. 변위단계선도

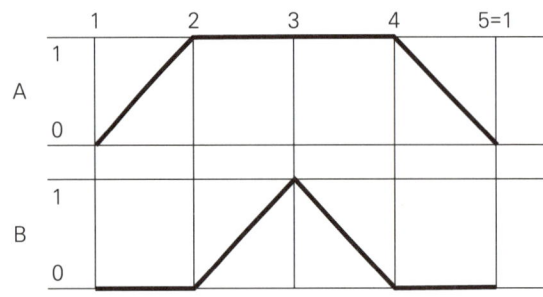

다. 유지보수 계획

1) 실린더 A 전진 시 카운터 밸런스 밸브와 압력계(3 MPa)를 사용하여 자중낙하방지 회로를 구성하시오.
2) 실린더 B의 로드측에 파일럿 조작 체크 밸브만을 추가하여 로킹회로가 되도록 변경하시오.
3) 실린더 A의 전·후진 속도가 제어되도록 공급라인에 양방향 유량조절밸브를 사용하여 회로를 구성하시오.

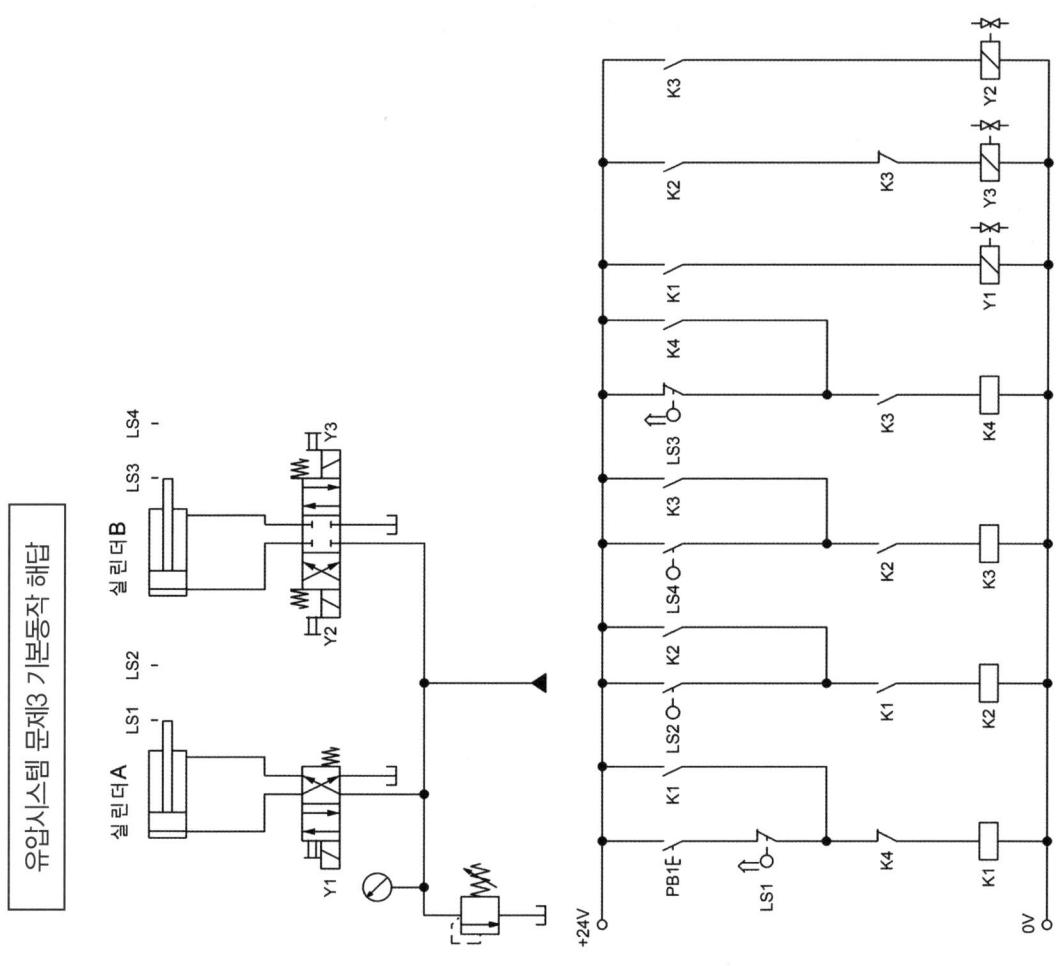

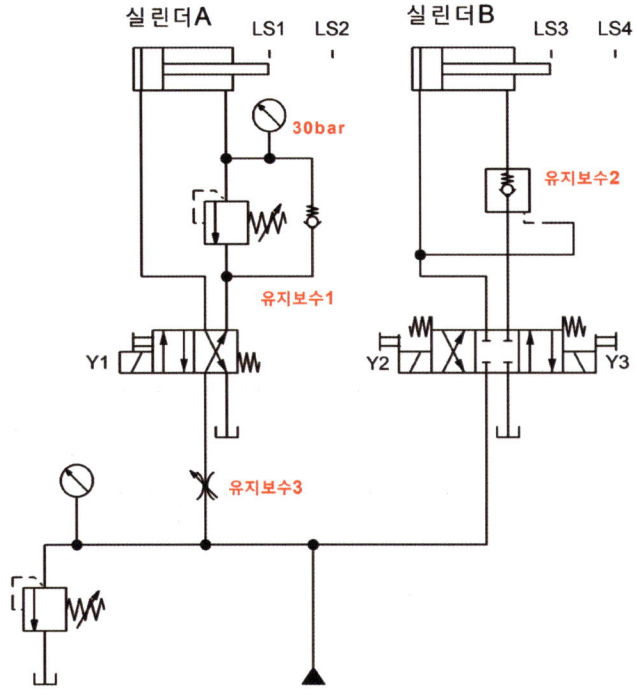

| 자격종목 | 설비보전산업기사 | 과제명 | 유압시스템 설계 및 구성 |

문제 ④

가. 공기압 회로도

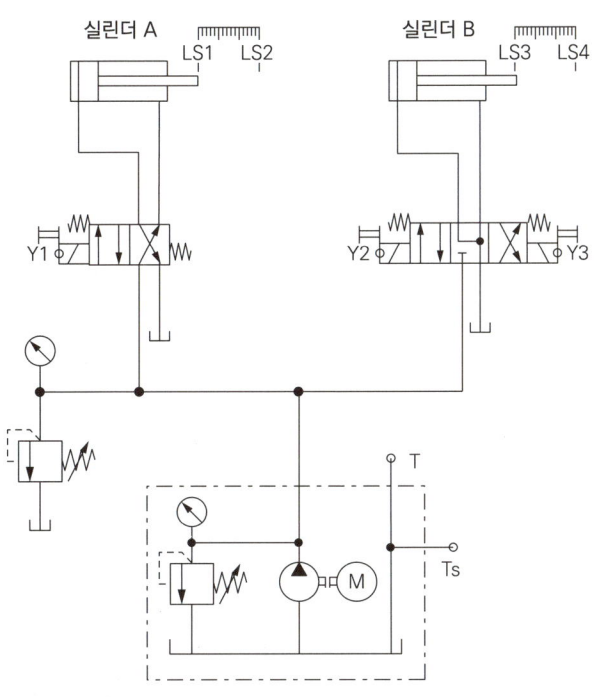

나. 변위단계선도

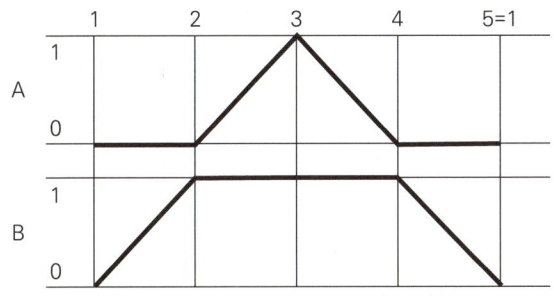

다. 유지보수 계획

1) 실린더 A 전진 시 카운터 밸런스 밸브와 압력계(3 MPa)를 사용하여 자중낙하방지 회로를 구성하시오.
2) 실린더 B의 압력라인(P)에 감압밸브와 압력계를 설치하여 유압 회로도를 변경하고, 2차측의 압력이 2 MPa(오차 ±0.1 MPa)이 되도록 조정하시오.
3) 유압유의 역류를 방지하기 위해 파워유닛의 토출구에 체크밸브를 추가하여 구성하시오.

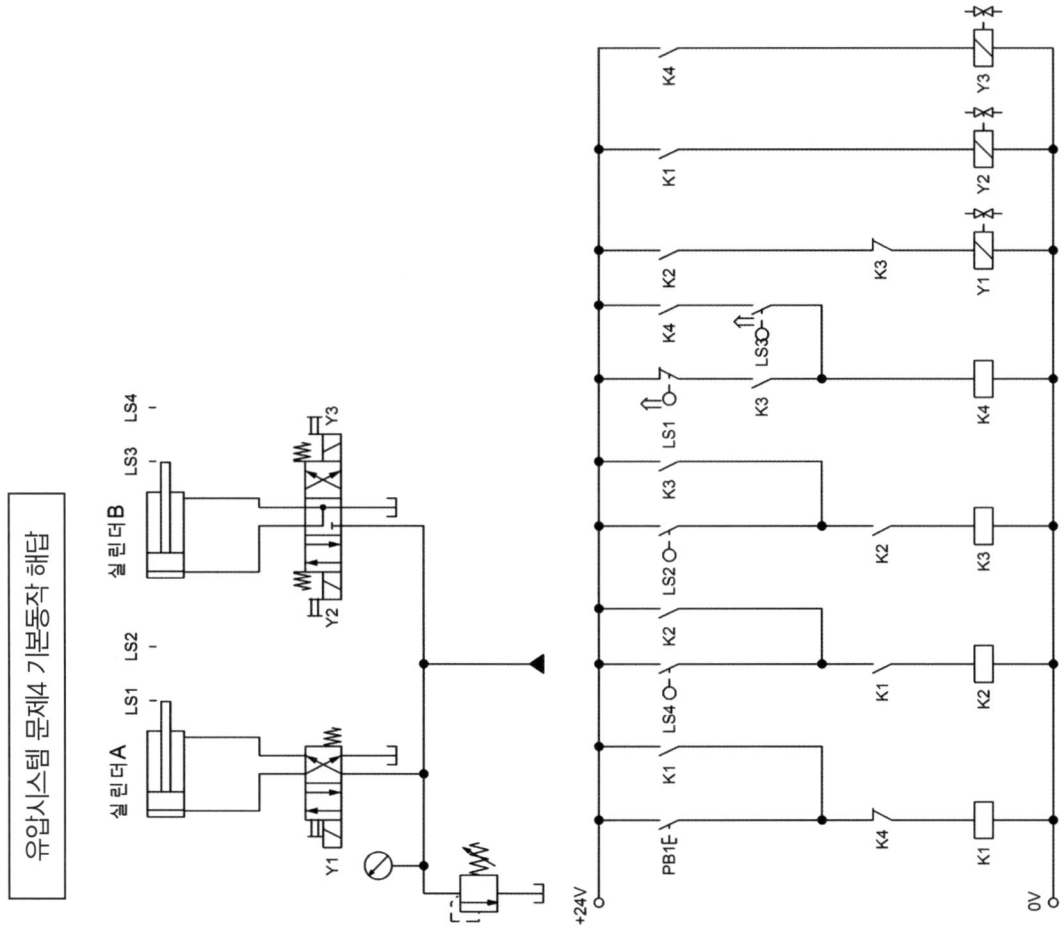

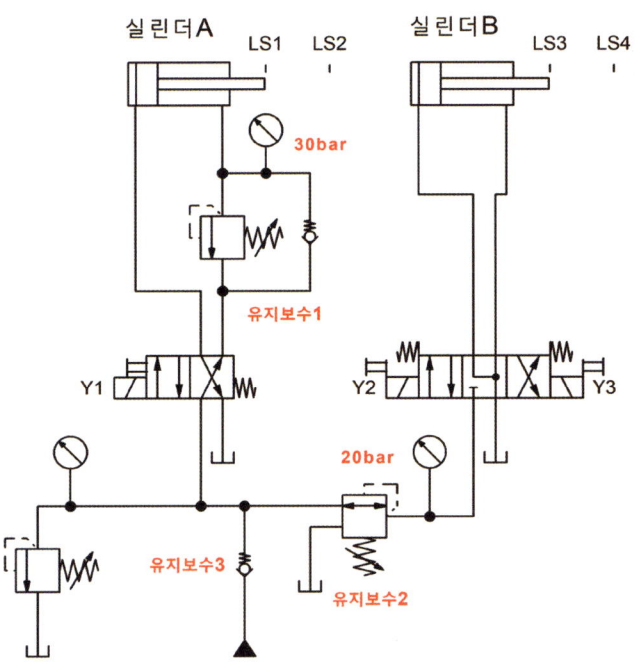

| 자격종목 | 설비보전산업기사 | 과제명 | 유압시스템 설계 및 구성 |

문제 ⑤

가. 공기압 회로도

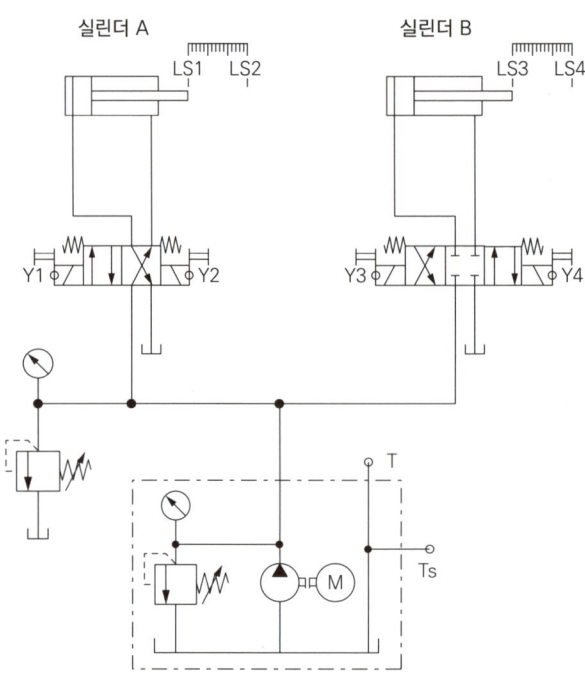

나. 변위단계선도

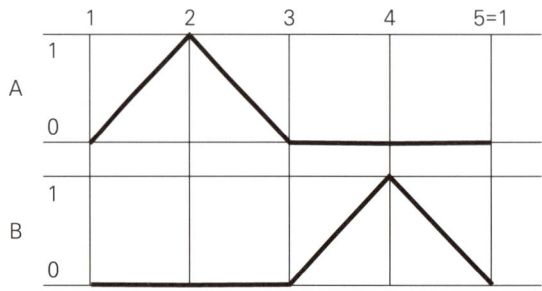

다. 유지보수 계획

1) 실린더 A의 전진 리밋스위치 LS2를 제거하고 압력스위치와 압력게이지를 설치하여 전진 완료 후 압력스위치의 설정압력(3 MPa)에 도달했을 때 실린더 A가 후진하도록 회로를 변경하시오.
2) 실린더 B의 압력라인(P)에 감압밸브와 압력계를 설치하여 유압 회로도를 변경하고, 2차측의 압력이 2 MPa(오차 ±0.1 MPa)이 되도록 조정하시오.
3) 실린더 A, B의 전진 속도를 조절하기 위하여 일방향 유량조절밸브를 사용하여 미터인 방식으로 회로를 구성하시오.

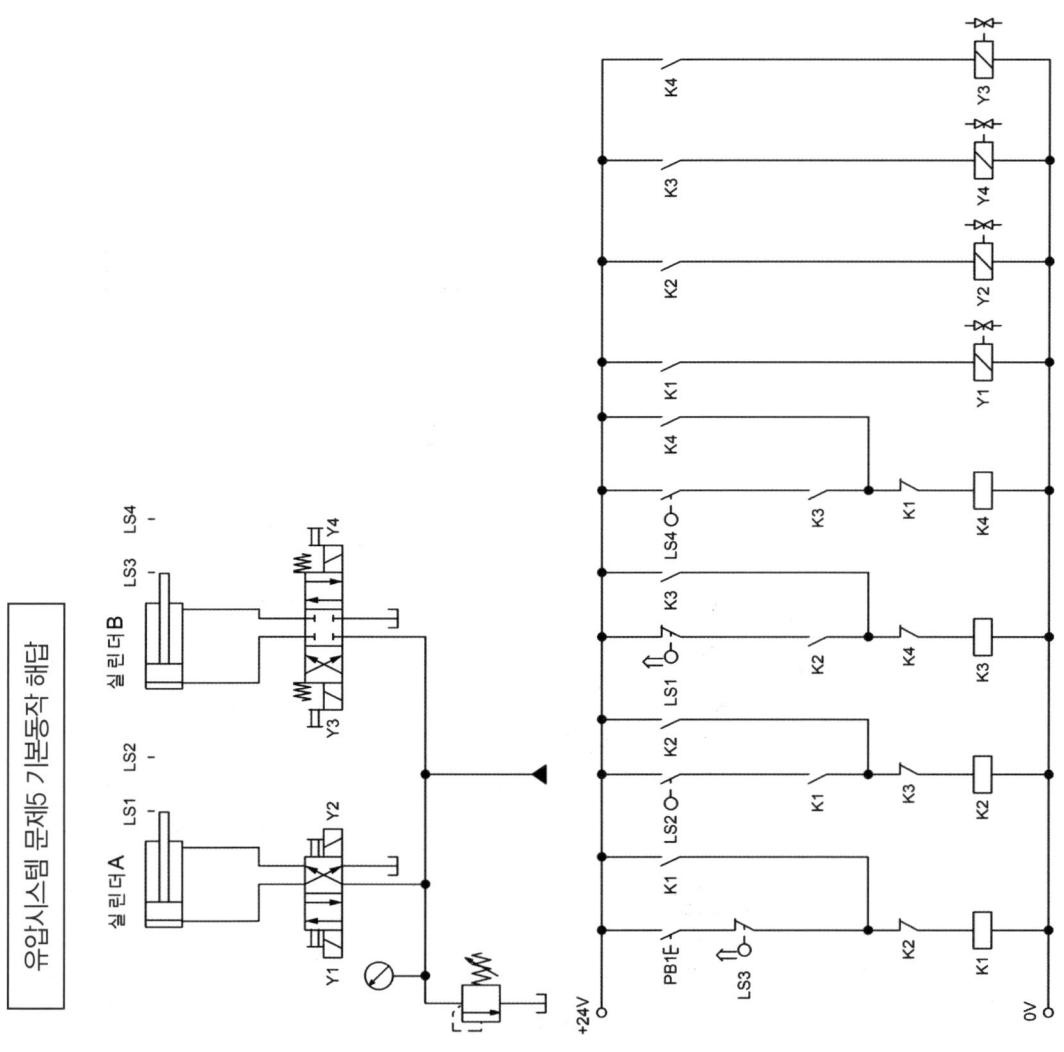

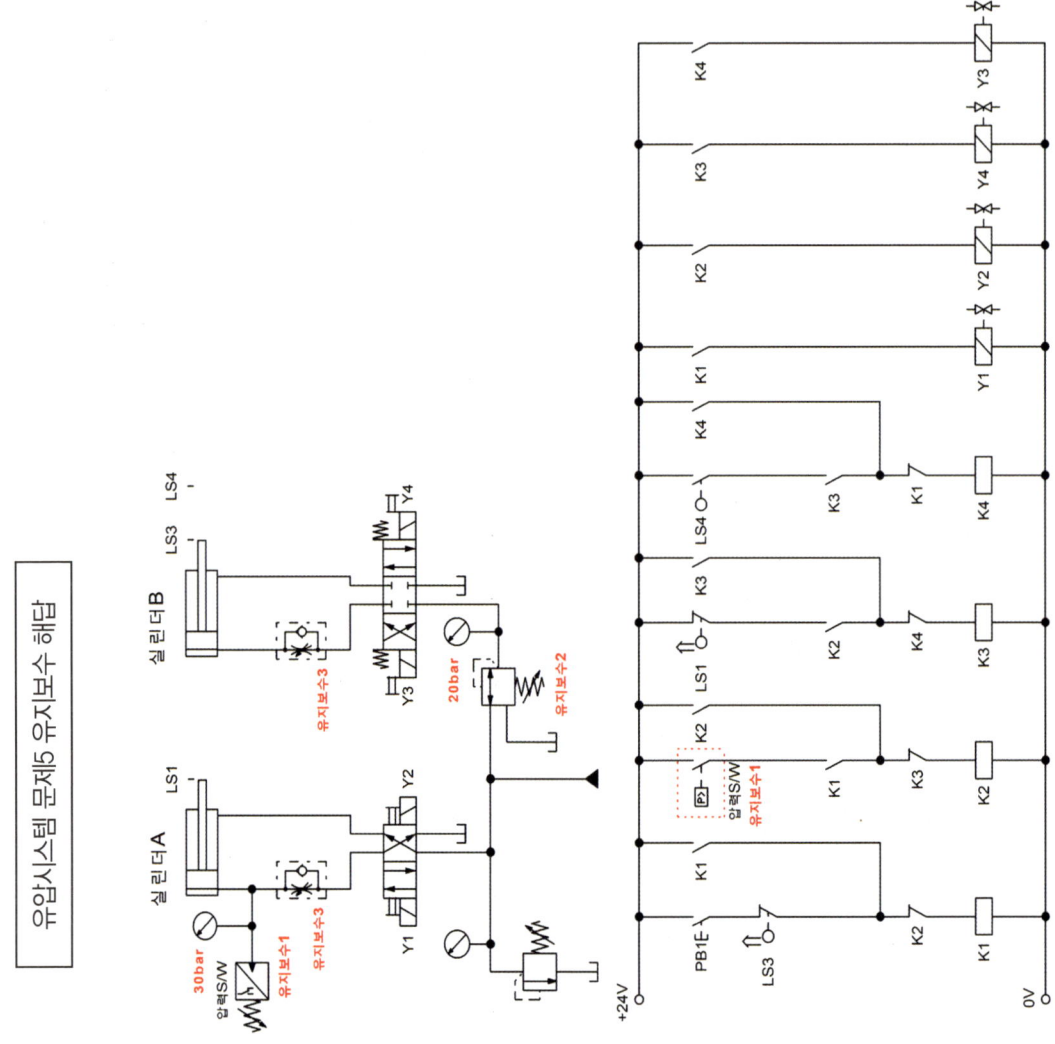

| 자격종목 | 설비보전산업기사 | 과제명 | 유압시스템 설계 및 구성 |

문제 ⑥

가. 공기압 회로도

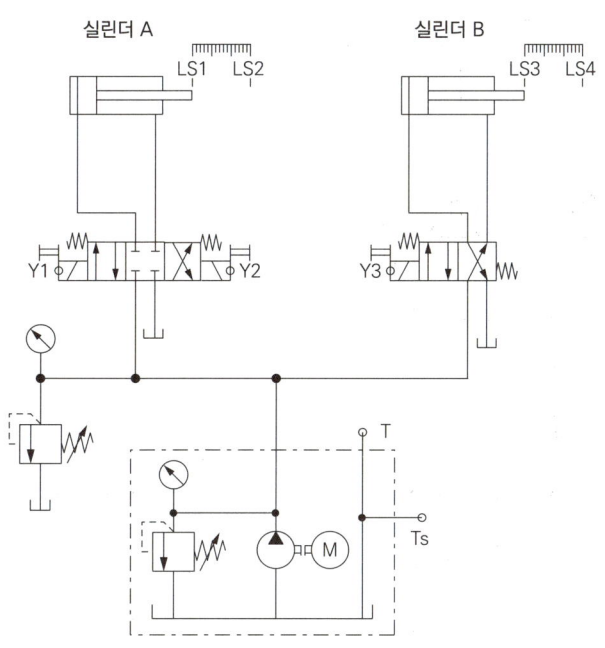

나. 변위단계선도

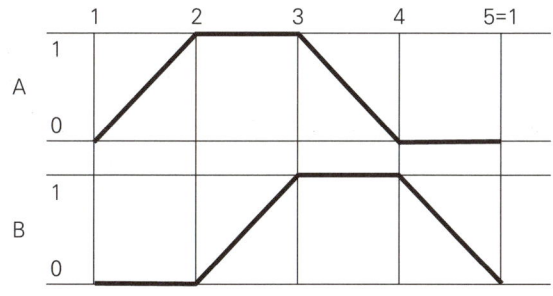

다. 유지보수 계획

1) 실린더 A의 전진 리밋스위치 LS2를 제거하고 압력스위치와 압력게이지를 설치하여 전진 완료 후 압력스위치의 설정압력(3 MPa)에 도달했을 때 실린더 B가 전진하도록 회로를 변경하시오.
2) 실린더 B의 압력라인(P)에 감압밸브와 압력계를 설치하여 유압 회로도를 변경하고, 2차측의 압력이 2 MPa(오차 ±0.1 MPa)이 되도록 조정하시오.
3) 실린더 A, B의 전진 속도를 조절하기 위하여 일방향 유량조절밸브를 사용하여 미터인 방식으로 회로를 구성하시오.

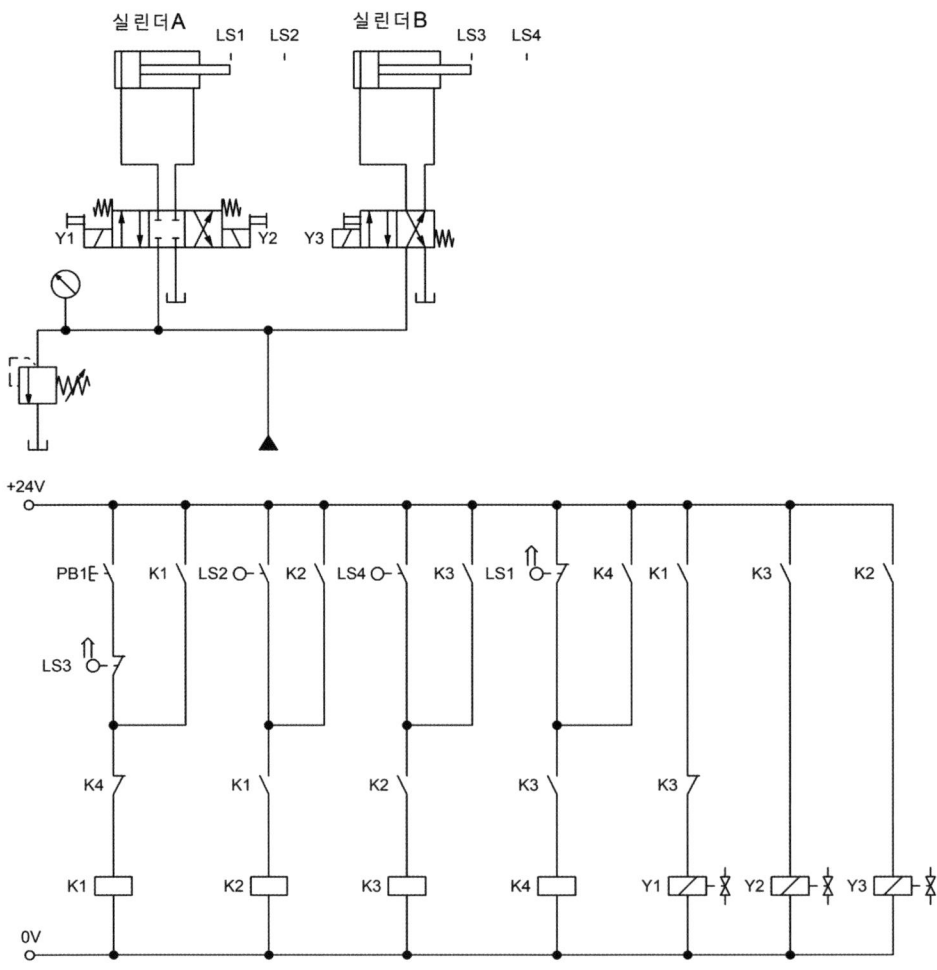

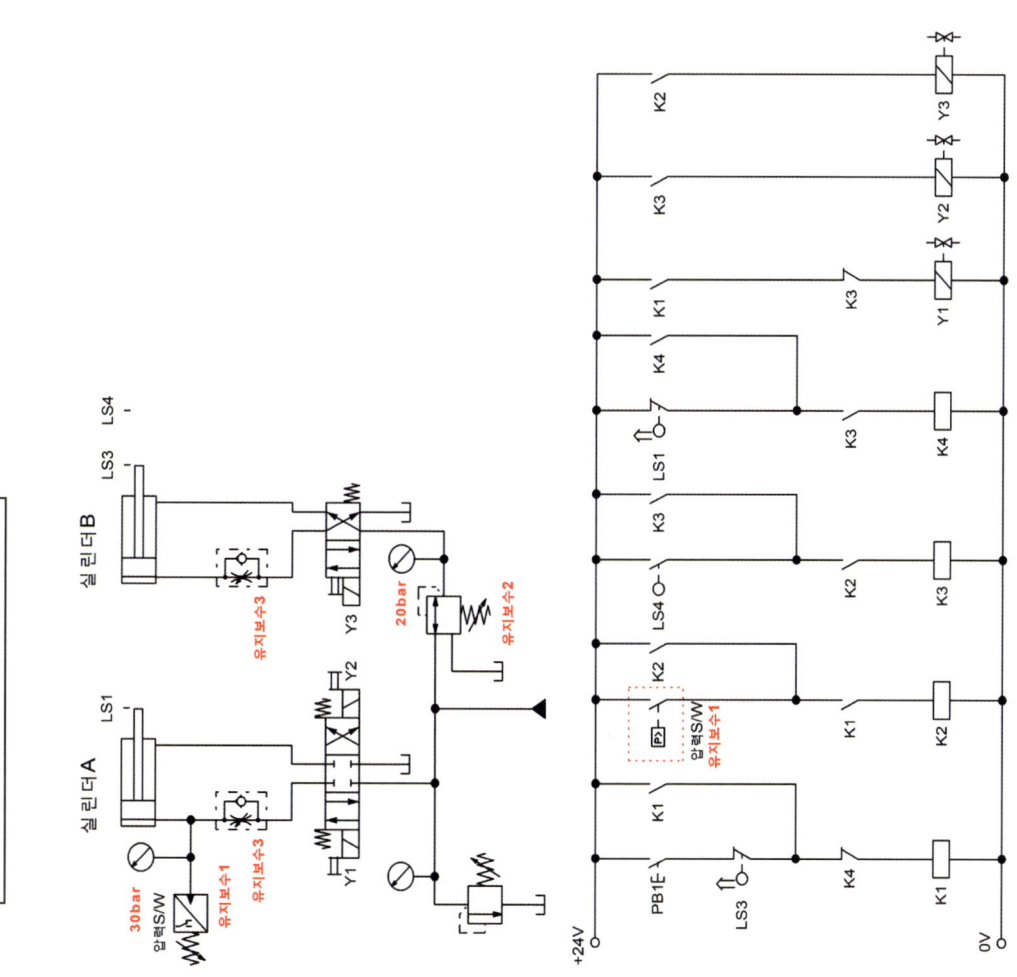

| 자격종목 | 설비보전산업기사 | 과제명 | 유압시스템 설계 및 구성 |

문제 ⑦

가. 공기압 회로도

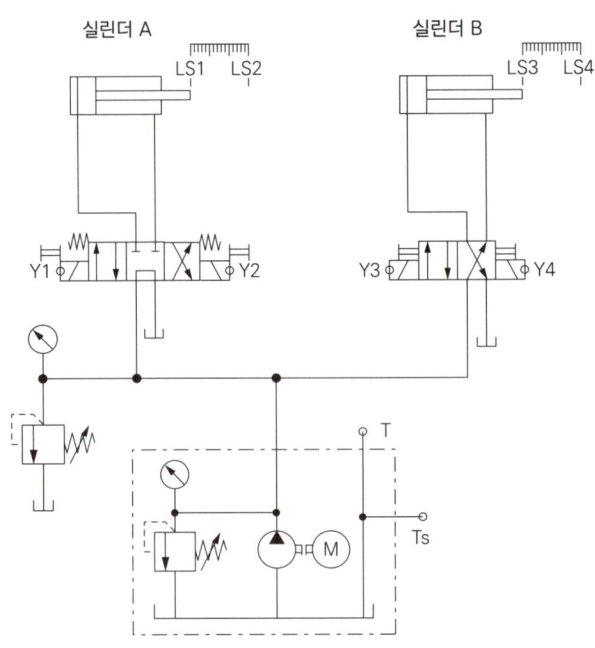

나. 변위단계선도

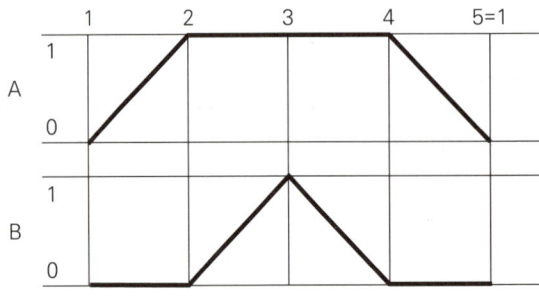

다. 유지보수 계획

1) 실린더 B의 전진 리밋스위치 LS4를 제거하고 압력스위치와 압력게이지를 설치하여 전진 완료 후 압력스위치의 설정압력(3 MPa)에 도달했을 때 실린더 B가 후진하도록 회로를 변경하시오.
2) 실린더 A의 로드측에 파일럿 조작 체크 밸브만을 추가하여 로킹회로가 되도록 변경하시오.
3) 실린더 B의 전·후진 속도가 제어되도록 공급라인에 양방향 유량조절밸브를 사용하여 회로를 구성하시오.

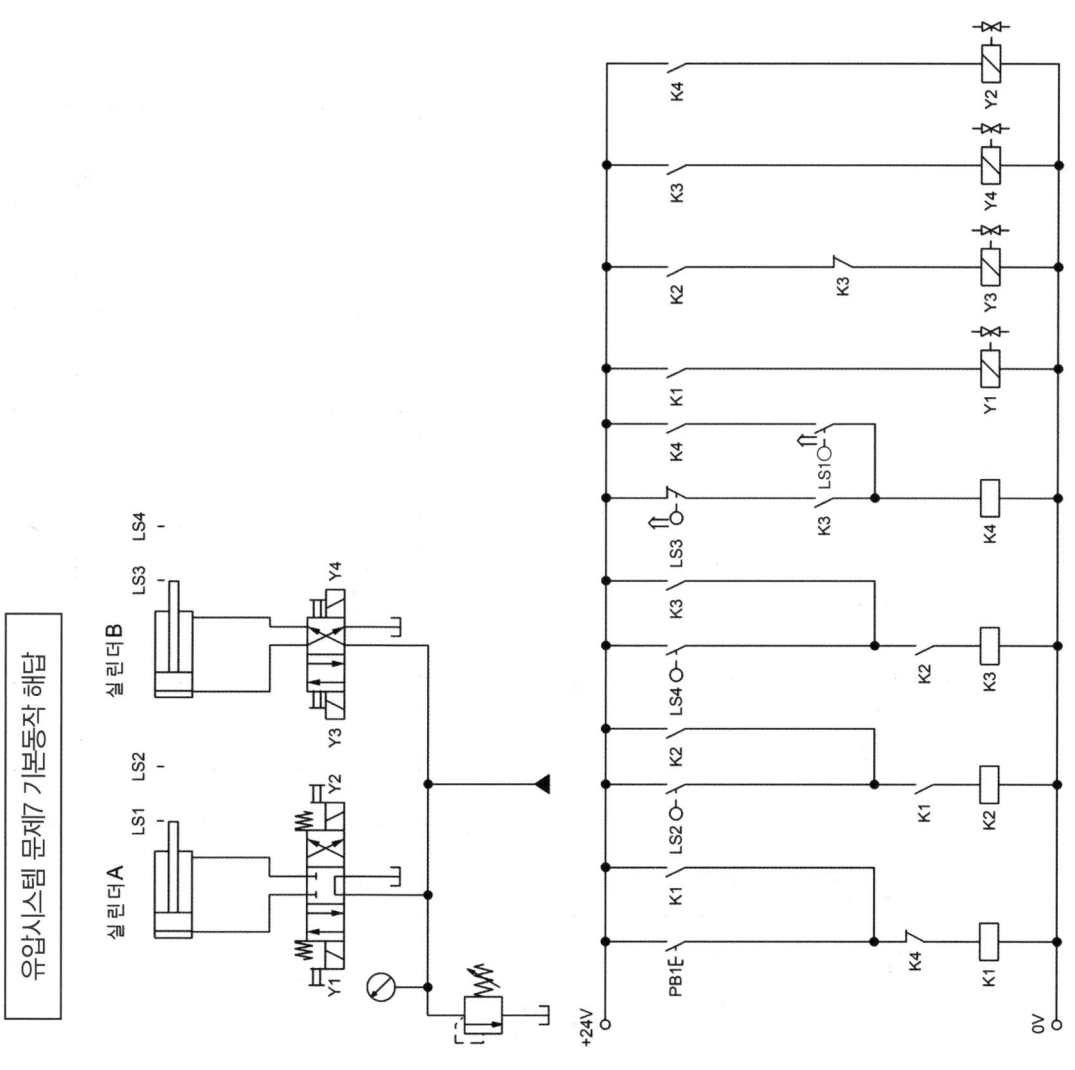

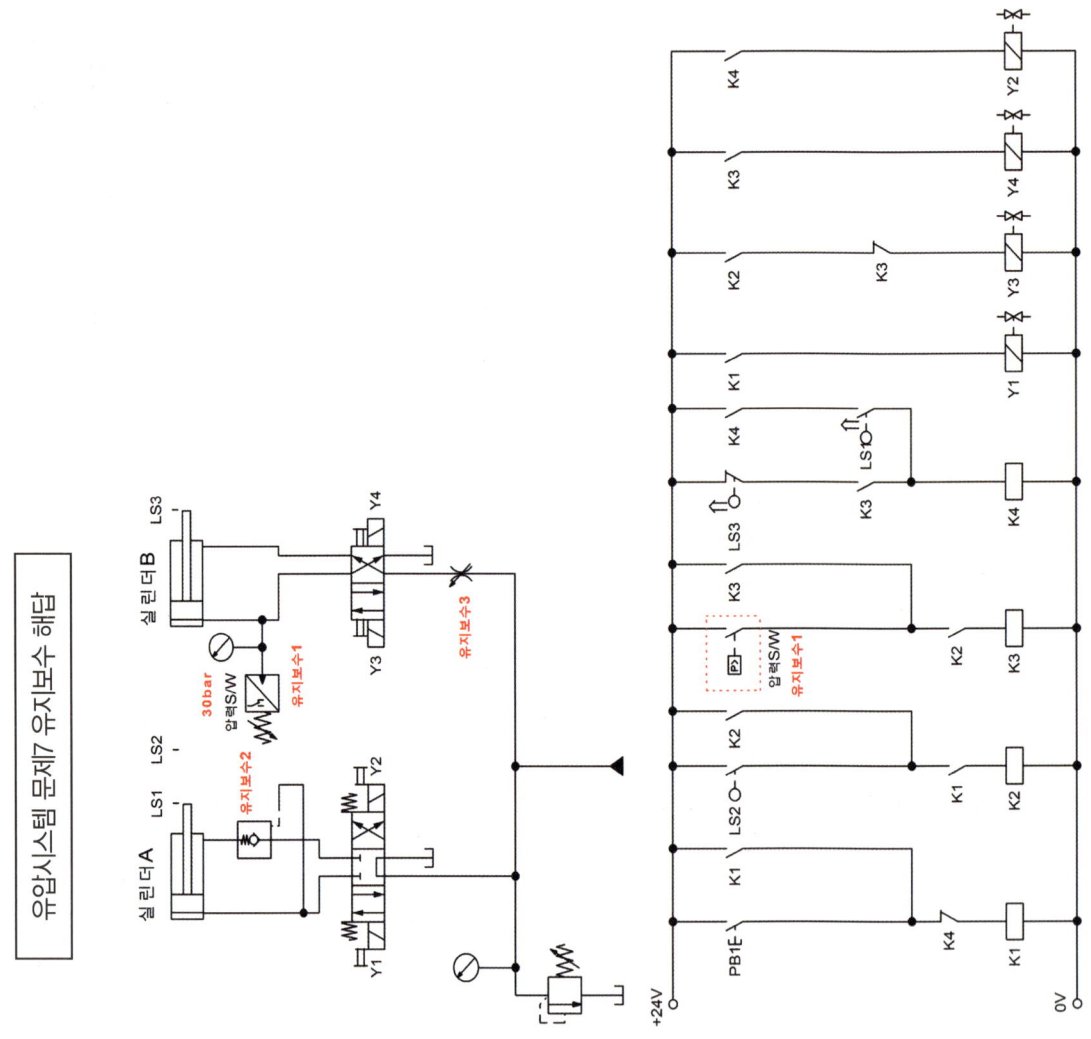

| 자격종목 | 설비보전산업기사 | 과제명 | 유압시스템 설계 및 구성 |

문제 ⑧

가. 공기압 회로도

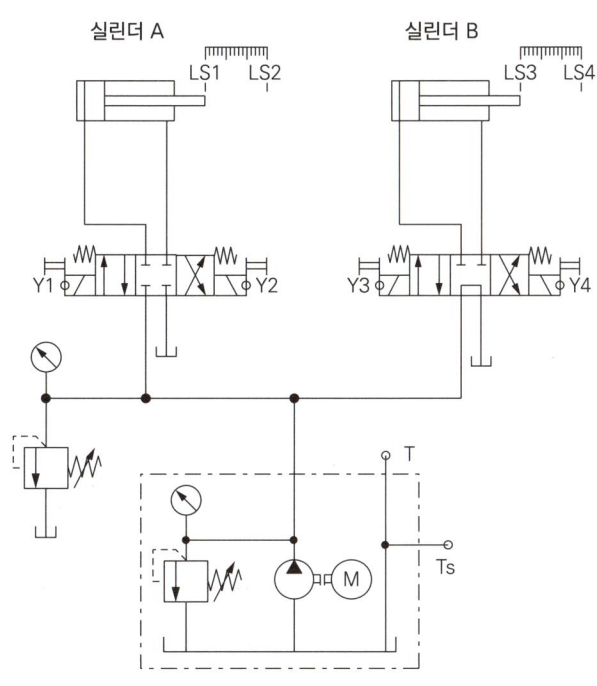

나. 변위단계선도

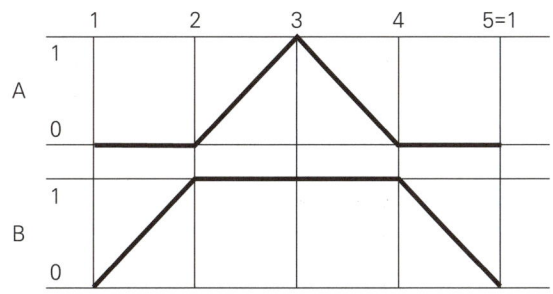

다. 유지보수 계획

1) 실린더 A의 전진 리밋스위치 LS2를 제거하고 압력스위치와 압력게이지를 설치하여 전진 완료 후 압력스위치의 설정압력(3 MPa)에 도달했을 때 실린더 A가 후진하도록 회로를 변경하시오.
2) 실린더 B의 로드측에 파일럿 조작 체크 밸브만을 추가하여 로킹회로가 되도록 변경하시오.
3) 실린더 A의 전·후진 속도가 제어되도록 공급라인에 양방향 유량조절밸브를 사용하여 회로를 구성하시오.

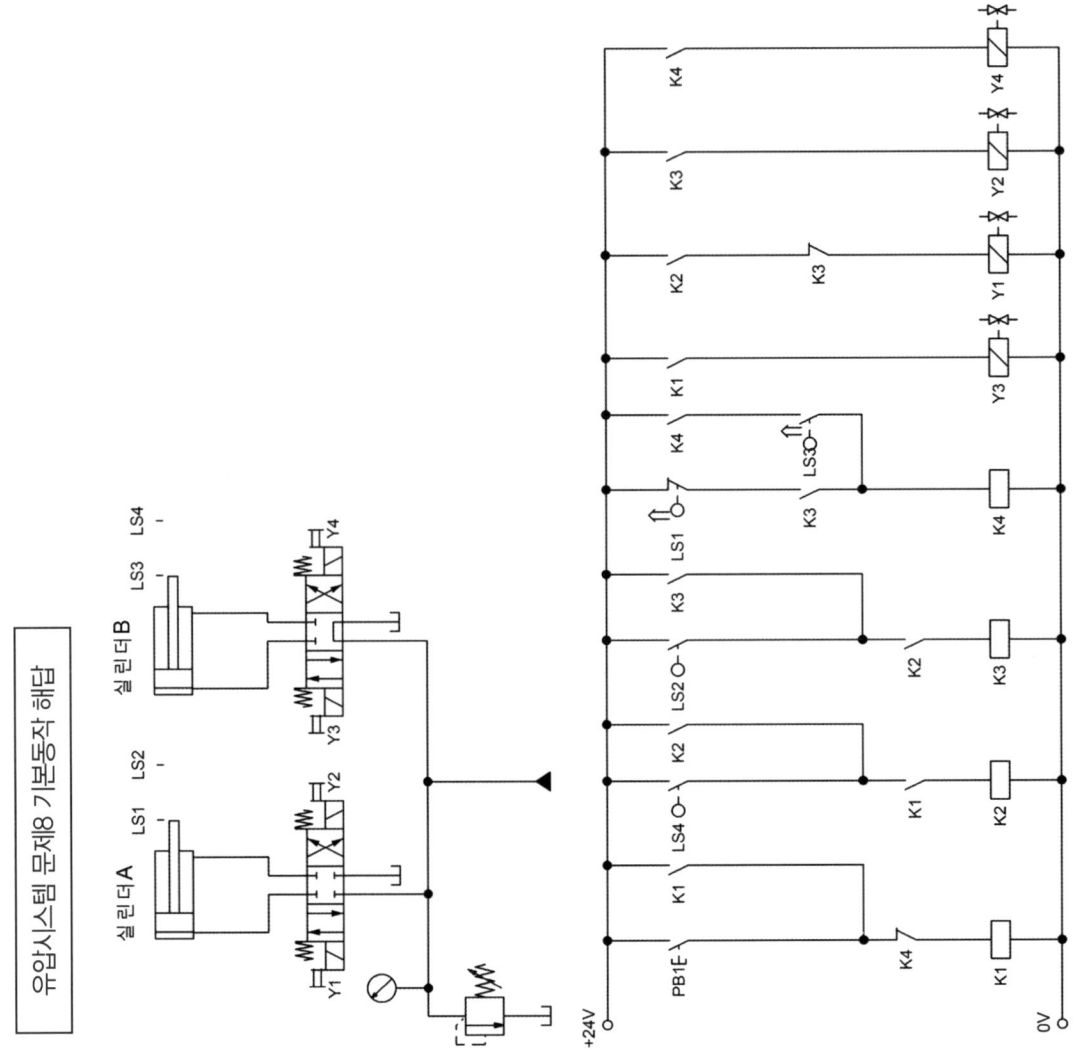

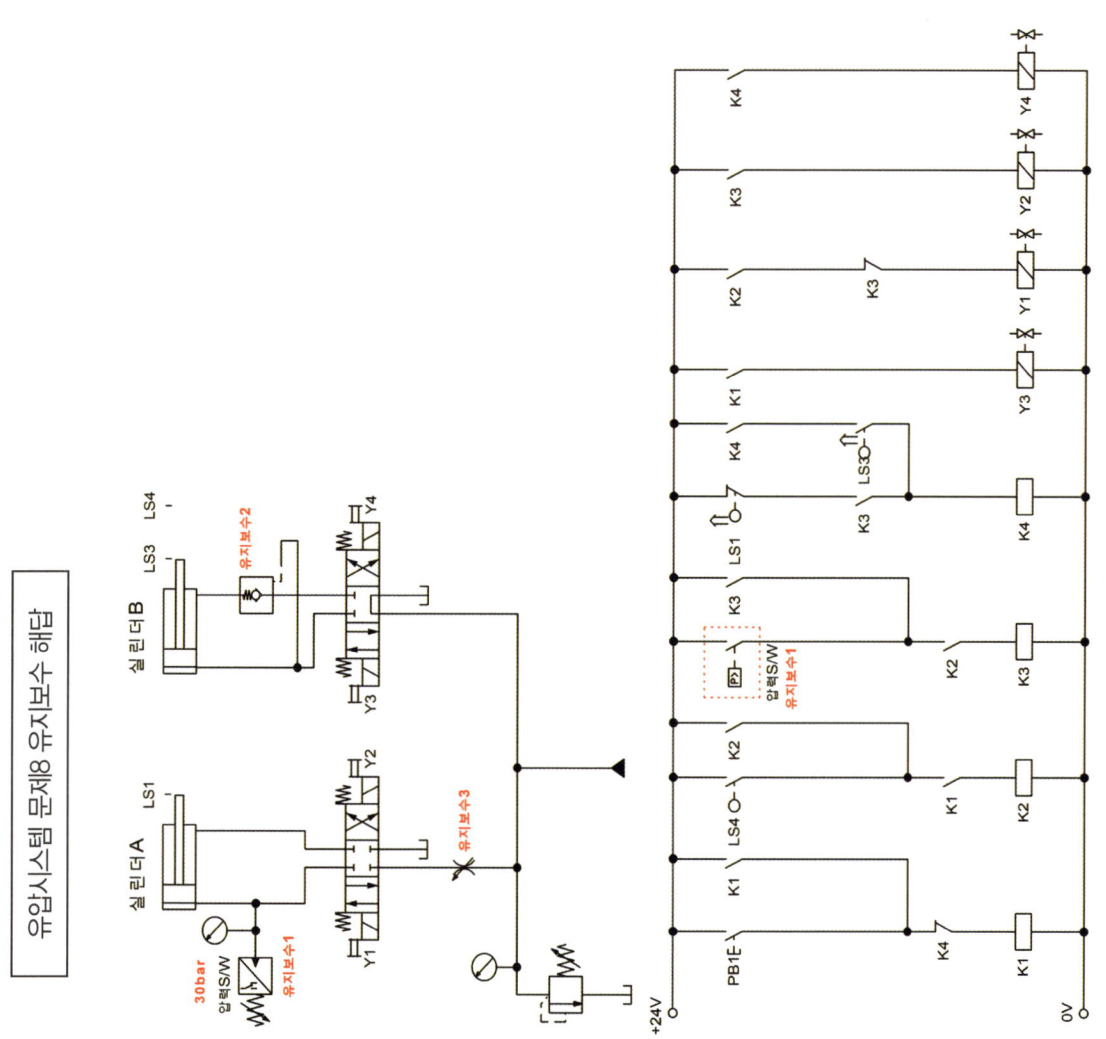

Chapter 03 가스절단 및 용접

| 자격종목 | 설비보전기사 | 과제명 | 가스 절단 및 용접 |

※ 문제지는 시험 종료 후 본인이 가져갈 수 있습니다.

| 비번호 | | 시험일시 | | 시험장명 | |

※ 시험시간 : [제3과제] 1시간

1. 요구사항

※ 지급된 재료 및 시설을 사용하여 아래 작업을 완성하시오.
※ 작업 시작 전 지급된 연강판에 각인 여부를 반드시 확인하시오.

가. 가스 절단 및 구멍 가공

※ 가스 절단 작업은 10분 이내에 완료하여야 합니다.

1) 주어진 연강판을 절단 및 가공 도면(4-3p)과 같이 절단하시오.(단, 작업 후 절단면 외관을 채점하므로 줄이나 그라인더 가공을 금합니다.)
   (가) 가스 절단 장치 또는 가스 집중 장치의 가스 누설여부를 확인하시오.
   (나) 각 압력조정기의 핸들을 조정하여 절단 작업에 사용 가능한 적정 압력으로 조절하시오.
   (다) 점화 후 가스 불꽃을 조정하여 도면과 같이 작업 수행 후 소화하시오.
   (라) 각 호스의 내부 잔류가스를 배출시킨 후 작업 전의 상태로 정리하시오.
2) 절단된 연강판을 절단 및 가공 도면(4-3p)과 같이 Drilling 및 Tapping 하시오.

나. 용접 및 조립

1) 절단 및 가공된 연강판을 용접 및 조립 도면(4-4p)과 같이 피복아크 용접하시오.
   (가) 용접전류·전압 등 작업에 필요한 조건은 수험자가 직접 결정하여 설정하시오.
   (나) 가용접은 2곳 이하, 가용접 길이는 10 mm 이내로 용접하시오.
   (다) 도면에서 지시하는 본 용접구간 모두 필릿 용접하시오.(단, 비드 폭과 높이가 각각 요구된 목길이(각장)의 −20 ~ +50% 범위에서 용접하시오.)
2) 주어진 볼트(M10)를 이용하여 용접 및 조립 도면(4-4p)과 같이 조립하여 제출하시오.

다. 보수 용접
   1) 도면에 지시된 보수 용접 HOLE의 상단을 빈틈없이 메우기 위해 모두 용접하시오.(단, HOLE 에 지급된 용접봉 외에 보충물을 임의로 추가하여 용접하지 않습니다.)
   2) 보수 용접 판재 후면에 용락(처짐)이 없도록 용접하시오.

라. 정리정돈
   1) 평가 종료 후 작업한 자리의 장비, 부품, 공기구 등을 초기 상태로 정리하시오.

2. 수험자 유의사항

※ 다음의 유의사항을 고려하여 요구사항을 완성하시오.

1) 시험 시작 전 장비 이상유무를 확인합니다.
2) 시험 중에는 반드시 시험감독위원의 지시에 따라야 하며, 시험시간 동안 시험감독위원의 지시가 없는 한 시험장을 임의로 이탈할 수 없습니다.
3) 시험에 필요한 기기 이외에 임의로 접촉하지 않도록 주의하시기 바랍니다.
4) 구멍 가공 시 보안경을 반드시 착용하시기 바랍니다.
5) 가스 절단 작업 후 절단면 외관을 평가하므로 줄이나 그라인더 가공을 금합니다.(단, 절단 후 후면에 발생한 슬래그 제거를 위한 치핑 해머 등의 작업은 허용합니다.)
6) 전기 용접 작업 시 감전 및 화상 등의 재해가 발생하지 않도록 전기 케이블 및 안전보호구를 사전에 점검하여 사용하며, 필요한 안전수칙을 반드시 준수하시기 바랍니다.(단, 슬리퍼·샌들 착용, 보안경 미착용 등 복장이 작업에 부적합할 경우 응시가 불가능합니다.)
7) 공단에서 지정한 각인이 날인된 강판으로 작업하여야 합니다.
8) 작업 중 안전수칙 준수여부를 채점하므로, 안전수칙을 준수하여 작업합니다.
9) 수험자는 작업이 완료되면 시험감독위원의 확인을 받아야 합니다.
10) 다음 사항은 실격에 해당하여 채점 대상에서 제외됩니다.
    (가) 수험자 본인이 수험 도중 시험에 대한 기권 의사를 표현하는 경우
    (나) 실기시험 과정 중 1개 과정이라도 불참한 경우
    (다) 시설·장비의 조작 또는 재료의 취급이 미숙하여 위해를 일으킬 것으로 시험감독위원 전원이 합의하여 판단한 경우
    (라) 기능이 해당 등급 수준에 전혀 도달하지 못한 것으로 시험감독위원이 판단할 경우
    (마) 부정행위를 한 경우
    (바) 시험시간 내에 작품을 제출하지 못한 경우

(사) 용접봉을 포함한 지급된 재료 이외의 재료를 사용한 경우

(아) 강판에 각인이 날인되지 않은 경우

(자) 결과물이 주어진 도면과 상이한 작품

(차) 결과물의 직각도가 ±10 mm, 치수 및 단차가 한 부분이라도 ±10 mm를 초과한 경우

(카) 필릿용접부의 비드 폭과 높이가 각각 요구된 목길이(각장)의 범위를 벗어나는 작품

(타) 본 용접구간 내에 모두 용접하지 않거나 모두 절단되지 않은 경우

(파) 시험감독위원이 판단하여 더 이상 가스 절단 작업을 수행할 수 없다고 인정하는 경우

(하) 시험감독위원이 판단하여 전원 합의 하에 용접의 상태(언더컷, 오버랩, 비드상태 등 구조상의 결함 등)가 채점기준에서 제시한 항목 이외의 사항과 관련하여 용접작품으로 인정할 수 없는 경우

(거) 용접 시 비드 내에서 전진법이나 후진법을 혼용하여 작업한 경우(용접 시점과 종점은 모두 동일해야 함)

(너) 외관 평가 전에 줄이나 그라인더 등으로 후가공한 경우

(더) 보수 용접 후 표면비드의 높이가 10 mm를 초과하거나 용락(처짐)이 발생한 작품

(러) 볼트 미체결 및 볼트를 훼손한 경우

자격종목	설비보전기사	과제명	보수 용접 및 누수 시험

문제 ①

구분	재료명	규격	수량	비고
1	연강판	200 X 80, 6t	1개	
2	연강판	100 X 80, 6t	1개	
3	전기용접봉	E4316, Ø3.2	3개	
4	절단가스	LPG 또는 아세틸렌	-	-
5	용접기	교류	-	
6	드릴	Ø8.5, Ø12	각 1개	
7	핸드탭	M10×1.5	1세트	
8	육각머리 볼트	M10×20	2개	

가. 절단 및 가공 도면

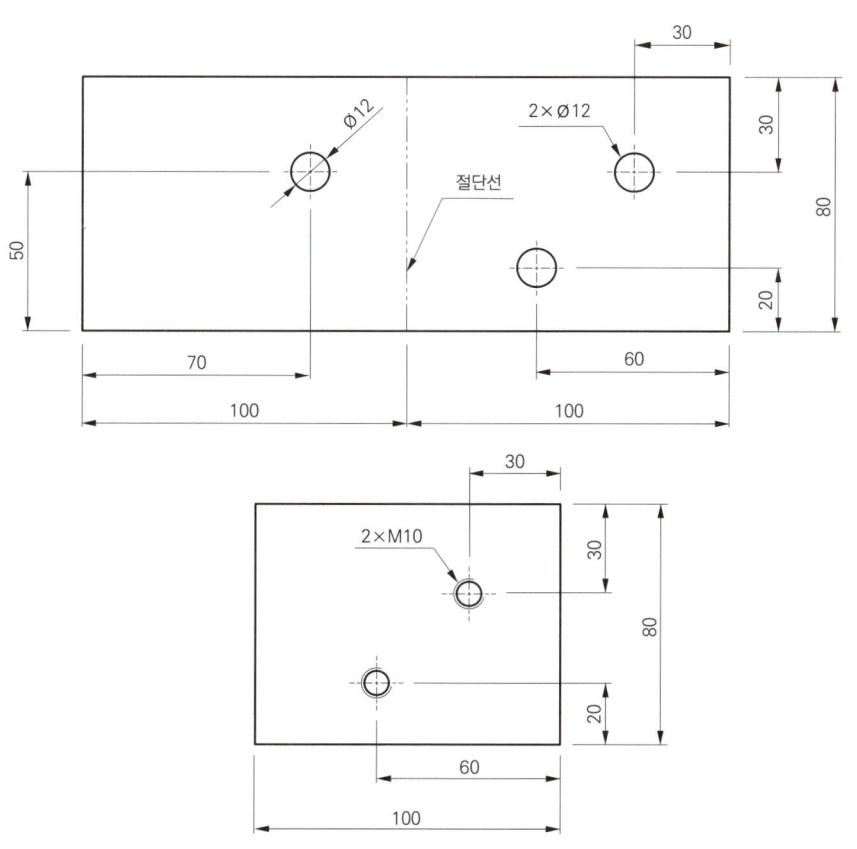

나. 용접 및 조립 도면

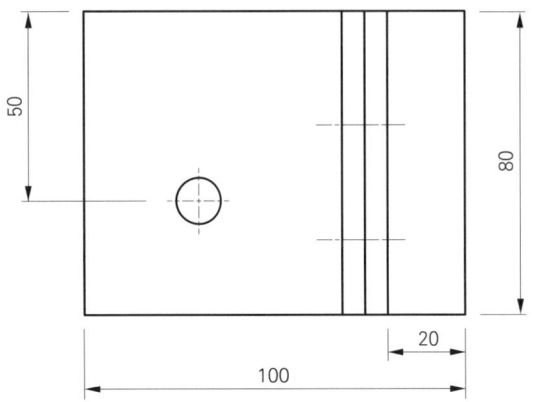

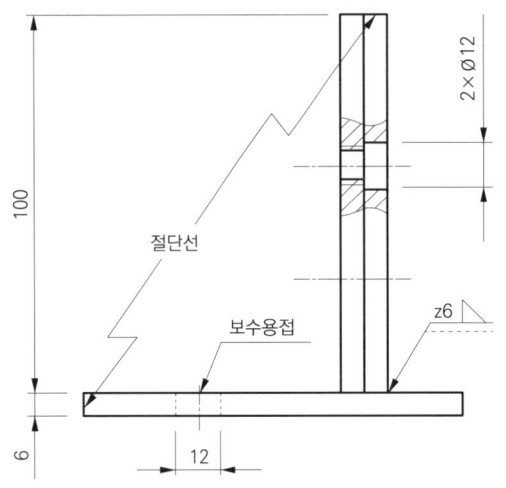
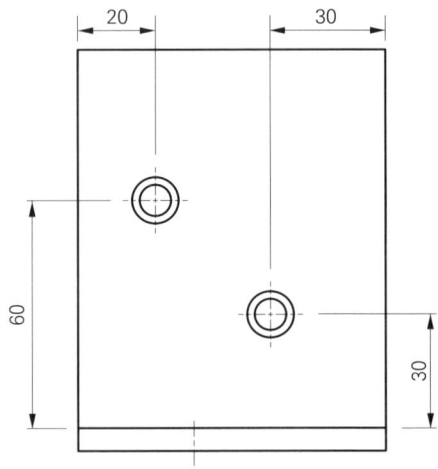

자격종목	설비보전기사	과제명	보수 용접 및 누수 시험

문제 ②

구분	재료명	규격	수량	비고
1	연강판	200 X 80, 6t	1개	
2	연강판	100 X 80, 6t	1개	
3	전기용접봉	E4316, Ø3.2	3개	
4	절단가스	LPG 또는 아세틸렌	-	-
5	용접기	교류	-	
6	드릴	Ø8.5, Ø12	각 1개	
7	핸드탭	M10×1.5	1세트	
8	육각머리 볼트	M10×20	2개	

가. 절단 및 가공 도면

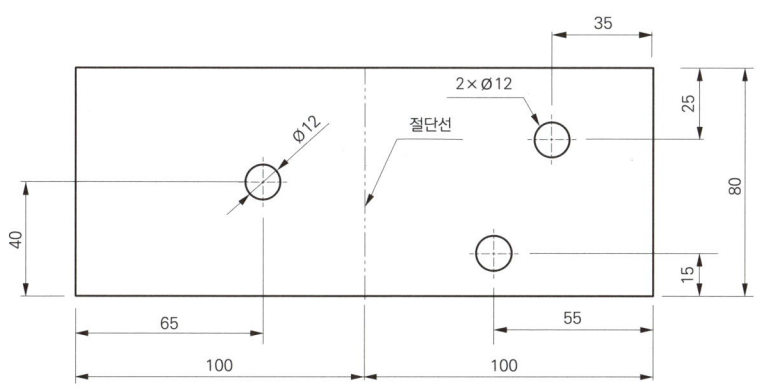

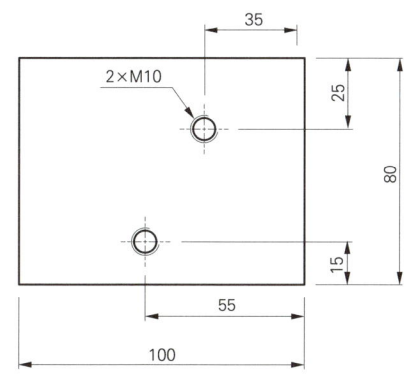

나. 용접 및 조립 도면

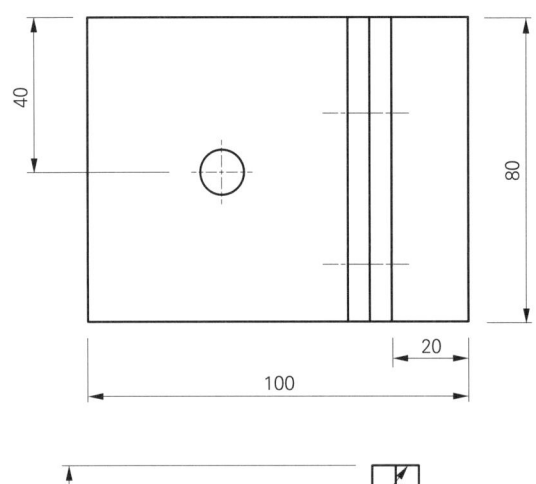

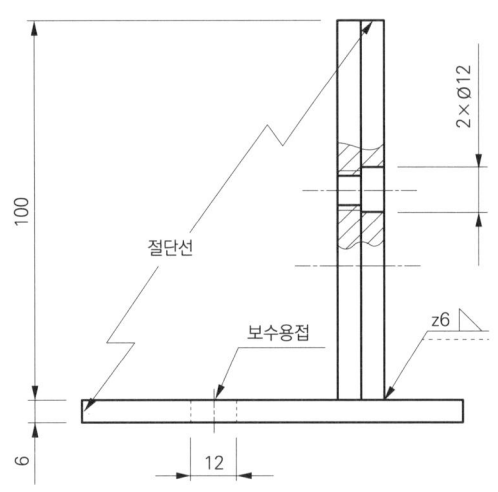

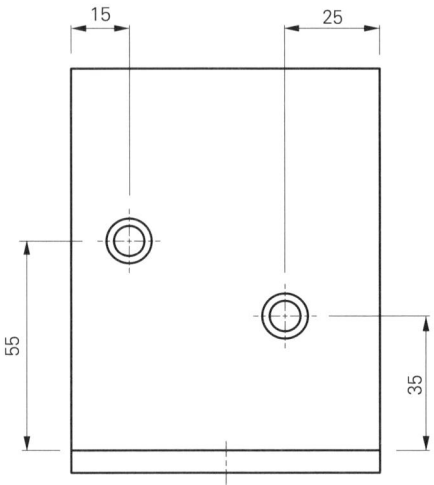

자격종목	설비보전기사	과제명	보수 용접 및 누수 시험

문제 ③

구분	재료명	규격	수량	비고
1	연강판	200 X 80, 6t	1개	
2	연강판	100 X 80, 6t	1개	
3	전기용접봉	E4316, Ø3.2	3개	
4	절단가스	LPG 또는 아세틸렌	-	-
5	용접기	교류	-	
6	드릴	Ø8.5, Ø12	각 1개	
7	핸드탭	M10×1.5	1세트	
8	육각머리 볼트	M10×20	2개	

가. 절단 및 가공 도면

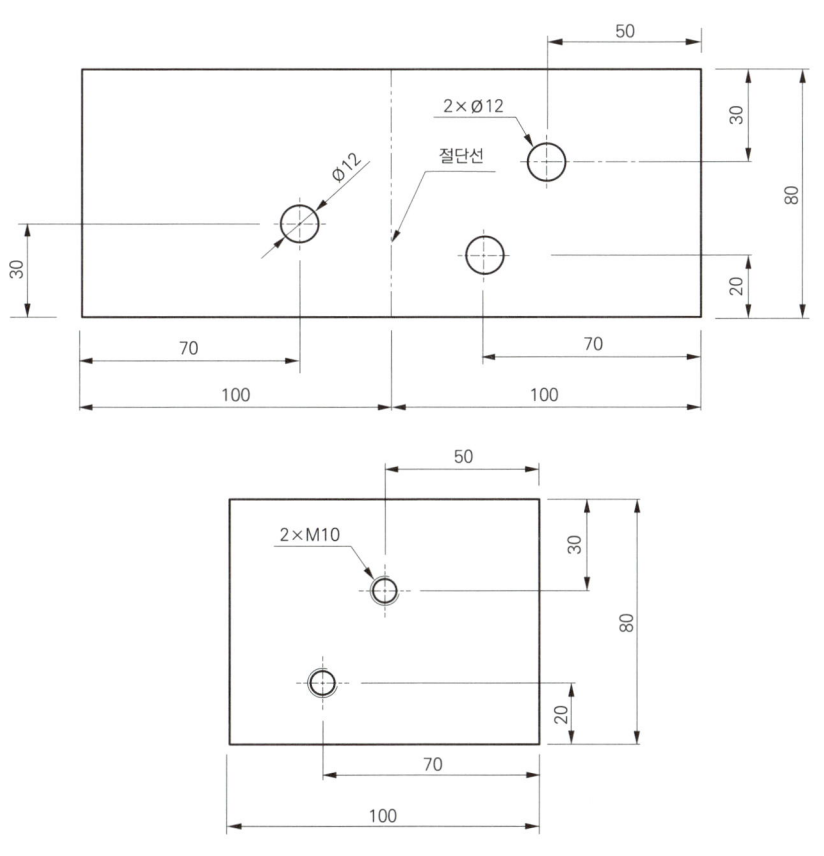

나. 용접 및 조립 도면

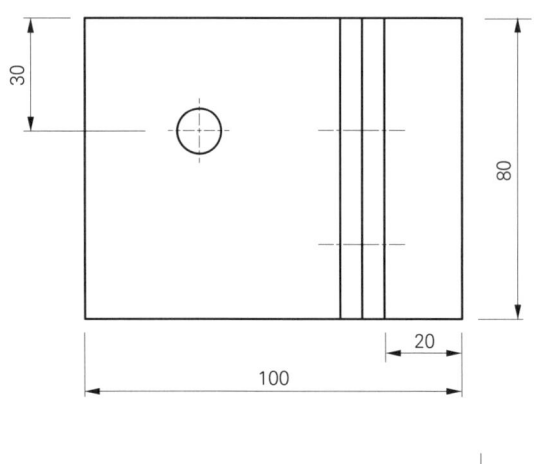
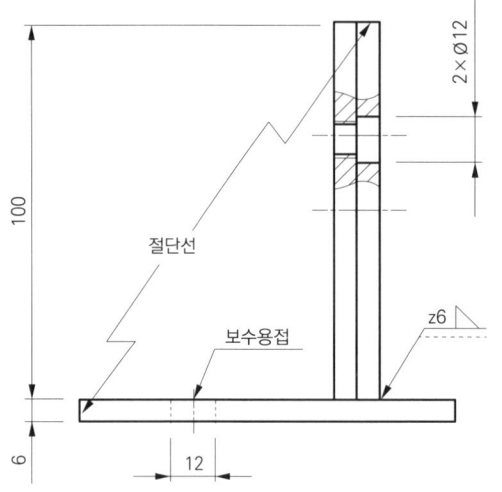
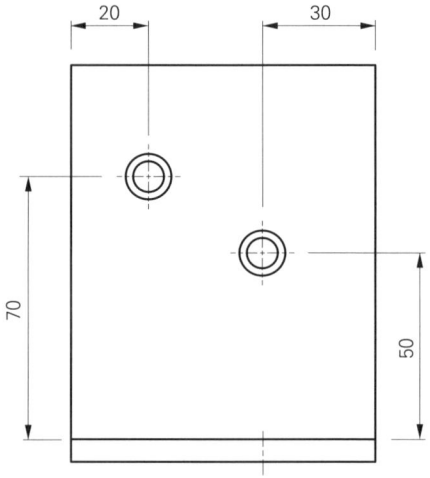

자격종목	설비보전기사	과제명	보수 용접 및 누수 시험

문제 ④

구분	재료명	규격	수량	비고
1	연강판	200 X 80, 6t	1개	
2	연강판	100 X 80, 6t	1개	
3	전기용접봉	E4316, Ø3.2	3개	
4	절단가스	LPG 또는 아세틸렌	-	-
5	용접기	교류	-	
6	드릴	Ø8.5, Ø12	각 1개	
7	핸드탭	M10×1.5	1세트	
8	육각머리 볼트	M10×20	2개	

가. 절단 및 가공 도면

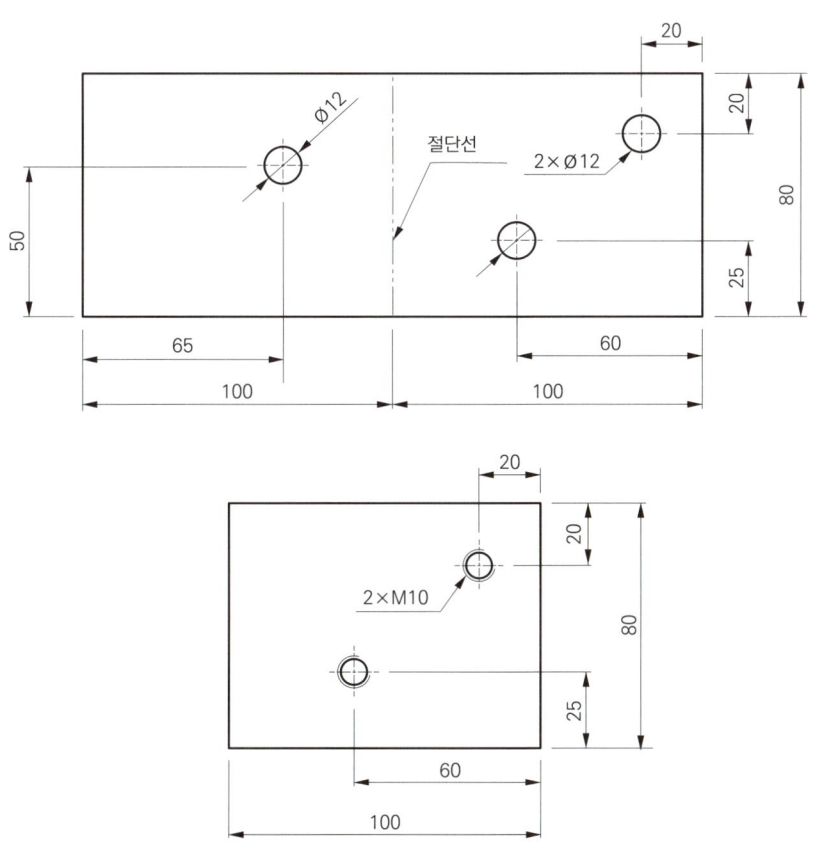

나. 용접 및 조립 도면

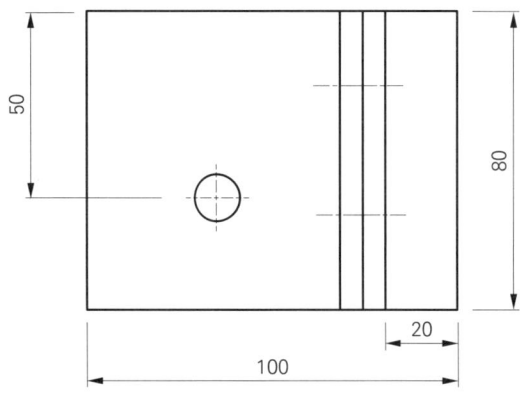

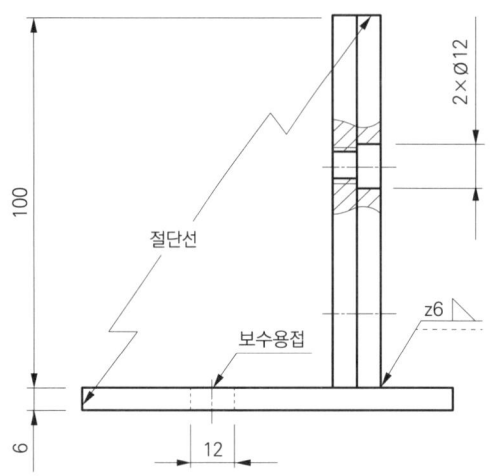

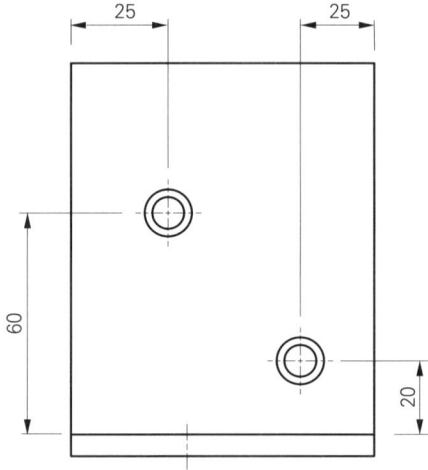

자격종목	설비보전기사	과제명	보수 용접 및 누수 시험

문제 ⑤

구분	재료명	규격	수량	비고
1	연강판	200 X 80, 6t	1개	
2	연강판	100 X 80, 6t	1개	
3	전기용접봉	E4316, Ø3.2	3개	
4	절단가스	LPG 또는 아세틸렌	-	
5	용접기	교류	-	
6	드릴	Ø8.5, Ø12	각 1개	
7	핸드탭	M10×1.5	1세트	
8	육각머리 볼트	M10×20	2개	

가. 절단 및 가공 도면

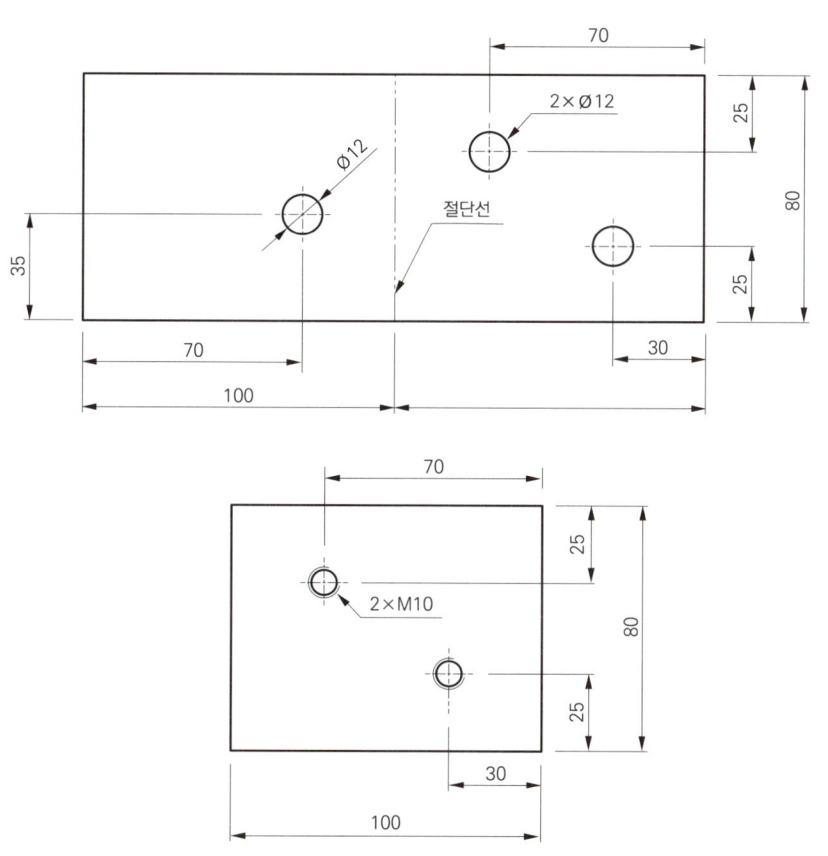

나. 용접 및 조립 도면

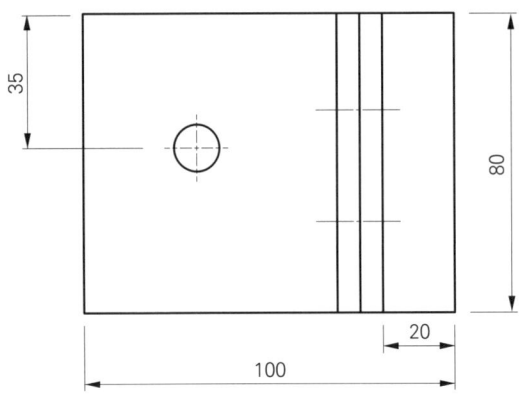
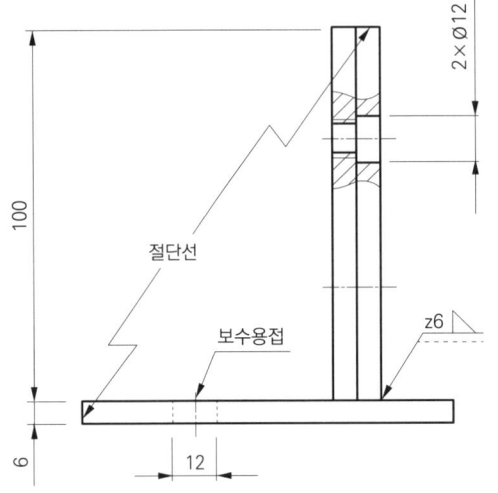
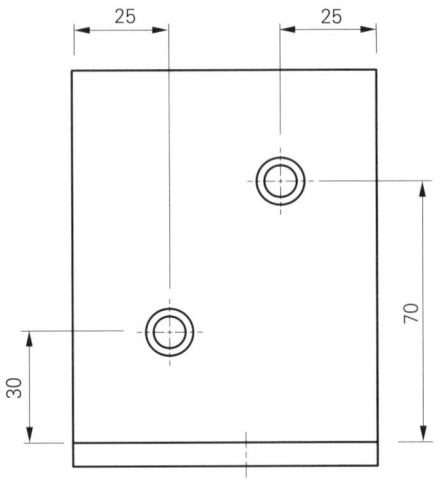

자격종목	설비보전기사	과제명	보수 용접 및 누수 시험

문제 ⑥

구분	재료명	규격	수량	비고
1	연강판	200 X 80, 6t	1개	
2	연강판	100 X 80, 6t	1개	
3	전기용접봉	E4316, Ø3.2	3개	
4	절단가스	LPG 또는 아세틸렌	-	-
5	용접기	교류	-	
6	드릴	Ø8.5, Ø12	각 1개	
7	핸드탭	M10×1.5	1세트	
8	육각머리 볼트	M10×20	2개	

가. 절단 및 가공 도면

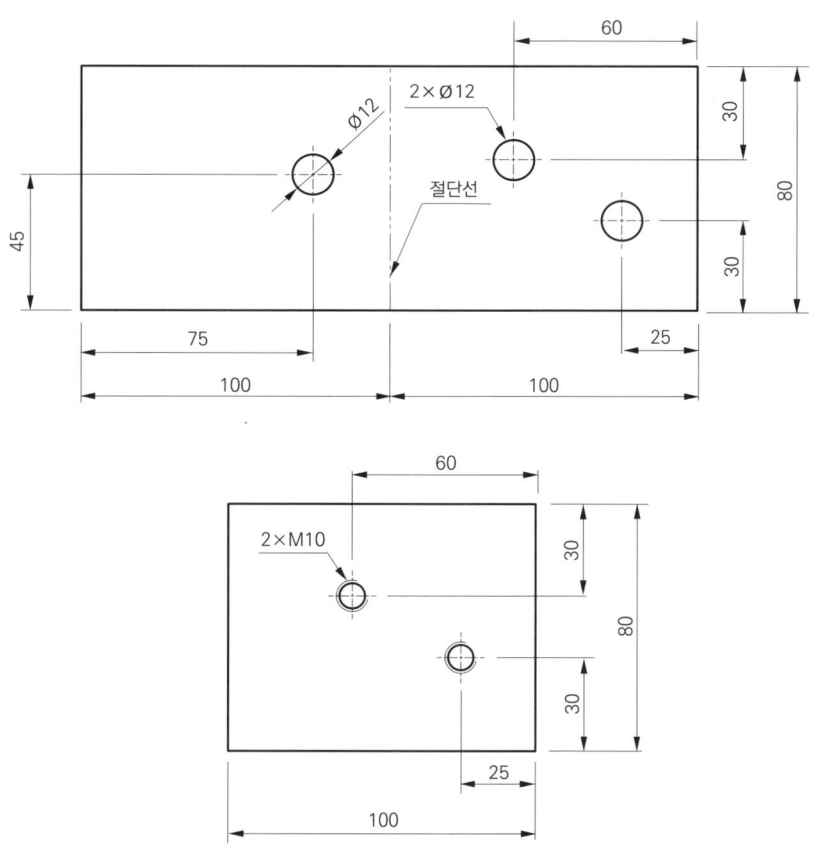

나. 용접 및 조립 도면

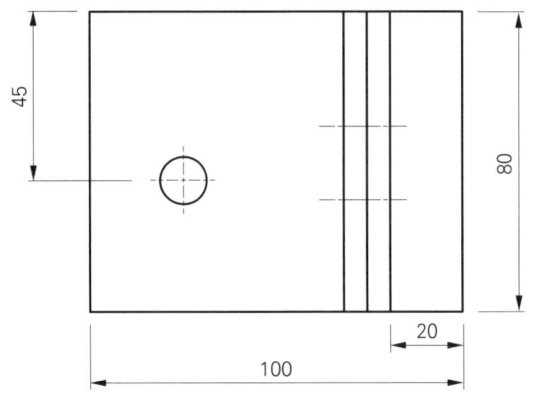
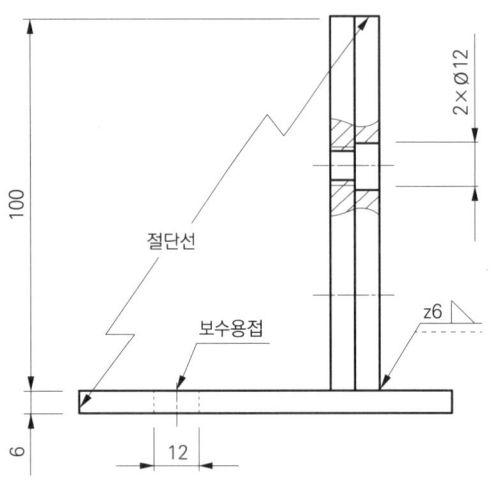
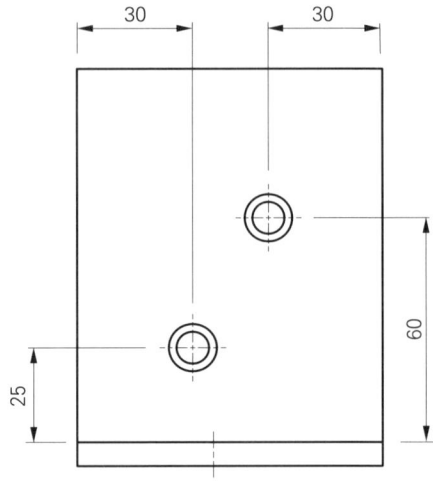

자격종목	설비보전기사	과제명	보수 용접 및 누수 시험

문제 ⑦

구분	재료명	규격	수량	비고
1	연강판	200 X 80, 6t	1개	
2	연강판	100 X 80, 6t	1개	
3	전기용접봉	E4316, Ø3.2	3개	-
4	절단가스	LPG 또는 아세틸렌	-	
5	용접기	교류	-	
6	드릴	Ø8.5, Ø12	각 1개	
7	핸드탭	M10×1.5	1세트	
8	육각머리 볼트	M10×20	2개	

가. 절단 및 가공 도면

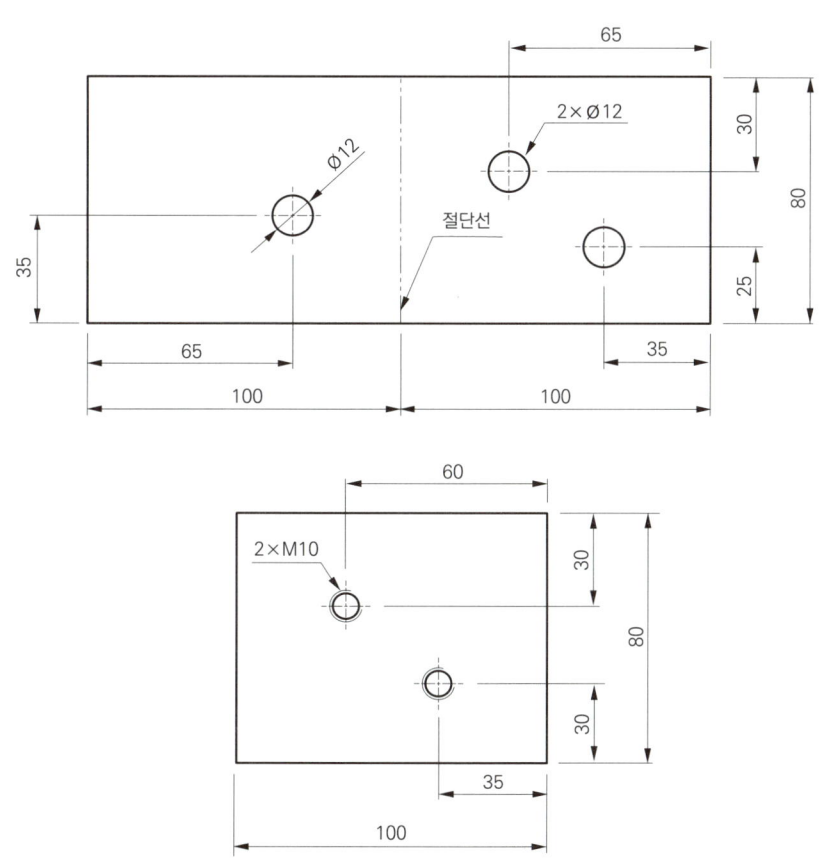

나. 용접 및 조립 도면

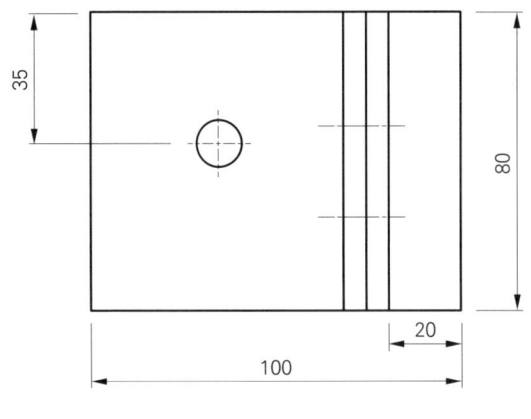
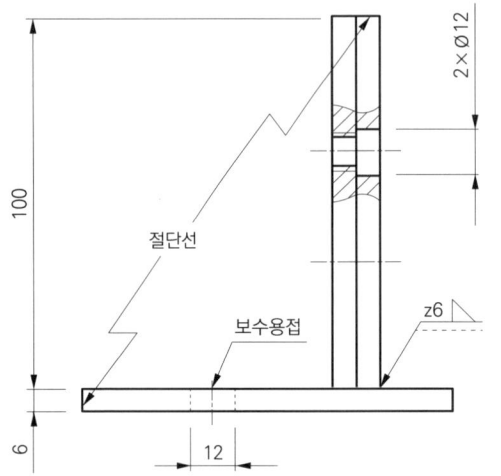
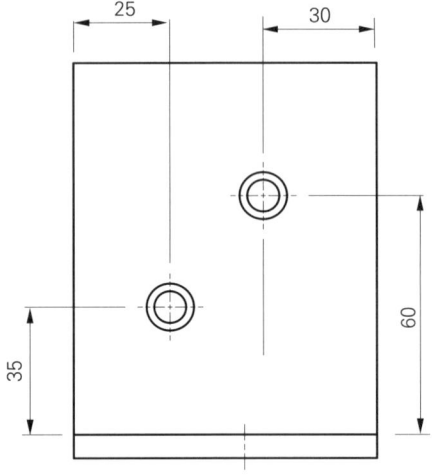

| 자격종목 | | 설비보전기사 | | 과제명 | | 보수 용접 및 누수 시험 | |

문제 ⑧

구분	재료명	규격	수량	비고
1	연강판	200 X 80, 6t	1개	
2	연강판	100 X 80, 6t	1개	
3	전기용접봉	E4316, Ø3.2	3개	
4	절단가스	LPG 또는 아세틸렌	-	-
5	용접기	교류	-	
6	드릴	Ø8.5, Ø12	각 1개	
7	핸드탭	M10×1.5	1세트	
8	육각머리 볼트	M10×20	2개	

가. 절단 및 가공 도면

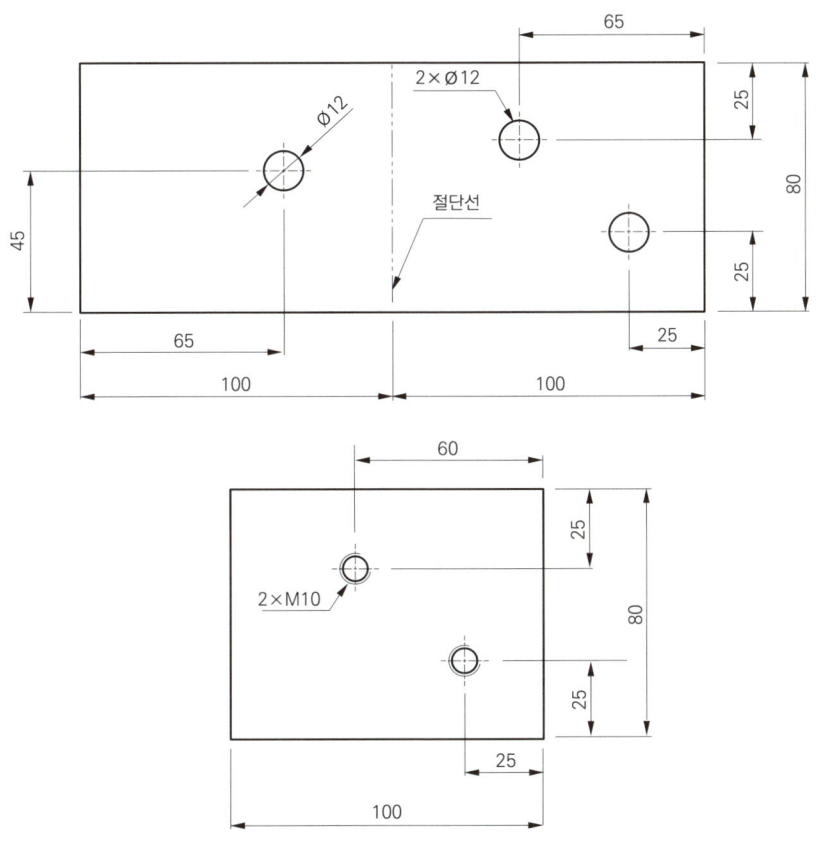

나. 용접 및 조립 도면

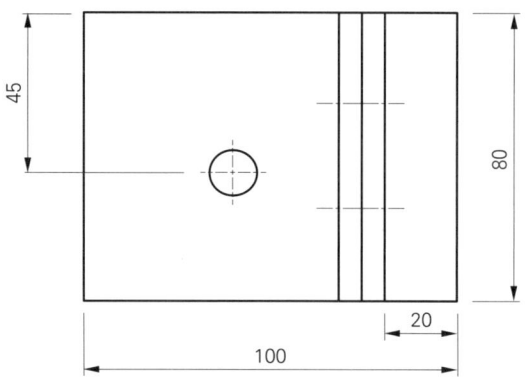

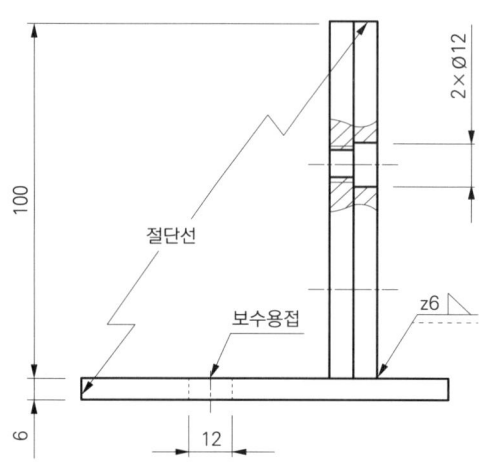

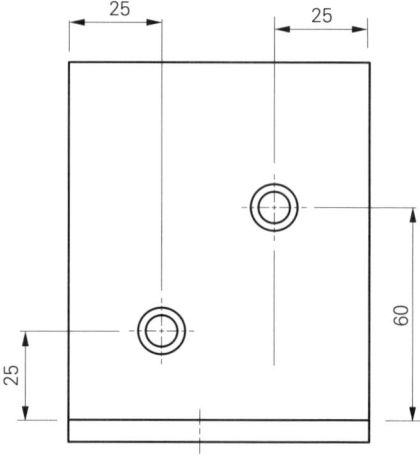

- MEMO

· MEMO

- MEMO

설비보전기사산업기사 실기

초 판 인 쇄	2025년 1월 10일
초 판 발 행	2025년 1월 20일

저 자	한상글 · 최병관 · 황교수
발 행 인	조규백
발 행 처	도서출판 구민사
	(07293) 서울시 영등포구 문래북로 116, 604호(문래동 3가 46, 트리플렉스)
전 화	(02) 701-7421
팩 스	(02) 3273-9642
홈 페 이 지	www.kuhminsa.co.kr
신 고 번 호	제 2012-000055호(1980년 2월 4일)
I S B N	979-11-6875-438-6 (13590)

정 가	27,000원

이 책은 구민사가 저작권자와 계약하여 발행했습니다.
본사의 서면 허락 없이는 어떠한 형태나 수단으로도 이 책의 내용을 이용할 수 없음을 알려드립니다.